建筑策划中的项目任务书评价

Evaluation of Architecture Design Brief in Architectural Programming

刘佳凝 著

Jianing LIU

中国建筑工业出版社

图书在版编目（CIP）数据

建筑策划中的项目任务书评价 = Evaluation of
Architecture Design Brief in Architectural
Programming / 刘佳凝著 . -- 北京：中国建筑工业出版
社 , 2024. 8. -- ISBN 978-7-112-30242-0

Ⅰ . TU72

中国国家版本馆 CIP 数据核字第 202459CG82 号

责任编辑：费海玲　张幼平
文字编辑：张文超
责任校对：赵　力

建筑策划中的项目任务书评价

Evaluation of Architecture Design Brief in Architectural Programming

刘佳凝　著

*

中国建筑工业出版社出版、发行（北京海淀三里河路9号）
各地新华书店、建筑书店经销
北京点击世代文化传媒有限公司制版
建工社（河北）印刷有限公司印刷

*

开本：787毫米×1092毫米　1/16　印张：19½　字数：366千字
2024年6月第一版　2024年6月第一次印刷
定价：**79.00**元

ISBN　978-7-112-30242-0
（43641）

序

　　刘佳凝建筑师，是清华大学建筑学院我的博士研究生，在她毕业参加工作5年后，近期给我发来了在她博士论文基础上结合其实际工作经历补充完善、重新编纂的《建筑策划中的项目任务书评价》专著清样，该书计划于2024年出版。她希望我为此书作序，我欣然允诺。

　　改革开放以来，我国城市建设成就巨大，但也问题凸显。我国在"十一五"期间，建筑拆除总量高达46亿 m²；"十二五"期间拆除20亿 m²。建筑平均寿命不到40年。其中过早拆除的建筑中，因定位失当、空间组织不合理、效能低下、发展不可持续等非质量因素拆除的占到81%（住房和城乡建设部研究课题"建筑拆除管理政策研究"，中国建筑科学研究院，2014年）。究其原因，是建设项目在前期定位和设计任务书编制阶段缺乏建筑策划和使用后评估的研究与数据分析，以及在此基础上进行的设计依据的科学研判。

　　《中共中央 国务院关于进一步加强城市规划建设管理的若干意见》（中发〔2016〕6号）和《国务院办公厅转发住房城乡建设部关于完善质量保障体系提升建筑工程品质指导意见的通知》（国办函〔2019〕92号）明确指出，要强化公共建筑和超限高层建筑设计管理，建立大型公共建筑工程后评估制度。建立"前策划、后评估"制度，完善建筑设计方案审查论证机制，提高建筑设计方案决策水平。建筑策划作为建筑学理论体系的重要内核之一，同时也作为建筑师执业实践的重要领域，已成为业界共识。但是我们必须看到，建筑设计领域一些值得关注的失败案例，并非建筑师的设计水平问题，而是在项目初期的任务书编制阶段出了问题。因"题出错了"引起的社会资源浪费和对建筑师设计工作产生的困扰是极其严重的。设计任务书的研究是建筑学的本源问题，根据《国际建协建筑师职业实践政策推荐导则》的定义，设计任务书的编制又是建筑师的基本任务与职责；对设计任务书的评价进行研究，是建筑策划的核心内容。因此，本书无疑是抓住了中国城镇化发展大背景下的建筑学理论与方法研究的根本点，具有重要的现实意义和理论价值。

本书通过对跨学科的系统评价学和风险评估方法框架的引入，借鉴文本数据处理和分析技术，建立起任务书样本库数据；并在此基础上，通过提出一种方法学层面的评价模型，建立起任务书的评价体系。其研究是对建筑策划理论和方法体系的补充。同时，作者结合自身参与建筑设计的实践，开发了指导手册等评价工具，并通过两个实际建设项目进行验证和应用说明，这也构成了本书的重要核心。本书的特点和重要成果表现在，从学术本源、行业实践和行政管理 3 个层面结合理论梳理与实践挖掘双线推进研究，以风险为导向、样本为基础，提出适用于任务书评价方法的技术，建立客观数据支撑的任务书评价体系。其标准化任务书评价体系的建立，以及应用工具等成果，在中国当下城镇化高速发展的背景下，具有极强的现实意义，其理论、方法和案例推演对建筑师的执业实操有直接的参考价值。

归纳起来，本书的创新点和学术贡献主要可概括为以下几点：一是通过设计任务书评价体系的建立，提出建筑设计评价的基本依据，揭示建筑价值体系和建筑创作合理性的本源问题；二是运用风险评估方法和文本挖掘等跨学科技术手段，开展建筑学、管理科学与工程、数据科学的跨学科研究，为既有建筑策划理论体系作出了必要的补充；三是研究开发了任务书评价体系及应用工具，为任务书的修正提供了现实依据与操作途径；四是结合近些年的实践与研究，尤其是作者第一手资料和新技术的运用，本书补充的数据和样本库的真实性与数据技术的效率和稳定性都大大提升。

随着当今 IT 技术和人工智能的高速发展，本书所涉及的未来研究会更多地与 AI结合，随着大数据的使用以及机器学习，海量任务书样本的处理与研究必将发生质的突破。结合行业当下建筑师负责制和项目全过程咨询的任务，建筑师的职能和业务领域的进一步拓展将成为必然。

刘佳凝 2013 年考入师门，在读期间受国家资助赴哈佛大学研修，2018 年通过博士答辩圆满完成学业。她能够在毕业以后，参与繁忙的实际工程项目设计的同时，依旧执着地将博士期间的学术课题研究持续地开展下去，实属难能可贵。今天的建筑创作能力与水平不仅是设计技法的博弈，更考量建筑师技法背后理论的支撑。刘佳凝建筑师能认清这一点，并沉浸在其中，拨开市场表面的繁杂，专注创作背后的理论研究和技术的总结，并撰写成几十万字的专著，是值得鼓励和赞赏的。

祝贺本书的出版。

2024 年 1 月 2 日

前　言

在我国城镇化建设不断推进的背景下，建设过程中特别是建设早期的科学化决策是至关重要的。然而，长期以来，对于建筑创作合理性这一建筑学基本命题的理论研究尚不充分，导致本该负责拷问设计依据与设计逻辑的建筑师，事实上却相对被动地接受业主编制的建设项目任务书，甚至在"错误的题目"上开展建筑设计创作；由此产生的设计偏差，不仅对社会物质环境产生负面影响，也会带来经济层面的靡费与损失。

建筑策划是建筑学领域内专门研究如何科学地编制任务书的一套理论和方法。设计任务书的研究是建筑学的本源问题，而设计任务书的编制又是建筑师的基本任务与职责；对设计任务书的评价进行研究，是建筑策划研究的一个发展方向，也是建筑策划评价的核心内容。因此，本书就这一核心，以任务书为具体研究对象，尝试建立一套评价的科学模式，以充实建筑策划的研究，延伸建筑学的理论框架和设计方法论，拓展建筑师的业务范畴。

本书采用纵向推进、横向展开的逻辑结构，从理论、法规、实践3个层面进行论述。在理论层面上，对建筑策划的经典理论、建筑学领域内外的相关概念和方法进行梳理，指出建筑设计概念要素已经快速膨胀更新，既有建筑策划技术手段囿于传统数据形式，需要进一步明确建筑策划评价的研究对象，并寻求新的方法和技术以刺激其发展。在法规层面上，通过对比国内外基本建设流程，指出我国缺少建筑策划及其评审这一必要环节，交叉印证任务书评价研究的必要性和紧迫性，以及制定相关评价准则的行业需求。在实践层面上，通过审视任务书的特征和建筑师自发进行的任务书评价活动，指出现实中的评价机制过于发散，效率较为低下，仍需建立程式化的、具有可操作性的任务书评价体系。

在上述3个层面的理论和现实基础上，本书从建筑策划的理论源头出发，研究如何科学地编制建设项目的设计任务书，建立一套理论和方法。研究参考了系统评价学的流程，借鉴了风险评估的方法，在264份真实的任务书样本数据库的基础上，应用计算机自然语言处理、文本挖掘、机器学习、聚类分析等技术，与经典的建筑策划理论相结合，对任务书进行数据导向的系统拆解和分析整理，提取任务书评价要素指标，生成指标权重，构建面积比例向量数据库，建立系统的任务书评价体系，并面向建筑设计实践，给出指导手册等评价应用工具。

目 录

01

第1章
绪　论

　　现实中由于建设项目任务书不合理，导致建筑设计失误的情况屡见不鲜，折射出我国建筑创作理性的不足，以及建筑师业务范围的狭隘。本书由此关注到行业实践中使用广泛而研究较少的任务书这一具体对象，锁定了专门研究任务书的建筑策划理论，深入到"建筑策划的评价"研究这一领域分支，提出进行"任务书评价"的研究，致力于在理论和实践层面，加强我国建设项目设计前期决策的科学性，提升建筑创作的合理性。

　　本章主要回答以下 3 个问题：

　　1. 本书的研究背景和现实问题是什么？

　　2. 为什么选取任务书作为研究的具体对象？

　　3. 对于任务书评价的研究有哪些基本设想？

1.1 问题的提出：建筑设计的题目是不是就出错了

建筑学核心的体系内容及最根本的内涵，应该包括对设计条件及理性创作设计逻辑的研究；这样一项研究，是建筑学的一个基本命题，同时也是建筑师的核心业务范围。但是，长久以来我们国家在这方面的研究和实践是不足的，从而导致建筑师基本上将自己的工作内容局限在"照章设计"上，其中这个"章"就是不问出处、不问对错的建议项目任务书（也称"设计大纲"，本书简称"设计任务书"或"任务书"，design brief），并且将任务书与其他建筑学的核心任务剥离开来处理。一些欧美国家的情况却并非如此，建筑师作为四大最古老的自由职业者之一，也就是作为置业顾问，对设计依据、设计任务书，以及设计理性方法论的研究是全系统的。这样的全系统研究，是建筑学的一个重要分支——建筑策划（architectural programming）。

1.1.1 研究背景

1. 任务书与建筑设计的理性不足

当今社会活动与城市活动的丰富化，使得建筑的功能和形体也日趋复杂，科学合理地进行建筑设计的重要性愈发凸显。计算机技术的发展及其在建筑设计领域的辅助作用，为大型复杂的建筑项目提供了设计可控的技术平台。这一方面迎合了丰富多变的社会需求；另一方面，也体现出在建筑研究领域、实践领域对于设计推理过程和形式生成手段，越来越强的科学化、规则化和计算化追求趋势。但是计算机辅助建筑设计（CAAD）在建筑设计的数字化、规则化方面所进行的大量有益尝试和发展方向偏重于对形式推理法则实现技术开发，即以给定条件为输入，执行各种数学模型与程序算法，而一定程度上忽略了对于初始限定条件本身合理性的论证[1-3]。在这样的语境下，不可否认，建设项目设计方案的结果与承载着设计条件与设计要求的设计任务书，有着直接关系。

然而在我国，快速城镇化时期的高强度建设负荷，使得大量建设项目在任务书合理性未被进行论证的情况下，仍旧得以开展与实施。可以说，建筑设计理论与实践所面临的问题，已不仅是设计本身的问题。一个更为关键的问题是：建筑设计的"题"是不是就出错了？设计任务书编制得是否科学、合理？同类建筑设计完成后，能否有一个合理的评估，反馈回来对同类型项目的前期任务书做出科学的指导？

长久以来，我国建设项目设计任务书的制定者都是业主，即政府或投资方。这样的方式显然存在一定的问题：业主和建设方往往仅关注于少数几个最为紧迫的限制要求，因而可能出现根本没有编制任务书的情况；而即使能够出具一份任务书，通过不同途径编制的任务书也可能存在各种各样的问题，如使用者或某单一利益相关团队提出的任务书，常常因为其非专业背景和片面的利益诉求而难免失之偏颇，导致其任务书存在合理性缺失、操作性不强的问题，甚至常常给出错误的判断和定位，或选择性地忽略一些可能重要的信息。这些设计创作实践中良莠不齐的设计任务书，需要被专业人员调整和重新解释后，方能付诸设计实践，体现其底线约束和指导意义。但是在我国，相当数量的从业建筑师习惯于相对被动地接受业主或领导提供的设计任务书，将其中的设计条件与设计要求视为既定正确项而直接投入设计工作，这就造成在设计过程中遵循了不合理的设计条件与设计要求，进而导致设计方案也出现不理性的偏差。必须看到，当今建设项目的设计任务书，确实存在困扰着一线设计团队的几个显著的弊病：

（1）任务书的内容表述不严谨：不具备相关专业背景的任务书编制者，未能理解任务书使用的方式，不知晓任务书所应陈述的内容。

（2）任务书的构成单一不系统：仅从建设方、使用方的角度，交代关于建设项目使用活动和功能需求等信息，未给出面积分配数值等专业性的设计要点。

（3）任务书对个体个案提出特殊要求：使用文学化的词语描述设计要求，难以转化为建筑语言；或提出极特殊指向性的具体做法，限制设计创作。

由于不科学、不理性的任务书在行业实践中不断出现，导致建筑因设计不合理而"短命"，进而造成社会资源浪费的现象，在现实中是不容小觑的，它将影响我国国民经济和建筑行业的健康发展。因此，针对建设项目任务书进行研究是必要且关键的。

2. 建筑策划是解决之道

建筑策划是针对建筑设计题目进行研究的一套理论体系和操作方法，其理论原点在于从问题搜寻到问题解决，而问题搜寻就是确定问题之所在，避免一个错误的开始，同时发现所有的相关问题[4]——这无疑是上述任务书问题的一个潜在研究落脚点。

从20世纪五六十年代开始，不同的建筑策划先驱与学者均强调了策划理论的核心概念，即不能仅仅根据建筑师的个人经验，抑或是业主的个人好恶，来左右建筑设计。策划师或策划团队要使用科学的方法穷尽设计所需考虑的问题，编制建设项目任务书，充分满足业主的需求，并协调建设项目中各方面利益相关者的诉求。这使得人们开始有章法地从经验到逻辑、从感性到理性、从单一到系统，关注于设计的初始条件与任务书，并建立多方共赢的宏观思想。

在传统建筑策划流程的任务书生成机制中，不同的策划理论强调不同的执行者，总的来说，任务书的编制人员有几种不同的可能 [5-8]：

（1）由非专业人士的客户或业主直接给出。

（2）由建筑师或设计团队，在与业主紧密沟通的基础上准备任务书。

（3）由专业的策划团队（第三方机构）展开调研，编制任务书。

（4）多团队协作探讨，出具一份各利益相关方共同认可的任务书。

目前，通过专业建筑师组成策划团队，或交由有专业编制任务书能力的第三方团队来准备任务书，是公认比较科学的做法 [9-15]。

3. 理性建筑创作问题未得到有效应答。

建筑策划理论经过半个多世纪的发展，一些欧美国家已经在行业实践、建筑教育中深入人心，甚至通过立法成为基本建设流程中固定的一个环节。

但是不得不承认，在我国，建筑策划仍处于较为尴尬的局面中。长久以来建筑创作所谓的理性思维，很多还是建立在最基本的建筑设计方法和基本原理上，如气泡图、形式追随功能等现代主义理论思想和设计手法。但事实上，建筑创作理性化和建筑创作合理性的问题，却没有在理论层面上得到根本的解决。"怎样将建筑设计得好"（do the thing right）一直是建筑学普遍且核心的问题，而向"为正确的项目做设计"（do the right thing）的革命性转变却始终没有完成 [16-18]；似乎建筑策划的工作只是后台的理论探讨，改善人们生活的是显性的设计方案和建成环境，而无关乎设计源头的任务书。

其实，我国也有不少学者和建筑师意识到，一个不合理任务书可能会造成建筑设计活动的混乱和恶性循环，但在实践中践行建筑策划的却是少数，或对策划的具体操作不置可否，只能任由其发展。这其中的原因可以理解为：

（1）建筑策划的理论概念与方法实践之间尚存在巨大差距，通过策划来优化设计的效用并不显著，不能使建筑策划环节的工作得到足够的认可。

（2）建筑师职业教育对于建筑策划的理论概念和技术方法侧重不足，许多从业建筑师对建筑策划知之甚少、存在误解，甚至不以为意。

（3）在没有明确的立法保证下，业主不愿意且几乎不可能负担更多的资金和时间来促成项目以外的任何评价反馈，进一步导致策划的价值功用、自身信用和实践效率被降低。

4. 建筑策划理论与方法体系自身有待完善。

反观那些认为可以保证任务书合理性，给设计一个好开始的策划理论和方法，似乎也确实很难完美回应当今数字化、网络化、智能化时代的设计议题。以建筑策划使用较为广泛的问题搜寻法（problem seeking）和层级分析法（analytic hierarchy process,

AHP）为例：问题搜寻法是基于建筑师与业主的密切交流，将设计团队所能想到的所有设计问题，通过最直观简洁的图示加文字表示在卡片上，所有卡片整理钉在棕色木板墙上，供设计团队随时查找和审查；层级分析法通过问卷调查，组织专家对所有设计要素进行重要性两两比较，并通过数理分析计算，获得各个层级不同设计要素的权重，供设计团队参考[19]。这样的现有建筑策划理论方法，受社会历史与应用技术发展程度的制约，其中各个环节仍旧基本依托于传统的社会学、统计学方法，使得现有建筑策划理论和方法虽然具有科学的宏观视角，但其缺陷和时代局限性也不容否认：

（1）受到技术、资源和时间的限制，一小部分利益相关者以抽样的方式赢得项目前期决策的话语权，受其个人背景影响，策划构想内容的范畴和细节收敛于有限的几个专业领域，公众参与和民间行家的声音几乎被抹杀。

（2）策划的方法多基于发散的工作模式，效率较为低下，极大地依赖于主观判断，且主观成分不能得到有效的管控，更多的是仰仗于决策团队的专业能力和职业素养，使科学地搜寻一切设计问题这一设想大打折扣。

（3）规则量化和评分系统在一定程度上框定了结构化的数据类型，对于任务书这样文本化甚至可以说文学化的评价对象，人工处理大量样本的能力不足，软件层面亦没有直接可用的应用工具。

尽管存在上述缺陷与局限性，但经历了长时间的发展和演进，现有的各种建筑策划方法还是具有较为成熟的理论支撑和一定的操作可行性，完全颠覆它们并不可取。因为不同方法各有所长，适用于不同的情况，很难有一种方法可以兼容所有的考量因素。而若要改变社会调查、统计分析等方法带来的决策操作主观化、数据信息片面化，应用新技术对具体方法一一改良的工作量是巨大的，也是不现实的。

这赋予了本书进行研究充足的动因，尝试跳出建筑策划既有理论和方法的范畴，关注其他一些学科领域的研究，借鉴一部分成熟的方法和技术，为策划形成补充与修正；策划理论内部也正需要建立一套科学、直观、可操作的自评系统，来证明其本身科学性的存在，促进其理论的实践与推广。[20]

综上所述，设计任务书的编制是建筑师的基本任务与职责，而设计任务书的研究又是建筑学的核心问题。对设计任务书的评价进行研究，是建筑策划研究的一个发展方向和着力点，也是建筑策划评价的核心问题。因此，本书就这一核心问题，对设计任务书这一形式的策划输出成果，引入系统评价学（systematic evaluation）和风险评估（risk assessment）的方法框架，移植借鉴文本数据处理和分析技术，与经典的建筑策划理论相结合，尝试建立起任务书的评价体系，对前述问题提出解决方案。

5. 任务书评价作为建筑策划成果的检验

在我国，由于社会制度的特殊性和城市建设的大规模、高强度的特性，由政府投资进行建设活动成为城市发展的重要动力。但是，对政府投资的建设项目在设计前期，审批程序仅对项目建议书和可行性研究报告提出要求，对建筑策划工作未作出硬性规定。近年来，此类建设项目的数量更是不断扩大，因此暴露出来的问题也逐渐凸显。一方面，追求速度的建设导致设计单位疲于应接设计任务，而疏于设计前期的充分研究；另一方面，建筑策划研究与发展的薄弱，使得建筑策划工作既没有切实有效的服务建设项目，也没有在职业建筑师群体中得到必要的认可。

国内对于设计前期的研究主要依赖于可行性研究（简称"可研"），但其并不能完全替代建筑策划对于设计条件与设计要求的研究。首先，可行性研究的经济导向与建筑策划的设计导向有着本质的区别；其次，可研的精度更是远远不及策划。本应作为建筑策划成果的任务书，由于在我国目前的研究领域中甚少被钻研，导致任务书编制的操作主体和过程程序不能得到合理、有效的理论指导；反倒是在实践领域，由于任务书这种项目文件形式的广泛应用，使得任务书有了一些因势利导的自由发展。但这种发展的规范性和合理性无从保证，反过来也对任务书的有关理论依据提出了更高的诉求。

在我国，建筑策划得到较好发展的建筑类型主要是居住建筑、商业建筑、办公建筑与教育建筑。其中，前两者受行业利益的驱动和组织积极的介入，使建筑策划得到了一定的实践；后两者则是受益于高校和科研机构"产学研一体"的便利，对建筑策划产生了一定的推广使用。但是，在紧密关系国民经济的政府投资公共类项目中，建筑策划的发展却不容乐观，呈现出缺乏较为严重的情况。[21-22]

本书作者是住房和城乡建设部课题"建筑策划制度和机制专题研究"的课题组核心成员，本书所展开的关于任务书的专题研究，特别关注于政府主导的公益性建设项目，其前期决策涉及社会责任、社会公平性、设计科学合理的底线等问题，设计任务书的制定显然是更需要加以研究的，甚至是需要规范化审核。本书呼吁在国家基本建设流程中的建筑设计阶段之前，加入一个对于设计依据的评价环节，并致力于为政府研发和提供这样一个评价的技术抓手，而非仅凭业主、投资方等少数决策者的主观判断进行任务书的编制。

1.1.2　研究的目的与内容

本书以回应建筑理性创作这一根本问题为研究目的，以建筑策划为具体的理论出发点，试图拓展建筑设计的方法论，再定义建筑师的业务领域。针对以上研究目的与目标，本书锁定"建筑策划的评价"为研究内容。

根据经典的建筑策划理论，建设项目任务书需要经过如图 1-1 虚线框内的步骤而编制得到 [23]；而本书所研究的建筑策划评价，实际上是策划的自评，也即是对策划具象的成果——任务书——作进一步的论证，识别出任务书可能存在的问题，为任务书的修正提供依据与途径，保障建筑设计活动具有科学理性的价值观和一个合理的起始契机。

本书将建筑策划的研究向后延伸拓展，以任务书为具体的策划评价研究对象，探讨建立系统、全面且标准的评价体系的可

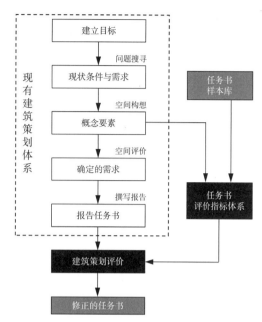

图 1-1 建筑策划研究向后延伸

能性，致力于对我国设计任务书的科学性、合理性进行评价，提升我国的任务书编制水平。

依托于行业实践中已经存在的大量真实任务书，本书重拾建筑策划问题搜寻的思想，通过建立任务书样本库，并不断累积使用后评估数据库，借助计算机在样本数据库中进行客观的搜索，在既有策划理论所提出的构想要素基础上，整理、扩充关乎设计问题的任务书可评要素，形成建设项目任务书评价的指标体系；并在专家的论证和审校下，通过统计的方式，以风险为标度为各个评价指标赋权。以此指标为基准，待评任务书通过追溯具体内容来源的逻辑合理性，衡量其匹配评价标准的程度，来确定任务书在各个评价条目上的价值，从而得到评价结果。

建立任务书评价体系的研究，是对建筑价值体系的重新审视与构建。具体的研究内容由挖掘建筑学及建筑策划理性设计的内涵、界定任务书的基本问题、梳理相关应用学科的方法技术、设计任务书评价的方法方案、建立任务书评价的标准体系、开发任务书评价的工具，以及实证研究几个方面组成。

1.1.3 研究的意义

1. 建筑创作合理性本源问题研究缺失的填补

建筑策划是建筑学或者说建筑创作理性分析的一个本源问题，本书是对建筑策划

方法论的补充，更是对建筑学理论的拓展。

本书旨在通过建立任务书评价体系，研究建筑策划的自评，突破现有策划方法与流程在建设项目实践中的局限性，使项目决策者能够运用科学手段和客观数据来编制任务书，或能够准确定位任务书中的不合理内容，明确设计的底线问题，及时有效地与利益相关者交互信息，修正得到合理且有保证的任务书，使任务书作为策划阶段与设计阶段的接口，更好地指导建筑设计实践。

2. 建筑设计方法论的拓展

建筑策划的主要内容是项目目标确定、内外部条件明确、规模与空间的构想及论证、经济与技术的预测和评价，最终将全部结论归纳为报告。策划报告是建筑策划成果的高度凝聚，同时也可以作为设计任务书使用，是建筑设计的出发点。但是长久以来，有大量的建筑师对建筑策划仍存在误解，认为建筑策划代表了功能导向与经济节约导向，其研究得出的设计条件与要求过分刻板，与建筑学展现创造性和艺术性的一面格格不入。

犹如哈佛大学教育研究生院莱森馆（Harvard Larsen Hall）[①]、洛约拉法学院[②]（Loyola Law School）和玉树藏族自治州行政中心[③]等以建筑策划为起点进行设计和建造的项目，已经证明了策划的功能和经济导向性与传统意义上建筑设计作品的艺术性是不矛盾的，甚至可以激发形式美学和空间营造，策划正是经典作品诞生的要义[15]。但显然，这些案例的佐证还不够，建筑策划深入人心的过程是缓慢的。而事实上，建筑策划也绝不仅仅是功能和经济导向的代名词。

因此，本书也致力于通过任务书评价，提供这样一种认识建筑策划的途径：将建

---

① 莱森馆于 1963 年由著名建筑策划 CRS 事务所（Caudill Rowlett & Scott Architects，CRS 是 Willian Wayne Caudill，John Milies Rowlett，Wallie Eugene Scott 3 人的姓氏首字母组合）与使用者共同合作完成设计，通过建筑策划识别了多功能大空间、寒冷气候、视线遮挡等需要应对的需求，在建筑设计中通过将核心空间移至建筑中心，零散的辅助空间安排在建筑外侧，开少量的洞口和小面积的窗户，成功使建筑获得了大面积无隔断的教室空间，同时大幅降低了能耗，并在建筑形式创新的同时呼应了建筑周边的肌理。虽然建成之初经历了很多争议，但是该建筑于 1985 年获得美国建筑师协会金奖（AIA Gold Medal），时间和使用证明了其价值。
② 洛约拉法学院于 1978 年由后来的普利兹克奖得主、解构主义大师弗兰克·盖里（Frank Gehry）进行规划设计，在设计的前期盖里通过建筑策划，识别出经费紧张、法学寓意和安全考虑等关键问题，直接支持了建筑设计中外部楼梯、抽象柱廊、防御性草坡等具体的设计手法的运用。该项目于 2003 年获得了美国建筑师协会加州分会的 25 年建筑奖（AIACA Twenty-five Year Award）。2007 年又获得了《普林斯顿评论》（The Princeton Review）的"最佳教室体验"第一名，得到建筑设计界和校园使用者的一致认可。
③ 玉树藏族自治州行政中心于 2011 年由清华大学建筑设计研究院庄惟敏领衔的团队进行设计，通过建筑策划，准确识别出文化象征与权利象征的矛盾，同时充分考虑灾后重建所需的建筑亲民性格、严苛地理气候环境、城市肌理呼应等条件，以呼应宗山的形式设计出藏式院落的行政办公建筑群。该项目于 2015 年获得全国优秀勘察设计工程项目公建一等奖。

筑策划丰富的工作内容展开呈现，让建筑师乃至非专业人士能够更好地参与到建筑设计前期的决策中，了解设计条件产生的缘由，消除误会、去除偏见，正视策划分析得出的待解关键问题，认识到建筑策划所研究的内容无疑就是建筑学所关注的核心问题之一，认同建筑策划就是一种合理进行建筑创作的设计方法和手段。

3. 建筑师业务领域的再认识

研究任务书的评价体系和开发评价工具，具有教育引导意义和教材示范作用。本着高度负责的建筑师职业精神，建筑师应发展全面的专业技能，包括科学决策与任务书评价，这也是每个建筑师个体应该具有的基本素质和必备技能 [24]。本书可以为我国目前建筑师职业能力培养中薄弱的建筑策划板块添砖加瓦。

本书建立任务书评价体系，确保建筑师参与到设计前期的策划工作中，持续地掌控各个设计阶段的反馈，呼吁将建筑策划确定为单独收费的咨询服务，契合建筑师全过程责任制 ① 这一趋势 [25]，为建筑师有能力全程主导工作而非仅关注于建筑设计环节，提供了一条可以前后延伸的途径。

总的来说，本书的研究具有以下 6 点理论和实践意义：

（1）通过研究有关设计任务书的问题，探讨建筑理性创作的本源问题，旁证了建筑策划是建筑学的核心问题之一，研究成果对建筑学学科具有一定的理论贡献。

（2）提出以任务书作为研究的切入点，通过建立任务书评价体系来研究策划评价，完善了建筑策划理论体系的整体构成。

（3）整合系统评价学、风险评估的方法框架，数据分析和可视化数据技术，与经典的建筑策划理论结合起来，克服既有策划理论和方法的局限性，实现通过科学的方式和方法对任务书的合理性进行论证。

（4）将泛化的评价方法和分散的数据技术，集中在具体的建筑学问题上并进行应用尝试，对所涉及的其他学科也有一定的拓展。

（5）通过综合研究建立标准化任务书的评价体系，为任务书的评价与修正提供具有可操作性的指导，对建筑策划与建筑设计的衔接具有实践层面的助益。

（6）任务书评价体系及工具具有教育和示范意义，强调了建筑策划是建设项目实践中必要的一个环节，任务书评价是职业建筑师的基本素质和技能，本书可以弥补我国建筑教育目前在这方面的不足。

---

① 建筑师全过程负责制（Executive Architect，EA）、全过程工程总承包（Engineering Procurement Construction，EPC），以及政府和社会资本合作（Public-Private Partnership，PPP）等模式，强调建筑师在建设项目中起主导作用，领导、组织、管理和协调所有专业工程师、设计师和艺术家为工程提供所有所需的设计及服务，并为项目全过程、全生命周期负责。

1.2 问题的研究方法与思路

1.2.1 课题研究的方法

1. 研究路径

本书遵循"HOW—WHAT—HOW—WHAT—HOW"的研究路径,在问题的提出后,具体的子研究问题如下:

(1)理论总结

既有理论是如何定义任务书的? 又是如何保证任务书的合理性的?

——根据几个建筑策划代表人物为主提出的策划理论和方法,对如何科学地编制任务书进行了理论研究,并在不同深浅层面提出策划评价的概念。

(2)指出问题

既有建筑策划理论和方法存在哪些问题? 为什么在当今的建设项目实践中,策划的实践应用与理论设想存在一定的差距?

——理论层面,未给出明确的、完善的、程式化的建筑策划评价体系;法规层面,我国对建筑策划及其评价的保障缺失。

(3)问题转化

如何解决建筑策划评价在理论层面现存的问题? 应该关注和借鉴哪些技术方法?

——建立针对建设项目任务书的评价与反馈机制。基于行业实践中大量任务书样本的特性,探讨如何能够评价任务书的合理性,以实现策划的自评。

(4)问题研究与方法提炼

如何将各种适用于任务书的理论基础、方法框架和技术手段组织在一起,建立行之有效的任务书评价体系?

——以任务书评价为出发点,采用风险评估的方法流程,借助数据挖掘的技术支持,研究任务书评价的评价对象内容、评价操作主体、评价活动程序、评价指标体系、评价应用工具,以及评价体系的管理等问题。

(5)实践验证

研究建立的任务书评价体系是否有效?

——选取两个实践项目应用建立的任务书评价体系及工具,从实验和试验两个角度对其必要性和有效性加以检验。

2. 研究策略

（1）以一个问题为中心，多种方法解决问题

以"如何保证建设项目任务书的合理性"这一问题为中心展开研究，综合参考经典的建筑策划理论，借鉴系统评价学的思想，采用风险评估方法框架，移植数据分析和可视化等技术，建立起针对任务书的评价体系。

（2）纵向推进，横向展开

首先采用"问题—解—问题—解"的纵向论述结构，一步步推理演绎，将研究问题指向建立任务书的评价体系；而后采用横向的论述结构，展开评价指标的详解，说明研究的过程和评价成果。

（3）旧题新解

关于建筑的评价已经有了不少建筑学理论和方法，有的是基于建成环境的评价，有的则是基于概念构想的评价，而建筑策划的评价对象是建筑策划的结果——任务书。将这一视点下的评价与其他理论所指的评价进行方法和效用层面上的比较，揭示本书所提出的任务书评价体系的独特性，并做出迁移。

（4）数据依托，理论升华

从一些建设项目的历史存档中，间接地截取一定数量的任务书作为研究样本，构建任务书的数据库，依托真实的数据，借助计算机进行客观的挖掘，实现对任务书的特征和问题的拆解，从而提取出任务书评价指标和评价标准，最终整理成为一套任务书评价体系，升华到理论的高度。

（5）实验运用

由于业界规则和研究时间的一些条件限制，不可能从真实的建设项目中，抓取可以用于研究的大量任务书进行长期跟踪。因此，依托于清华大学建筑设计研究院"产学研"一体化的平台，本书选取了两个实践项目，在其中运用提出的任务书评价体系，检验了评价体系的可操作性和有效性。

1.2.2 问题的研究思路

建筑策划是迄今为止公认的较为正式地生成任务书的理论与方法，策划内容囊括了建筑学需要考量的各个方面的设计因素，并借鉴社会学、统计学、心理学等多个学科领域的测量、分析手段，对具体项目的建筑设计条件进行全面统筹，给出指导意见，致力于保证设计和建设活动的合理性居于底线之上。虽然有些建设项目没有经过特定的策划程序，或聘请专业的策划团队来编制任务书，但其任务书的生成过程，仍然或多或少地在不知觉的情况下应用了建筑策划范畴内的方法。可以说，参照建筑策划理论建立任务书的评价体系是合理且必要的。

建筑策划的操作程序将构建任务书评价体系的基本框架，而策划构想要素，也将成为评价体系中指标体系的重要组成部分。当然，对于建筑策划理论的借鉴只能构成任务书评价的一部分，这是由于生成任务书的建筑策划程序本身就包含有一种特殊的评价活动——空间评价，因而不能照搬策划的构想要素作为评价指标对系统本身进行评价，否则将陷入自我重复评价的循环，混淆建筑策划内部的空间评价与建筑策划末尾的任务书评价。

为了能够形成通用的一套评价体系，应该在任务书生成完成之后，一方面引入建筑策划的构想要素，另一方面，依托行业实践中的任务书样本资源，借助数据处理技术，在建筑策划理论范畴以外进行挖掘和归纳。同时吸取人工知识经验，甚至是一部分非建筑学领域的专业意见，不断补充、调整评价对象和评价指标，在更为综合全面的评价指标体系范畴内，对不同途径、不同方法得到的任务书进行再评价，即真正的策划评价，以达到修正任务书，保证其科学合理性。

至于如何设计、选择和使用任务书评价方法，首先需要参考评价学的方法论。评价学的方法论包括评价指标体系形成、评价指标权重赋值、评价信息获取与数据处理、评价信息分析与集成、评价方案和程序的设计、评价实施过程管理与控制、评价结论信度与效度检验等内容的理论和方法，以及一些具体的评价研究与应用。其次，还要根据大量真实的任务书样本有所变通，对具体的评价方法进行变革与创新，特别是对评价指标体系形成、评价信息获取、数据处理，以及评价方案和程序设计的方法进行调整。

按照系统评价学的理论经验，不论是以委托方为主的评价，还是以评价方为主的评价，均需要经过评价准备、评价进行和评价结束 3 个阶段的程序。具体而言，评价准备阶段主要界定评价的基本问题，制定评价方法方案；评价进行阶段主要收集评价信息，实施评价分析；而评价结束阶段，还要对评价的结果进行检验输出[26-28]。评价活动的这一流程已被众多应用领域所接受并广泛迁移使用，主要在第一阶段中评价方法的设计或选择，和第二阶段中进行单项及综合评价这两个步骤上，产生了较丰富的变化，以贴合各种评价实践活动的具体学科和内容。

具体到本书讨论的任务书评价，应该遵循以下步骤：

1. 确定评价对象

本书讨论建立的任务书评价体系，目标评价对象是用于建设目的的设计任务书，也就是说，受评任务书主要用于指导和约束设计团队生成和发展设计方案，进而准确地、合理地完成最终的建设实践。

具体而言，受评任务书既可能是经过建筑策划研究而拟定的，也可能是通过业主团队讨论拟定等更广泛的各种渠道给出的；或者也可以反过来说，本书提出的任务书评价体系，为一定类型的建设项目任务书提供了通用型的评价标准，而在建筑策划基础上完成的任务书，也应再次在这一标准下进行评价。不同的是，经过建筑策划得到的任务书，评价是附加性质的，以巩固和加强为主要工作，更多的是让策划团队在出具策划报告或任务书的最后阶段，能够快速回顾自检编制过程，或是让接手任务书的新团队，能够有条理地熟悉、复验设计条件的内容与依据；而对于未经过建筑策划过程而生成的任务书，评价则是偏强制性质的，以查错和补缺为主体工作，更多的是督促任务书编制者和设计团队，审慎地对待设计的初始条件，甚至是在评价体系的指导下重编任务书。

任务书评价体系的具体评价对象不应局限于任务书的实体内容，更应该扩展到任务书的来源、依据和编制过程，以及任务书的后续使用管理。

在时效性上，待评任务书所属项目应是任务书完成度超过 90%、建筑完成建设 3 年以内的项目。对于时间节点的两端设定，主要是出于对评价过程中佐证材料完备性的考虑。一方面，任务书完成度较低的项目可能不能提供足够的材料来证明任务书在各个评价方面考量的全面性；而另一方面，完成建设过久的项目可能会由于文档管理的不当而缺失至关重要的材料，亦不能获取评价体系内应得的分数。

2. 确定评价目标

本书所讨论的建立任务书评价体系，基本评价目标是判定任务书各条目的内容和结论是否科学合理，以及是否充分表达了各方的利益诉求。在此基础之上，任务书评价还应衡量任务书涉及的要素是否足够丰富全面，任务书编制操作活动是否专业规范，以及任务书实施的作用效果的好坏。[29]

而对于任务书评价体系本身，还有 3 个方面的阶段性发展目标：

（1）近期目标：通过文献调研法和数据挖掘法，建立起最初的评价指标体系，并通过选取试点项目，简单调整评价指标的参数。

（2）中期目标：推广任务书评价体系及其工具，发展经过专业性资质培训的评价人员，在更多建设项目上进行评价实践，并通过在这一过程中积累的大量数据，进一步动态完善指标体系的权重，建立分类权重子库。

（3）远期目标：在更广范围应用任务书评价体系，争取使之落实成为行业认可的评价标准，组织评价专家与受评项目负责人开展周期性研讨会，汇总评价数据，总结建设项目的发展趋势，商讨对于任务书评价体系的主动干预与修正的手段。

3. 选择或设计评价方法

在传统评价学的概念下，评价方法的选择倾向于使用已有的、成熟的评价方法，这样可以节约时间成本，只需完成数据的采集并套用经典的方法模型，即可得到标准化的评价结果[30]。但是，考虑到任务书的特殊性、行业实践的多样性和发展动态性，任务书的评价指标体系不能仅仅局限于一些经典方法，还应该对新的评价方法方案提出设计要求，使之能够处理任务书中内容的特定数据类型，在面向大量样本时具有变化调整的可能。

如前文所述，建设项目任务书主要包含两个维度的内容：具体要素构想和与需求的对应关系。由此看来，任务书的评价方法就是要针对具体要素构想的值进行验证，并判断对应关系。应该说，传统的策划方法即完成这两项工作，但由于策划工作信息采集操作客观性受主观性牵制，而科学分析又依赖于存在偏差的数据，使得任务书结果需要进一步论证。因此，针对任务书评价体系的评价方法设计，应该在对传统策划方法的借鉴基础上，加之计算机客观处理样本数据方法的改良，这从本质上来讲，是选用多种方法技术组合出了一套整体的评价方案。

综上所述，任务书评价体系由理论体系和评价工具两部分组成。其中理论体系主要由 3 个方面的理论作为支撑：以建筑策划为核心的建筑学理论、评价学方法理论和数据分析数学原理。评价工具以评分系统为形式结构，本书通过文献调研法和数据挖掘法，归纳、设立第一代评价体系的指标分项，并通过 5 个等级的评价尺度组织权重体系计算分值。受评任务书在每一项评价指标上，通过提交说明性文档、研究资料、会议记录、技术图纸、相似案例、后评价数据等一系列材料，由具有评价资质的评价人员和具有学习能力的计算机程序进行审核，从而获得某一评价等级的认定并获得相应的分数。

对于参与任务书评价的团队来说，实现更高的总分无疑是一个常规目标，但应意识到同时获得全部评价指标的高分是不现实的。应该将评价所得分值视为超出了一般水准之上的余量，并更多地关注各个类别指标的得分占相应满分的百分比值，这能揭示受评任务书在各个评价方面的优劣。最终获得的分数应按照一定的标准，授予荣誉认证或经济奖励，但这一设定并非致力于进行项目之间的横向比较，而是鼓励项目向自身内部挖掘，在评价过程中找到本项目的任务书存在的短板。由于已经获得高分的评价因素提升空间相对较小，在经济利益的促使下，项目团队为了获得更高的总分便会转而关注尚处于低分段的评价要素，以臻完善，以便在项目的早期，甚至是任务书的编制环节，实现即时的正向调整。

4. 确定评价指标体系

确定任务书评价指标体系包括"评价指标条目的形成"和"评价指标权重的赋值"两方面内容。本书拟通过任务书样本库的数据挖掘，搜寻得到一部分任务书的待评要素，再参照建筑策划的构想要素，辅以文献归纳法，利用出版物、相似的例证与先例、使用后评估、建筑性能评估，在专家意见和公众声音的补充校正下，搜索任务书一切可能的评价维度，经过风险判断确定出最终的评价指标，并设置附加指标分项。

评价系统的评价指标设定以尽可能全面为理想目标，但这并不意味评价指标越多越好，过多的评价指标容易造成信息的冗余和评价者的反感。反之，评价指标的个数也非越少越好，因为趋于最少的评价指标则要求各个指标评价内容上完全互斥。而我们知道，复杂问题的综合评价无法避免指标之间有一定的相互覆盖，通过合理的设置评价指标的权重值，并明确不同指标之间的关联性，可以将评价指标的个数维持在一个适中的量值上。另外，加入非限定性附加分值，一方面容许了一定的松弛度，鼓励建设项目任务书进行创新和追求更高的完成质量，另一方面，也为评价体系本身定期增加评价指标，积累了数据依据。

传统意义上的评价指标权重常使用层级分析法形成，这也是建筑策划常常使用的方法。层级分析法产生的评价指标体系逻辑简单，结构性强，便于与数理统计分析接轨，但考虑到数据运行情况，受制于数理统计分析的技术手段，其层级和指标数量均不宜过多。

本书采用客观统计和专家判断两个数据来源，来确定评价指标的权重值。在建立评价体系伊始，为每个评价指标设置内外两个权重系统：外部权重是指标最大可选分值，由指标的重要程度和客观信息量决定；内部权重则为具体可选的 1 ~ 5 共 5 个档位分值，由指标评价等级对应的风险事件发生概率和严重程度决定。其中，客观指标的信息量和风险事件的发生概率可以通过任务书样本数据统计得到；而指标的重要程度和风险事件的严重程度，则需要选取一定数量的从业建筑师和研究专家，通过问卷调查构建专家权重矩阵，综合利用层级分析法、多属性决策等方法，在相互协调制约下得到一个相对合理的人工判定值。

经过一定数量的评价实践累积，各个受评任务书的得分将可以录入主成分分析程序，通过计算得出表征统计数据内部的关联关系的主成分[31]。将一代权重矩阵与主成分权重相乘，可以得到二代权重矩阵。应用同样的原理，随着实践中评价样本的增多和数据量的累积，评价系统指标体系可以不断迭代得到新的权重矩阵。这样得出的权重矩阵，一方面可以快速纳入了长期以来人脑在建筑实践中积累的经验，另一方面，可以通过实践数据对权重值进行不断修正。

而经过长期有效的积累，当受评任务书案例达到一个足够大的数量级之后，随着数据量的不断扩大、信息内容的变化多样，权重的意义将发生变化，权值也将有所变化，可能不宜作用于全体样本，这时对于权重矩阵的计算，就应该按照建筑类型建立权重子库，将相同类型的建筑划分为同一集合，代替全部受评案例集。

随着权重矩阵的更新，对于已经完成评价的建设项目任务书，其评价结果也将可能发生一定的变化，其中各个分项得分值的具体增减则表征了在新时空条件下原有任务书优势与劣势的扩大或缩小，使得受评任务书的后续研究团队能够得到更加贴近建筑市场发展的建议。

5. 资料信息收集与分析

用于评价任务书的资料信息既来源于建筑学领域为人熟知的一些途径，如使用后评估等，也来源于许多意想不到的渠道。大数据信息时代，企业数据、交易数据和社交数据空前膨胀，这些看似与建筑学无关的信息，实际上也表征了人的活动和人的需求，相比于传统的统计数据，这些数据依托于传感器、智能移动终端和网络平台，其真实性更高、获取周期更短、动态性更强，能快速高效地反馈于新项目的任务书评价。

不同种类后评价的评价指标可以在建立任务书评价体系时，作为指标来源的借鉴内容，由于评价的具体对象为任务书而非建成环境，因而需要通过适当调整问题条目的评价角度和深度，来完成针对任务书本身和其策划过程的评价。

在任务书评价体系中应用后评价的评价数据，共有 3 种方式：

（1）对于已经完成建设的项目，可以利用后评价的性能数据、图纸资料和说明文档，通过前后印证的方式，支持本项目在任务书评价中具体分项的分级认证的准确性。

（2）对于尚未开始建设的受评任务书，可以在方案设计前期先进行一个轮次的任务书评价，待完成施工建设，结合后评估数据，可以验证第一轮任务书评价的准确性，检验任务书修正的作用，争取得到新的更高分数，同时帮助调整任务书评价体系的指标权重。

（3）后评价的数据可以积累进入数据库，在今后同类相似的其他项目需要评价时，可以随时调取，作为比对基准或预期依据，更可以为评价系统开发更加智能的评价界面，提供机器学习的信息库。

6. 单项与综合评价

由于当代社会问题和评价体系的复杂化，一般不提倡使用单一的单项进行评价。在大数据信息加盟评价活动的情况下，使用单项评价方法更显得捉襟见肘。任务书的编制是一个定性与定量相结合的综合分析过程，因而对于任务书的评价也应该采用多指标综合评价的方法。任务书评价体系应用多指标与差异化细分评级相结合的综合分析法评价，并针对不同数据类型的评价指标组合使用不同的综合分析，将能从多个角度交叉论证任务书中设计条件的合理性。[32]

目前已经存在很多常用的综合评价法，如偏重于定性的专家分析法，分层序列的多属性多目标决策方法，以相对比较为基础的数据包络分析模型，主成分分析法、因子分析法、聚类分析等统计分析方法，基于评分的系统工程的方法，引入隶属度的模糊数学的方法和基于神经网络的智能化评价方法等，均可以被任务书评价体系的建立过程所吸纳。

7. 评价结果分析检验

虽然任务书评价体系建立的初衷是论证任务书的合理性，但任何评价都是人出于某种目的对事物进行观念掌控和价值认知，其结果往往具有一定的导向性，这是一个正常的现象。任务书的评价是以风险为导向的，以此来实现对底线问题的掌控。对任务书的评价结果进行分析，主要是针对评价活动所找出的任务书内容上的短板，或潜在的风险点，复查任务书的编制依据和途径，判定其是否正确，以及是否需要作出补充或者调整。

8. 撰写评价报告

任务书评价报告的定位，一方面是描述事实，另一方面，是对于受评任务书中缺失的、不足的方面，明确指出所在位置，鼓励任务书编制团队在这些尚存较大提升空间的方面进行补充完善；而对于受评任务书中没有依据的、有偏差的和无时效性的条目，评判其偏离方向和程度，并给予相应具体的修改建议。[33]

在尝试建立任务书评价体系的同时，还应该关注到已经发展较为成熟的一些建筑领域的评价体系，如方案评价与使用后评估，任务书评价体系并不旨在取代任何一种已经存在的评价体系，而是填补策划领域针对任务书这一具体评价对象的研究缺失，因而方案评价、使用后评估等也都可以被任务书评价体系吸纳采用。但与此同时，也应该明确以任务书评价为具体内容的策划评价，与方案评价、使用后评估存在的异同：[34-40]

（1）在评价对象方面，本书所讨论的策划评价是以建设项目的任务书为靶向对象的评价，而方案评价的对象是建筑的设计方案，使用后评估评价的是已经完成建设、处于试运营或正常使用阶段的建筑实体及其使用效果。

（2）从评价内容方面来看，任务书评价意味着主要围绕任务书文档本身及其相关材料、生成任务书的相关程序和编制人员能力进行评价，该任务书所属的项目既可能还处于建设条件研究讨论阶段，也可能已经完成设计甚至施工建设。而方案评价则应用在已有任务书指导下进行的建筑设计，针对的是虚拟的方案本身，往往尚未投入建设，传统的建筑学设计理论在设计的每一步都或多或少地对设计方案进行着建成效果的预估，以完成对于设计问题价值的判断，推进设计的层次。使用后评估一般在建筑已经完成施工建设的 6 个月至两年期间进行，由于建筑实体已经存在，因而评估的具体内容主要针对既存的建筑实体的物理性能评价、具体使用房间或区域的满意度评价，以及运营团队的经济效益评价。

（3）就评价的作用和目的来分析，任务书评价阶段可能尚不具有设计方案和建成建筑，因而评价目的集中在任务书的合理性上，其作用是尽可能早地在方案前期对不理性设计条件进行定位，并进行正向修正，提高其对于建筑设计过程的指导性。方案评价由于继承了设计阶段的详尽资料，并先于施工建设，往往用于推动设计的深化，或进行方案之间的横向比较，以期获得最好的问题解决方案。使用后评估由于已经可以展开针对建筑实体方方面面详尽的评估，获得的数据信息较为全面，可以用于衡量反馈建筑现有价值，为运营与改造团队提供建议，或前馈未来相似项目等多种用途。

（4）从评价的问题角度来看，任务书评价主要回答两大类型的问题：完备性与合理性；针对任务书（策划成果报告）本身及编制程序，回答"关于某一内容在任务书中是否具有足够的说明""任务书中某一内容或结论是如何得到的？""相关的研究支撑是什么"。而方案评价和各种后评价，则是主要回答好坏程度的问题，针对具体的建筑设计要素或建成环境要素，回答"方案或建筑的某一要素达到了何等度量水准或使用满意度"。

总的来说，三者皆是围绕建筑活动的评价活动，由于从属不同的阶段，针对不同的评价对象，因而有着不同的具体评价内容和评价方法，但不同的评价均揭示了本阶段内建筑活动和输出成果的价值，为后续进行的工作提供了科学合理的依据。从更广的层面来说，本书所探讨的任务书评价将会同其他评价活动，覆盖建筑的全生命周期，一定程度上积累了建筑行业的大量信息与经验，如能形成良好的平台存储和共享这些信息，将对本案以外的新设计工作具有前馈作用。

第 2 章
建筑策划评价的理论基础与内涵

以建筑策划领域几位代表人物为主的一批学者和研究团队，已经对如何科学地编制任务书进行了一定的理论研究，并在不同深浅层面提出了"建筑策划评价"的概念，这也是本书的理论基础与来源。本章是对问题背景中研究动态和文献综述的具体展开，对策划评价的内涵，在建筑策划理论的内部，以及建筑学其他一些理论中，进行了搜索与整理；并从系统评价学的角度，对研究问题做出了新的牵引描述。

本章主要回答以下 4 个问题：

1. 既有理论如何定义"建筑策划评价"？

2. 既有理论如何保证任务书的合理性？

3. 既有理论对本书中的研究而言有哪些可借鉴之处？

4. 从系统评价学视角，如何进一步解读"建筑策划评价"？

2.1 建筑策划理论体系内的"建筑策划评价"概念

本节以建筑策划理论分支内的代表人物、流派为线索进行理论回顾,先后对威廉·佩纳(William Pena)、罗伯特·卡姆林(Robert Kumlin)、伊迪丝·谢里(Edith Cherry)、多纳·P·德克(Donna P. Duerk)、罗伯特·G·赫什伯格(Robert G. Hershberger)、日本建筑计画学和庄惟敏研究团队的著述中,有关建筑策划评价的概念、理论和方法进行了引介和简单评述。

2.1.1 国外研究动态

1. 威廉·佩纳的建筑策划评价理论

建筑策划的理论最早诞生于20世纪中叶的美国,起初是二战后欧美国家为找到"花最少的钱盖更好的住宅"的方案而进行的一系列分析研究。后经美国得克萨斯州农工学院几位教授和学生创办的CRS事务所逐渐演绎成建筑学内一门相对独立的学科,被命名为"建筑策划"(architectural programming,也写作architecture program或briefing),并在威廉·佩纳的主导下分别于1969年、1977年、1987年、2001年和2010年先后5次出版《问题搜寻法:建筑策划指导手册》(*Problem Seeking*: *An Architectural Programming Primer*)。[41]

威廉·佩纳认为在建筑策划环节之后,应该对策划成果的优劣程度进行量化评价,他强调这一评价是针对策划成果(programming package/product)产品层面的质量评估,而不是关于策划过程的评价。这种评价直接影响着后续工作(next step),也就是设计工作的顺利进行,而且其评价标准应该异于建成建筑的评价活动。

佩纳在《问题搜寻法:建筑策划指导手册》一书中提出,策划评价应该包含3个方面的活动:①以问题组为形式建立评价标准,②针对问题在整体层面而非单一的功能层面进行打分,③根据打分结果绘制功能、形式、经济和时间4个轴向的"质量四边形"。

问题组分为功能、形式、经济和时间4个板块,板块下的每个问题由关键词(加粗字体)引导展开,共计20个具体问题,分别为:

(1)功能

①客户机构的整体**组织概念**(organizational concepts)得到何种程度的揭示?

②客户的**功能关系**(functional relationships)和目标是否得到良好的记录?

③**形式导向**（form-givers）和细节要求是否得到足够的区分？

④**空间需求**（space requirements）是否真实地依据了统计学换算、客户需求和建筑效率？

⑤对**使用者特征**（user's characteristics）的信息调研是否充分？

（2）形式

⑥客户的**形式目标**（form goals）是否得到清晰的表达？

⑦策划团队是否与客户、设计团队建立了**紧密的联系**（rapport），探讨单位造价下的**质量问题**（quality）？

⑧关于**场地**（site）和**气候**（climate）的数据是否得到彻底的分析和陈述？

⑨**场地周边**（surrounding）的社会、历史和美学要素是否得到良好的分析？

⑩**心理环境**（psychological environment）的概念得到何种程度的揭示？

（3）经济

⑪**经济目标**（economic goals）和预算限制是否得到定义？

⑫**当地物价数据**（local cost data）是否通过金融、规划、建造的方法做出了充分的调研？

⑬考虑到**维护**（maintenance）与**运营费用**（operation costs）的问题，是否对气候和活动因素进行了充分调研？

⑭**造价估算分析**（cost estimate analysis）是否足够真实具体？

⑮**经济概念**（economy concepts）得到何种程度的揭示？

（4）时间

⑯策划在何种程度上考虑了历史保护的**文化价值**（culture values）？

⑰主要活动的**静态或动态**（static or dynamic）分析是否到位？

⑱策划是否对于**空间变化和成长**（change and growth）进行了预估？

⑲时间因素在决定进程（determine phasing）和提升造价（escalate costs）方面的作用如何？

⑳时间进度表对于**整个项目的推进**（total project delivery）是否可行？

在这4组问题的基础上，针对每组问题的整体，按照1～10级的评分规则进行打分，则可以得到"质量四边形"的4个周长，进而计算出评价的最终得分。佩纳在书中给出了质量四边形应用的一个具体示例，该例在功能、形式、经济和时间4个方面分别得分为8、5、6、3，根据四边形几何面积计算公式，可以得到该案例的四边形面积为 $0.5 \times (8+3) \times (5+6) = 60.5$（满分200），这便是该案例策划成果得到的分数。

佩纳提出的质量评估概念实际上是一种建筑策划内部的评价，即对策划过程中空间预测的产品进行的评价；这种评价简洁易行，整体性强，但相对较为粗放。

2. 罗伯特·卡姆林的建筑策划评价理论

罗伯特·卡姆林在《建筑策划：设计专业的创造性方法》（*Architectural Programming: Creative Techniques for Design Professionals*）一书中指出，一个建筑的策划是否成功可以通过项目完成的结果来揭示。然而，人们一般更加希望通过设置一些标准，来衡量建筑策划活动的过程（process）和文件成果（document），因此他提出成功的策划应该具有的 6 个标准：①策划预测的范围和费用准确并可以实现；②预计的效能得以实现，最终设计满足客户对于空间质量和完成度的期望；③建筑策划给予设计创造性空间的同时保证其控制在量化参数内；④策划报告信息充足，编排表述清楚、简练，易于阅读接受；⑤客户的要求、远景、目的和优先事项被清晰并快速地呈现给设计团队，在最终的解决方案中有所表现；⑥策划得到了使用者、利益相关者和决策者的强烈支持。

卡姆林为了能在策划过程中和策划结束提交成果时快速检验策划，给出了实用性较强的策划清单（checklist of programming Errors），该清单是以策划可能出现的问题和错误为导向的，类似于风险评估，通过检查策划是否存在一般性错误（general errors）、文件错误（documentation errors）和费用错误（cost errors）3 个类别下的 25 个具体问题，进而实现建筑策划从过程到成果的评价。这个清单还具有另一个作用，就是可以在新的策划开始之前为策划提供工作思路和注意事项。[42]

（1）一般性错误

①缺乏利益相关者的支持（lack of support from the stakeholders）

由利益相关者参与制定的策划案具有其内在的生命力，在指导建筑设计和后期评估中具有重要的作用。即使在一些公共项目中，使用者参与到策划决策过程中的可能性较小，也应该努力获取各个方面的意见，以提高策划案的接受度。

②混淆需求和愿望（confusing needs and wants）

当新建项目的客户得到机会表达他们的需求时，很大一部分时间他们在陈述他们想要什么，而非真正需要什么。愿望和需求的区别在于愿望可以具有乌托邦色彩，而策划需要的是倾听和梳理客户的想法，以标准的术语陈述能够实现的需求。

③提出不合理的要求（incompatible quality goals）

在平衡数量和质量的问题上，有的时候会遇到不匹配的要求。例如"一个又大又豪华的大厅"将造成项目的巨大经济倾斜，又或是"所有办公室都应该具有自然采光"可能意味着减小写字楼标准层面积，进而带来的是使用率的降低，外墙造价和垂直交通要求的提升。策划工作者应该对建成案例进行一定的调研，得出合理的条件阈值，并对策划中所提出要求可能具有的不合理导向具有预判能力。

④未表述不能解决的问题（unresolved issues unidentified）

策划中经常会遇到策划团队甚至项目所有者没有能力决断的事情，如权力上层的决定、项目场地的限制和具象设计的印证。这些限制条件应该在策划过程中被充分考虑，并在报告中给出策划的阶段性结论和潜在的可能提示。

⑤未意识到客户的特殊文化（client's unique culture not recognized）

策划应该反映客户机构运行的模式，并在策划报告中加以陈述，以便设计团队在设计中对相应的内容有所考虑和表达。

⑥未区分机构架构和功能需求（organization and functional needs not differentiated）

现代社会中，人与人的交流和工作流程不一定依据人们的身份和组织架构，因而策划并不是要按照机构的等级制度布置房间，而是要探索工作活动对空间的功能需求，工作流程对空间的关系影响，并一定程度上创造空间和行为的交互性。

⑦缺乏语境契合（lack of contextual fit）

每一个策划案应该具有独特性，因为策划工作是基于具体的项目案例的。因此策划在确定其内容前，应该先确定可获得信息的有效性和明确范围，然后基于此生发适用于本案的策划猜想。

（2）文件错误

⑧总面积不足（insufficient gross area）

策划空间列表往往通过分项的方式列出每个功能房间所需的净面积，在完成最终策划案之前，应该根据项目的建筑类型选择适当的使用率，核算建筑总面积和分项净面积是否符合所有人的要求。

⑨描述前后逻辑矛盾（inappropriate or inconsistent language）

策划报告对于空间计算的方式和空间分类的定义应进行明确的说明，以避免设计团队产生不同的理解，重复计算面积或对空间的所属产生困惑。

⑩过于教条化（too prescriptive）

策划报告给出太多概念或将设计细节伪装成策划概念，客户将策划概念当成设计，以及客户和策划工作者以狭隘的视角进行策划可能性的探索，这三种情况都会造成策划报告过于教条化。

⑪过于模糊（too vague）

与过于教条化相反，策划报告没有给出足够的信息，或只有少量数据信息的功能策划代替整个建筑的全面策划，再或是目标描述过于空泛难以理解，都会造成策划报告过于模糊。

⑫信息冗余（too much information）

客户机构提供过多的想法和材料导致信息出现冗余，使得策划工作必须先进行筛选删减工作。保证策划报告只包含与策划阶段相关、相匹配的信息，并根据策划后期的概念为这些信息按重要性进行排序。

⑬缺乏格式组织（lack of organization）

策划报告如缺乏合理的格式组织，则导致阅读报告的人关注于片段化的信息罗列，失去焦点，甚至错误理解所要传达的重要信息和结论。因此选择合适的信息并通过合理的范式组织文本，将使策划报告实现全面性和可理解性的双赢。

⑭缺乏信息等级（lack of information priority）

在策划报告中，策划工作者应将策划目标按照重要性进行排序。策划报告中往往缺少这样的排序导致设计团队按照一些默认的想法排序，而造成一些并不希望的结果。

⑮不必要的复杂性（unnecessary complexity）

策划报告的形式应该尽可能地简单，以便设计团队从中攫取信息。许多策划系统建议使用表格、矩阵等二维信息格式，帮助组织策划报告的信息，以免造成文件形式不必要的复杂性。

⑯无定性数据（no qualitative data）

策划往往以空间列表和造价估算作为主要的成果，然而，单凭这些定量的信息并不足以推进设计。客户应该清晰地表达自己定性的观点，而设计团队也应该关注到重要的定性关系，以免产生分歧。

⑰不准确的数据（inaccurate data）

策划是整个项目最先开始的整体性尝试，且其结论具有一定的启发性。但这并不意味着策划可以使用不准确的或是猜测的数据留待后续进行修正。策划工作应该以一个绝对正确的态度开始进行，让设计基于真相而发展。

（3）费用错误

⑱策划比例不平衡（the program is unbalanced）

策划的4个重要参量：质量、数量、时间和费用应该处于一个平衡的状态，在策划的进行中，应该通过与策划工作者一起开展研讨会或谈判交流，不断调整各个参量的具体情况。

⑲没有进行造价估算（fatal unresolved cost issues）

一个可能导致策划产生严重错误的问题便是没有进行费用的预估。没有进行费用评价的客户、策划工作者和设计团队在很多问题上不能达成经济共识，进而导致项目不能得到推进。

⑳特殊情况或单位造价过高或过低（contingencies or square foot costs too low or too high）

关于质量标准的讨论出现误解抑或结论悬而未决，可能导致单位造价过高或过低地被估计，而特殊的构造、设施和附加物可能导致造价的总数变得"不可理喻"地高。因此，应该反复质询具体的要求和给予的相应配置，以保证造价估算的合理性。

㉑追加费用不合理计算（escalation inappropriate calculated）

策划阶段的费用估算可能随着项目的进行而不再适用，因为策划阶段没有合理地考量通货膨胀等原因，则会导致后期追加不合理的费用。

㉒公共设施被忽略（utilities ignored）

不论是场地内还是场地外的公共设施，对于它们容量的估算永远是建筑策划的一个难点。为了避免建筑后期不断弥补由于公共设施过载而产生的问题，策划应该给予公共设施足够的关注并将其纳入到最初的费用估算中。

㉓地下部分被忽略（subsurface conditions ignored）

在策划的费用估算中，不应吝惜成本对场地甚至场地周边的土地物理情况进行调查和评估，以便发现并排除、简化一些可能导致后期重大问题的特殊情况。

㉔未明确政策性、法律性的要求（regulatory requirements）

除了一般性的分区要求、土地权限和建筑法规，一些地方性的条款和环境影响也可能对策划提出限定性的要求。策划需要明确这些附加的限制可能带来的费用。

㉕缺少现存建筑分析（existing building analysis assumptions）

当项目和现存建筑具有一定的关系，如修复、改造和再利用项目，不能想当然地认为可以获取现存建筑的一切资料。其使用状态、物理状态等需要持续的策划和评估，并需要有足够的资金进行支持。

3. 伊迪丝·谢里的建筑策划评价理论

伊迪丝·谢里在其代表作《建筑策划：从理论到实践的设计指南》（*Programming for Design from Theory to Practice*）一书中，虽然没有明确提出"建筑策划的评价"这一名词性条目，但其对于策划评价的概念还是有所涉及的，与之对应的概念出现在"设计问题的综合"（program synthesis）这一章节中。

在"设计问题的综合"这章中，谢里明确提出，在策划工作基本完成之后，应该进行"综合"的活动。在此处，虽然她没有使用"评价"（evaluation 或 review）的字样，但她指明了她的"综合"概念来源于威廉·佩纳关于形态、功能、经济和时间 4 个方面的评价思想，建议策划工作者对项目的目标和目的进行回顾，明确对于那些初始未知问题的现今了解程度，这是一个策划工作者对策划信息进行评估，并以建筑师视角去确定设计问题的过程。应该说，谢里的"策划综合"首先是一个整理的概念，同时还具有评价的概念。此外，谢里还强调了应该由建筑设计师和客户共同参与，对"策划综合"进行审核，以证实策划的陈述确实触及了项目的主要问题，同时又没有干扰、限制建筑师的创作工作与选择活动，并对客户了解、参与设计过程所必须经历的选择过程提供教育和机会。谢里在这一章最后给出的几个"策划综合"案例也进一步说明了她关于策划评价的上述观点。[43]

谢里除了是第二代建筑策划理论研究的重要奠基者之一，同时还是建筑策划的积极实践者。她在美国国家建筑科学研究院（National Institute of Building Science）的研究项目中，站在多年实践和经验累积的高度，总结并提出了策划工作许多新出现的趋势。其中之一便是，越来越多的客户对他们项目的最终设计方案遵从应用策划的程度提出验证的需求（verification that the design complies with the program）。这无疑是全过程策划评价的一个设想，即在设计方案甚至施工建设完成之后，对策划的应用情况进行评价，也是对策划所得结论的一种检验反馈。其他的一些新趋势，如在策划中应不断加入对于新技术（如参数化设计、新建筑材料）、新标准（如 LEED、Green Globes 等）的研究，以便反映和跟进瞬息万变的时代需求，一方面为成熟的、常见的建筑类型研发可操作性应用模型，另一方面，甚至为新出现的空间类型制定标准和提供设计导则[44]。应该说，对尽可能多的实际策划工作开始进行评价是呼应上述需求趋势的，这些新趋势要求策划工作不断搜索并扩大其专业范畴，积累大量的数据资料并最终转化为通用型成果，而策划评价正是要反映策划工作的全面与否和效果如何，可以知晓每个策划专案的长处与短处，对不尽如人意的地方进行查缺补漏，对运行良好的方面进行认定备案，对发展策划工作的内容和策划的成果可谓有双管齐下的作用效果。

4. 多纳·德克的建筑策划评价理论

多纳·德克在《建筑策划：设计的信息管理》（*Architectural Programming*：*Information Management for Design*）一书中讨论了策划活动内部的评估技术，在佩纳提出的 4 个方面质量评估标准基础上，细化扩展出 200 个分项。德克认为，建筑策划的评价应致力于发现缺少的信息，修正不正确的条款，检验策划构想的有效性，并与客户、设计团队、专业技术人员和项目管理者共同复查，策划结论是否与客户目标、性能要求相契合，设计团队是否准确地理解了客户的意见和想法。德克的评价更加精确，但是同时也为建筑师对其的掌控增加了难度。[5-6]

德克还认为，从策划的市场意义而言，除了学术和政府机构，大多数客户不愿意在建设项目完成之后，为进行使用后评估花费更多的经费。但是由于存在利益和潜在的价值，他们往往愿意资助能为新项目的建筑策划所利用的评估研究。而策划评价积累的数据可在新的、相似的建筑项目的策划时提供支持检验新概念，也可以为某一类型建筑的知识库提供新数据。因此，推动策划评价的实施，并在使用后评估中加入策划评价，具有一定的实践意义和市场价值。策划工作者一般是使用后评估的最佳人选之一，其可以用项目前期得到的策划报告作为依据进行使用后评估，对建筑空间和使用者的相互适应关系进行对应调研。

此外，德克的策划评价理论还阐述了策划评价的时间点、关注点和两种评价方法。德克认为在项目的 8 个重要阶段，即完成策划后、初步设计的中期和末尾、深入设计的中期和末尾，以及施工文件完成后、施工和使用过程中，均应该进行相应的评价，其中针对建筑策划进行的评价发生在策划完成之后、深入设计中期和使用过程中三个时间节点。在策划阶段的工作刚刚完成时，对策划的评价主要集中在策划报告内容全面性和一致性上；在设计中期进行的策划评价则主要是结合具体的设计概念和具象推敲方案，检查是否落实了前期策划的结论，抑或是检查是否发生重大的信息和设计变动，需要更新或修改策划内容；在使用后评估中进行的策划评价，是对策划完成度的检验，同时也对早期策划得出的构想进行有效性反馈。

至于策划评价的方法手段，德克给出了学习评议（Over-the-Shoulder Evaluations）和复查会议（Client Review Meeting）两种评价方法。学习评议通过组织策划工作者和设计团队的会议，使策划工作者可以聆听来自设计团队的质询和评议，由于设计工作形象化、具体化的特点，设计者往往能够提出一些在早期策划文件中没有落实的问题，这时就需要返回到策划团队，进行进一步的策划研究，查缺补漏。这个方法为策划在形式和功能两方面提供了新鲜的血液。复查会议是集结了策划工作者和客户的定期会议，其根本目的是检查策划结论和设计方案是否按照客户所想的方向进行发展，是否有重要的信息被忽略，以及各个团队之间信息交流是否清楚准确，复查会议上的策划评价保证了各方意见的交换和共同意识的达成。

在建筑策划的作用上，德克强调了策划文件的更新。策划文件并不是一个一经发布便一成不变的结论，任何的新议题、新发现，甚至是设计阶段的质询，都应该考虑是否对策划进行复查和修改。同时，策划文件应该具有条理清晰的格式，说明项目的目标方向和问题要求范畴，这样当有更新发生时，才有利于各方快速地锁定变动的条目并达成共识。而具体到更新策划文件的形式，如果更新发生在项目的早期，则可以通过修改原文件并加以标注的方式完成，但如果变动发生在较晚的时期，或具有较大改动，则应该另附文件，以免造成格式干扰和信息的冗余。[6-7]

5. 罗伯特·赫什伯格的建筑策划评价理论

罗伯特·赫什伯格的策划评估不同于威廉·佩纳的产品质量评估，赫什伯格更加关注于对策划的过程进行评价，具体评估策划计划的全面性、策划所收集信息的准确性、策划结论的有效性、策划成果的经济可行性，以及策划活动的经济可行性。在应该如何进行策划评估的问题上，赫什伯格一方面强调由业主评判策划工作是否达到期望值，另一方面，通过科学的手段和达成共识的评估程序、标准进行策划评价，也是赫什伯格所倡导的。[45]

赫什伯格具体提出在 3 个层面上对策划进行评价：①对策划的过程进行评估，②对策划的构想要素进行模拟，③对策划的经济和时间进行失误估算。

在策划的过程评估中，赫什伯格认为应该就 5 个方面问题进行探讨：

（1）策划工作应该包含哪些工作内容和材料？策划方案是否全面？

（2）应用什么样的程序来收集策划所需信息？所获得的信息是否准确可靠？

（3）策划成果是如何进行表述的？策划结果是否可以帮助建筑师理解设计问题的重要内涵并具有启示作用？

（4）所得策划方案能否引导建筑师在业主的经济和时间预算内完成设计任务？

（5）策划活动本身是否超出了业主对于策划环节的经济和时间预算？

赫什伯格的策划评价认为，在策划的早期对策划评价进行准备，如制作检验表单，在策划的过程中，根据检验表单的内容，反复定期对策划的程序和数据进行检查，则可以达到对策划过程有效评估的目的。

对于策划得到的具体构想，赫什伯格则倾向于在心理、物理、数理和实验 4 个层面进行模拟检验。其中物理层面的模拟和建筑设计息息相关，即通过平面排布，家具布置和建立模型等方法，推演建筑策划的结论。

在《建筑策划与前期管理》（*Architectural Programming and Predesign Manager*）书中，赫什伯格给出了美国亚利桑那州立大学建筑系馆扩建的策划评估案例。该案例中，策划依据学术建筑相关规定给出了本案建筑使用率需要达到 70% 的标准。但在策划评价中，通过调研和数据检验，发现在大多数建筑系馆都没有达到这样一个使用率的情况下，遵循学术建筑必须保证 70% 使用率的标准就存在不合理的问题，正是在评价环节所需厘清和解决的典型问题之一。为了接近规定要求的使用率，通过在各层工作室的室内走廊增加玻璃展廊、休息室等"新的策划空间"，实现了策划评价的修正作用。

关于数理模拟程序，赫什伯格同样给出了亚利桑那州立大学的例子。在获得令人满意的结果之前，建造费用和资金分配应该可以提供多种选择，通过调整空间分配和其对应的资金需求，可以得到更合适的方案，体现了通过数理模拟实现策划评价的价值。

对于由于分析失误而导致的时间、费用增加，赫什伯格主张在策划评价环节通过策划者、业主及其他相关人员的集体会议来解决。策划者也可以通过查阅文献、咨询权威和实验等方法，对不确定因素作进一步探讨，明确可能发生变化的安排，对特殊情况做出补充说明和准备。

6. 日本建筑计画的建筑策划评价理论

日本的《基本建筑学》《建筑计画》等系列教科书，对建筑计画的内容、步骤和具体建筑类型的计画方法进行了大量说明，给出了关于建筑计画和基本设计过程的相关检讨项目。检讨的项目以"建筑主的要求"为核心出发点，以"规模和形式的决定"为主轴，配合了意匠形式、功能规模、技术构法、工事费用、环境文脉、社会动静因素等具体项目。[46]

应该说，日本建筑计画学中所提及的建筑计画相关检讨项目，是对建筑策划具体构想内容和条件因素进行的一种检验，属于建筑策划内部的评价活动，严格意义上是一种以空间（构想）为评价对象的评价，而不是将策划活动作为一个整体对象进行的策划自评。

2.1.2　国内研究动态

庄惟敏教授在 20 世纪 90 年代将欧美和日本的建筑策划理论引入我国，并长时间从事建筑策划与实践的具体结合工作。其理论著作《建筑策划导论》一书对欧美和日本的建筑策划理论和技术方法进行了介绍和提炼，并结合我国的具体国情展开讨论。在书中，他给出了策划活动的程序，通过"目标设定、外部条件调查、内部条件调查、空间构想、技术构想、经济策划、报告拟定"7 个主要步骤来生成任务书，并保证编制过程与内容的合理性。其中空间构想是策划的主要内容之一，具体展开又有空间的预测和评价来完成构想的提出和检验。庄惟敏教授还在书中将空间评价的内容归纳为"实态的评价""构想方案的事前评价"和"构想成功与否的评价"3 个方面。

庄惟敏教授团队对建筑策划及其评价开展了不断深入的研究。他的学生梁思思和苏实先后在硕士论文《建筑策划中的预评价与使用后评估的研究》和博士论文《从建筑策划的空间预测与评价到空间构想的系统方法研究》中，分别论述了建筑策划预评价和建筑策划空间评价的概念，对建筑策划与评价、策划构想空间的评价展开了具体深入的研究[47-48]。这两者的研究与日本的策划评价较为相似，均是针对建筑策划内部构想要素进行分解、分析与评价，同时还吸收了欧美策划评价近几年的理论倾向，对使用后评估给予了更多的关注，进一步论证通过收集和获得建成建筑的评价信息，可以对本案的建筑策划和建筑设计的效果形成正负反馈，为未来新的相似项目的策划工作提供借鉴前馈[49-51]。庄惟敏教授的另一位学生高珊则在其硕士论文《城市空间形态建筑策划方法研究：嘉兴科技城空间形态策划》中，通过实证研究的方式，将嘉兴科技城的空间策划的建成环境、建设过程应用于空间构想模型评价，这一方面验证了策划实践工作的有效性，另一方面，也检验了策划预评价与空间构想评价的理论模型[52]。

应该说，建筑策划预评价与空间评价两者在理论体系中均是策划评价的子概念，是策划评价的细分和需要关注的一方面内容，主要参考了建筑策划本体和使用后评估的考量要素。在操作层面上，建筑策划中的预评价与空间评价的位置，相当于是全过程策划评价的一个子环节，面向正在策划过程中的概念构想模型或设计方案，对构想空间进行微观的、细节的预测与量化，并特别关注于策划操作内部进行的修正、反馈以及前馈作用。

近年来，庄惟敏教授开始专注将策划本身作为一个整体的评价。策划活动拥有科学的理论和方法，但对其本身及其输出成果——设计任务书——的科学性还缺乏一套完整的理论体系加以论证。在多次研究会议上与学术采访中，他都表示建筑策划的自评是一个开放的系统，还需要进行深入的研究，并呼吁加强建筑策划和使用后评估的实践，推动相关理论体系与技术方法成为行业标准甚至法律要求。这些关于策划评价的设想和建议，符合我国持续城镇化建设阶段对于科学决策需求不断凸显的具体国情，同时也是应对大拆大建弊病的研究方向。

具体到关于任务书及其评价的研究，刘智在《建筑策划阶段的设计任务书研究》一文中，对比了国家对任务书的规定、国际标准化组织（International Organization for Standardization，ISO）对于任务书的规定，以及 17 份实践中使用的建设项目任务书，将任务书内容概括为项目背景概要、项目设计理念、项目总体计划目标、项目设计概念要素、设计团队要素等几个方面。其中，项目背景概要主要描述项目的外部条件，项目设计理念主要描述较为模糊的口号式定位，项目总体计划目标确定使用者的需求和设计的定位，概念要素由文脉、形式、功能、技术和经济几个子要素构成，设计团队要素则明确项目人员组成与分工、时间进度与周期、资金管理和成果要求。[53] 陈荣华在《关于设计项目任务书的研究》一文中将任务书的常见形式总结为：叙述性文字、列表、图纸和特定软件程序产物，其中又以叙述性文字和列表为主，前者多用于描述设计的定位、目标和概念，后者则将任务书最主要的概念要素以空间列表的形式呈现。其他形式的表达较少应用，多以辅助信息的形式出现。[54]

总的来说，国内相关研究，主要还是在搭建策划反馈与前馈的宏观理论框架，对于建筑策划的评价这一板块，研究积淀还较为薄弱，理论零散，深度不足，应用操作性不强。特别是具体到有关任务书的评价，大多停留在探讨某单一项目类型应具有哪些内容条目，以及如何生成某一具体项目的设计条件，虽然可以为本书的任务书评价研究提供一部分指标，但距离形成系统的、格式化的任务书评价操作体系与程序，尚存在着较大的差距和研究空间。应该说，建筑策划评价或任务书评价的方法和技术，发展程度大大落后于策划的其他方面。

2.1.3　既有理论研究的贡献与不足

本节以建筑策划主要理论奠基人和学派为主线，对建筑策划评价的相关概念思想进行了梳理和汇总。总的来说，各种策划评价理论均给出了策划评价概念的含义，强调了建筑策划评价的目的与意义，并在一定程度上展开了策划评价所应关注的内容，对评价的操作主体、评价时间点、具体技术手法，以及评价的使用与管理等也有一定的探讨。这些内容构成了策划评价的基本理论源头，同时说明了策划评价的共识性理论存在意义。

虽然各位专家和研究学者均提出了有关策划评价的设想和理论概念，但是这些既有理论和研究，一定意义上混淆了策划内部的评价和对策划本身的评价；多在宏观层面进行探讨，具体内容则相对较为零散，虽互有重叠，但呈现出零散理论条块化堆积的状态，并不构成一套完整的方法体系；特别是缺少格式化的操作程序，且具体的评价标准和技术手段略显陈旧。这些问题将在本书第 3 章中详细论述。本书针对策划理论和方法及现阶段存在的问题，提出具有生命力的发展方向。

本书提出的建筑策划评价，是针对建筑策划最终成果任务书的评价，同时以评价任务书为起点，关注生成任务书的有意识或无意识策划活动程序，是全过程意义上的策划自评。建筑策划无疑是设计前期研究编制任务书，并保证任务书合理性的重要理论基石。但是从既有研究分布和成果来看，虽然国内外对于策划理论、程序、技术方法等方面均有不断的拓展，但是对于任务书的研究主要集中在任务书的编制方法和构成要素上，是主要继承、总结建筑策划的内容，但没有提出对任务书进行评价和检验的必要性，更没有给出评价标准与工具，这也导致了建筑策划理论与当今的建筑设计实践有所脱节。

因此，新的研究应就任务书的编制过程和报告成果建立行之有效的评价手段，提出明确的、具有操作性的评价体系及工具，以使不同专业背景的、更广泛的利益相关者能够顺利参与到任务书的编制和审查过程中，保证建筑设计依据的合理性。

2.2 建筑学其他理论所涉及的"建筑策划评价"概念

在探讨建筑策划评价理论的同时，还应该关注到一些建筑学领域内的，对策划评价概念有所涉及的，且已发展较为成熟的其他评价体系，如方案评价、使用后评估和建筑性能评价等。国内外一些学者，如上节已经提及的伊迪丝·谢里、多纳·德克、庄惟敏研究团队的策划评价理论，也已经开始展现出对于全过程策划评价和使用后评估的关注。

明确这些建筑相关评价理论的具体内涵，以及它们与策划评价的异同关系，这一方面可以帮助构建策划评价的理论边界，另一方面，也可以在实践层面上加以借鉴和吸纳采用。毕竟，策划评价的理论并不是要取代某种已经存在的评价理论或评价体系的地位，而是明确提出围绕建筑策划本身的评价研究，其具体落脚点是保证建设项目任务书的科学性与合理性，进而促进形成更好的建筑活动和建成环境；应该说，建筑策划评价与其他建筑相关评价的宏观目标是一致的，只是评价活动的靶向对象和方式方法有所不同。

2.2.1 使用后评估对建筑策划的前馈作用

使用后评估一般是在建筑已经完成施工建设的 6 个月至两年期间，对处于试运营或已经进入正常使用阶段的建成环境对象进行的系统性评估。使用后评估起源于对人类行为和建筑设计关系的研究，以使用者对于具体使用房间或区域的满意度为评价的关注点和出发点，同时又由于评价活动发生时，建筑实体已经存在，因而使用后评估是通过针对既存的建筑实体的物理性能和运营团队的经济效益进行评价，来实现评价目的的。其评价问题的设定多为完成度类型的问题，针对具体的建筑设计要素或建成环境要素，回答"建筑空间的某某要素达到了怎样的物理实测值或满意度水平"。

在沃尔夫冈·普赖策（Wolfgang Preiser）主导编写的《使用后评估》（*Post-Occupy*

Evaluation）一书中，将使用后评估的具体评价要素归结为 3 个维度，分别是建筑性能（performance criteria）、使用者（users/occupants）和设备装置（settings/places）。具体的建筑性能又分为技术标准、功能构成、行为模式；使用者分为人群组成、空间使用方式、主观感受；设备装置分为设备系统、房间、建筑和设施。这样的维度设定，正是在不同尺度下，考量人类行为特征和建筑物理性能之间的联系。

在亨利·沙诺夫（Henry Sanoff）撰写的《策划、评估与参与一体化设计：Z 理论方法》（*Integrating Programming，Evaluation and Participation in Design：A Theory Z Approach*）一书中结合了使用后评估可以反映使用者需求被满足程度的特点，提出使用后评估前馈于建筑策划的全过程策划评价 [20]；在《建筑策划方法》（*Methods of Architectural Programming*）和《设计与策划中的社区参与方法》（*Community Participation Methods in Design and Planning*）两书中，沙诺夫着重强调了社会学和行为学两种思路下的环境评估。 [55-56]

使用后评估的初衷是通过收集人们对于建成环境满意度的信息和实测数据，衡量建筑作为设计产品的功能效率和运行效果，为其在未来的改造或再利用提供依据和建议，并进行价值管理，使受到投资的固定资产的利益得到最大化。与此同时，由于可以展开针对建筑实体方方面面详尽的评估，获得的数据信息较为全面，随着研究的发展成熟和数据的积累扩大，人们开始探索在建筑的全生命周期中，不断向前追溯使用后评估可能的作用，并发现使用后评估除了可以用于衡量反馈建筑现有价值、为运营与改造团队提供建议，还可以帮助判定策划和设计的决策在何种程度上满足了使用者的需要 [34-35，57-61]，前馈于未来相似的建设项目。在新的建设项目的各个不同阶段，特别是设计的前期和早期，实现对建筑方案的正向干预，以减少甚至避免不必要的技术失误和经济损失。

其中，使用后评估前馈的一个重要阶段选项，便是与建筑策划环节的策划评价结合起来。客户往往不情愿为项目完成之后的评估付出额外的费用，然而一旦出现任何问题，都有可能需要花费数倍于评估咨询的费用进行弥补。不难理解，随着项目时间的推移，项目复杂程度增加，修改项目的风险也累积增长，因而在项目越早期的阶段修正可以预见的致命缺陷，所需承担的风险愈小，带来的回报更是愈加丰厚的。如此解释，如果已经掌握有类似前例的评价数据，应用使用后评估的经验便是一件顺理成章且事半功倍的事了，通过良性迭代的效果，体现了一定的教育普及作用。不过传统意义上使用后评估对建筑策划的前馈作用，是对策划内部的空间构想评价具有借鉴意义，即时对等的既有信息作为新策划时的预测依据，以便调整策划给出的限制条件。

2.2.2　建筑性能评价中的建筑策划评价

　　建筑性能评价是建立在建筑全生命周期概念上的一种建筑评价系统。一定程度上可以理解为使用后评估在不同时间节点上的延展。建筑性能评价理论将建筑活动划分为城市规划、建筑策划、建筑设计、建设施工、使用运营和改造再利用6个重要的阶段，并强调在每两个相衔接的阶段之间，都要进行相应的评估，以便下一个阶段的工作可以得到来自上一个阶段准确无误的信息，通过科学可靠的管理保证整体程序顺利地进行。在这一理论下，策划评价处于建筑策划完成之后，建筑设计开始之前，是建筑性能评价的一个子环节、子概念。通过策划的评价，建设项目的详细任务书可以得到检验，并能够交付建筑设计环节，用于指导建筑设计。

　　《评估建筑性能》（Assessing Building Performance）一书除了明确策划评价的必要性，说明策划评价的时间节点，还特别提出了策划评价应该围绕策划工作所编制的任务书进行，主要涉及3方面的评价：①策划是由谁操作进行的：策划中各方面利益相关者的需求和目的的表达与组织方式；②任务书是如何编制的：策划过程中采取的策略方法、调研的信息种类和出现的问题；③策划过程如何保证良性的运转：知识体系的建立、信息循环的形成、时间的安排、信息的传递和客户的介入。[36, 37]

　　相比于使用后评估所前馈的策划内部评价，建筑性能评价中的策划评价，属于策划的外部评价，或者说是将策划活动作为了一个系统，围绕任务书这个策划的实体成果，将策划的操作主体、过程程序、方法技术、工作范畴和作用效果，都纳入到评价的标准中。但遗憾的是，在这里仅仅是扩充提出了这些评价要素的概念，却并没有给出一个详细的指标体系，也就没有进一步得出格式化的策划评价体系。

　　建筑性能评价对策划评价的另外一个贡献，体现在与建筑性能评价的全过程评价概念相似，可以延伸出全过程策划评价的概念。这即是说在建筑活动的每个关键步骤之后，不再是对刚结束的阶段性工作进行相应的评估，而是都对策划这一阶段工作的成果和效果进行回顾和评价，进而产生了系统的、多层次多阶段的策划评价。这个意义上的策划评价是一个接近理想的状态，数据信息的记录和传递都形成了良好的链条，并有持续的责任机制或利益驱动保证其运行。通常意义上，所指的策划评价是这个全过程策划评价的第一层评价，也是最基本的评价需求，但随着数据市场和信息技术的发展，以及全过程信息模型的实践开拓，策划全过程评价的概念将得到更多的关注。

2.2.3　建设项目管理中的建筑策划评价概念

除了使用后评估和建筑性能评价两个与"建筑"和"评价"概念联系紧密相关的建筑学子命题，在建设项目管理（building project management）领域，也有相关的理论和实践，与建筑策划的工作目标和活动内容相重叠，如策划信息模型、动态策划、质量管理等具体研究，对涉及策划评价的概念进行了一定的延伸探讨。

建设项目的管理具体可以分为对项目范围、时间、成本、质量、团队、沟通、信息和风险的管理等内容。其中，项目范围、时间和成本的管理，正是建筑策划所要完成的工作，负责界定和控制实现建设目标所必须完成的工作范围，制定计划保证这些工作在既定的时间和经费预算内得以完成；而质量管理、团队管理、沟通管理和风险管理（risk management），则是包含了策划评价的概念，对建设项目阶段产出物和工作活动的质量进行评估优化，确保利益相关人员进行及时有效的信息沟通与更新，识别出项目所面临的风险并制定方案控制、降低可能产生的损失。[62-68]

1. 建筑策划信息模型

随着计算机和网络技术的成熟，近年来，综合了建设项目范围管理、质量管理、信息管理和沟通管理等概念的信息管理平台——建筑信息模型（Building Information Model，BIM）得到了大力发展。而相对应的，集成建筑策划过程和产品的信息模型的概念和研究也被提出，建筑策划信息模型（Facility Programming Product Model）作为一种产品模型（product model），除了对建筑策划信息进行储存和分类，还有另外两个主要作用，一是评价策划信息的全面性（verify completeness），查验必要的信息是否存在缺项；二是评价策划信息的重要性（identify criticality），确定关键的信息和其重要原因。从长远的角度讲，这些应用实例的信息被积累并投入机器学习，所得出的信息结构和准则条件则反馈给项目的管理者和策划的评价者。

2. 动态策划和风险管理

动态策划（Dynamic Briefing）的理论与建设项目的团队管理、沟通管理和风险管理不可分。建筑策划在传统的建设项目实践中，策划的最终报告或任务书在交付设计环节使用前被敲定，并且不再修改。但是，这样的设定具有一定的局限性，因为各种各样的问题，有可能随着项目的进行才逐渐暴露出来。最常见也是最主要的内部问题，便是策划者和建筑师错误地理解了客户的要求；其他外部问题包括但不限于：①新的技术带来的变革，②材料供应出现问题，③法律标准发生变动，④市场需求发生变化等。这些问题会在项目中期甚至后期，引发对任务书修改需求，动态策划的概念由此萌发。

动态策划提出在项目不同阶段的管理中，应不断组织利益相关者进行沟通和确认，对策划形成定期的反馈，以解决固态策划报告所不能掌控的问题，使得客户的价值取向和建设项目必须要完成的工作范围，能够及时被调整和重新界定，实现信息的不断维护和更新。动态策划的技术策略借鉴了风险管理的研究，即在对策划所要调整的机会选项进行价值评估的同时，也对其可能带来的风险程度进行预测和识别，整合价值与风险双线因素以支持策划报告的审核和修改。其实，罗伯特·卡姆林以错误为导向的策划评价，就是一种风险管理。传统的观点认为在项目的进行过程中不断变动计划会降低运行效率，不利于整体发展；而实际上，大量的研究和专家观点表明，面对项目中的矛盾和问题，不能选择忽视或一味地追求维持原计划。如果矛盾和问题能够通过价值和风险的管理被良好的掌握，它们就很可能会被转变成高产的、具有创造性的新解决方案。

3. 质量管理

建设项目的质量管理（quality management）是确保建设项目的质量能够达到相应要求的一项工作，主要通过对评估和控制项目工作活动和产出物的质量，确保建设项目的最终成功。在建设项目的设计前期进行质量管理，就是对项目的决策活动过程和所得出的交付文件进行质量检查，确保进行了规定动作，没有缺项漏项。在美国建筑师协会给出的《初步设计阶段质量管理检查表》（*Schematic Design*：*Quality Management Phase Checklist*）中，就将对策划活动的产出物——策划报告（program）的评价列为一项管理工作任务。

2.3 系统评价学对"建筑策划评价"的牵引描述

策划评价是建筑策划与评价的交集。除了建筑策划学科分支对策划评价理论和实践的探讨，以及建筑学领域内对于建筑相关评价体系的研究，无疑，策划评价作为一种具体的评价理论和评价活动，也应该关注广义评价学对策划评价内涵的定义与解读，而考虑到建筑策划是一种理论和活动系统，还应该具体定位到系统评价学对其的延展。

2.3.1 评价学的基本理论

1. 评价的概念范畴

生活中所接触到的"评价"原概念包括了评价、评议、鉴定、评审、审查、论证、审计、咨询、监督、评估等诸多相近概念。这些词语之间的差异恰好揭示了评价主要的几个方面概念范畴，即以"评价""评议"和"鉴定"为代表的价值判定概念，"评审""审查"所表示的标准比对与检查概念，"论证"所体现的引用论据证明概念，以及"审计""咨询""监督"所执行的实务性活动概念。实际上，这些概念也串起了一般评价工作的核心动作，即评价主体在将评价对象的属性和既定标准进行比对时，通过引用直接或间接的证据证明，评价对象在一定程度上具有某些特定的价值，可以为实务性的功能需求提供决策信息。[69]

事实上，上述概念范畴是在动词性的语境下对评价进行了概念解释，而更广语境下的评价，则要外延到评价学的层面。评价学是研究一切评价活动及其规律的一门学科，涵盖了评价基础理论、方法、技术、实践与应用。

2. 评价学的基本问题与研究内容

评价学的基本问题是探索如何有效地实施评价方案开展评价活动，实现价值的判断，然而在没有既定评价方案的情况下，又产生了设计评价方案的问题，也就是评价的逆问题。如何有效地实施评价方案是评价学的重要任务，但目前评价学的研究重点则更多集中在评价的逆问题上。

评价学对于基本问题及其逆问题展开了多种多样的研究，内容包括评价学理论、评价学方法和技术、评价学应用于实践 3 个主要部分。其中，评价学理论研究主要是关于评价活动本身和评价学学科构建两方面的研究，对评价活动的科学定义、特征本质、分类、程序、系统和作用进行了定义，总结了评价学的概念范畴、研究对象、理论基础、内容体系、学科性质、目标任务、历史与发展等内容。评价学方法和技术研究主要涵盖对评价技术和评价方法工具的两种研究，对评价所涉及的信息技术、计算机技术、网络技术、数据库技术和可视化技术等进行了借鉴和改造，形成了评价学的方法体系、方法分类，并集成为特定应用背景下的评价工具及其知识体系。评价学应用于实践研究，以一般的评价应用、案例研究和各行业、学科领域的具体应用研究为主，记录了各种实际用途的评价体系及其开发情况，汇总了不同领域对于评价活动的实战信息和成功案例。

3. 评价系统构成与关系

评价学的基本范畴，或者说是评价系统的基本构成主要包括评价目的、评价目标、评价主体、评价客体、评价指标体系、评价方法模型等，向前延伸有价值主体、价值客体、需求、属性，以及价值关系；中间扩充有评价程序、评价技术、评价工具、评价法律；向后延伸还有评价信息、效用反馈、信度效度等。

具有某种主观需求的人或群体和具有满足这些需求的客观事物之间构成了价值关

系，而这对价值关系一端的人或群体即为价值主体，另一端的客观事物称为价值客体。价值主体出于一定的目的想要对价值关系进行判定，通过一定的既定标准和方法，衡量其主观需求得到满足程度的活动就是评价。这其中，价值主体并不一定是评价主体，评价主体是实际评价活动的具体实施者，它可以是价值主体，也可以是价值主体以外的第三方，这两者之间有一定的交集但互不完全包含。而价值客体也不完全等于评价客体，系统评价学的观点认为价值客体和价值关系所组成的系统共同构成了评价客体，强调了整体性。

图2-1对评价系统的构成和基本关系进行了梳理，从构成关系图和上述描述可以看出，评价工作（活动）具有两个基本要点：①从价值主体的评价目标出发，分解评价对象系统，根据评价对象的特点确定具体的评价标准和相应的评价方法；②依据评价标准，应用评价方法确定评价对象的属性，并把得到的评价结果转化为评价主体的主观效用。在这两个基本点中间有一个重要的衔接点，即评价指标体系和评价方法构成的评价中介系统。评价中介系统既是对价值主体目标和对象系统分析综合的产物，

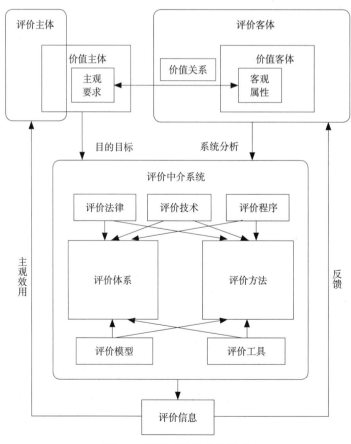

图2-1 评价系统构成与关系

又是评价得以实施的媒介，如果没有既定的、现成的评价体系可以提供评价中介系统中的评价指标体系和评价方法，则需要设计、创造新的评价体系。一般来说，价值主体的主观需求相对确定，因而评价的工作核心就转化为对价值客体客观属性的观测、评定，然后根据与价值主体的价值关系，转化为价值特性。价值主体对一类价值客体需求的确定及稳定性则在另一个侧面说明，同一评价程序可以重复使用，应用于对等情况下不同的价值客体，也就是说，针对具体的应用需求建立评价体系是可能的，也是有效的，评价体系的建立应该首先关注到统计性指标，然后转化、扩展为一般的价值性指标。

事实上，评价中介系统的两大主体是指标体系和评价方法，但绝不仅仅这两者。这两者的形成受到两大输入信息源的支配和影响，分别是来自评价主体（价值主体）的评价目的目标和来自评价客体的系统属性分析，这两者同时还受到评价中介体系内部的评价程序方法、评价技术工具，以及评价法律等的支持和制约。评价指标体系和评价方法之间往往也紧密联系，相互作用；评价方法的选择受评价指标的数量、形式和内容的影响，而指标组合和使用的方式，则由评价方法模型或评价方案决定。上述内容共同构成了评价中介系统。

经过评价中介系统的作用，评价活动得以完成并输出评价结论信息，反馈评价客体的价值特性，并转化为价值主体的主观效用。长期大量的评价客体评价信息积累，还可以对评价系统（评价体系）形成信度和效度的检验，对具体的评价指标进行灵敏度分析，探究评价系统对于评价目标的完成程度，以及对于不同评价客体的区分度。如果有进一步的需求，还可以对评价系统进行改进。

4. 评价学的方法论

评价学作为方法论学科，一方面研究评价活动自身的科学规律、各部分的组织构成和相互关系，另一方面，则为评价实践提供具体的技术方法，操作步骤、评价模型等。评价学方法论所包含的方法及其理论有广义和狭义之分，广义的评价学方法及其理论研究评价参与者的心理现象规律，与评价过程的基本步骤逻辑，过程步骤具体的是指评价方法选择方法、评价方案设计方法、评价模型设计方法、操作设计方法、管理方法、决策方法等一般方法；狭义的评价学方法及其理论在广义的评价学方法内部，研究的具体要素和操作环节的属性知识和技术手段，主要是指具体的评价指标生成方法、指标权重赋值方法、数据收集方法、数据处理方法、计量方法、分析方法、检验控制方法等。

5. 评价活动的步骤

评价的程序从整体的角度分为评价准备、评价实施与评价结果利用 3 个阶段。对于没有既定评价方案和没有可直接应用评价体系的评价活动，一般性程序步骤是：①确定评价对象，②确定评价目的、目标，③收集评价对象资料并分析，④确定评价方案，⑤确定评价指标体系，⑥选择或设计评价方法模型并赋权，⑦收集评价所需信息，⑧处理分析数据，⑨进行综合评价并做出评价判断，⑩复查评价结果，⑪撰写评价报告输出评价结果。其中步骤①②属于评价准备阶段，步骤③~⑨属于评价进行阶段，步骤⑩⑪属于评价结束阶段。

具体来说，上述评价活动的步骤还应该有具体的展开，包含评价指标形成的步骤、评价指标赋权的步骤、信息获取与数据分析步骤等。对于评价指标体系形成的步骤，一般又可分为在评价活动中评价形成指标体系，与建立科学评价指标体系两种。

2.3.2 系统评价学理论视角下的建筑策划评价

本书所提出并研究的问题——策划评价与任务书评价体系的建立——属于评价的逆问题，一方面关注于理论研究的部分，用来明确评价活动中各种构成的概念和相互关系，形成策划评价的基础系统；另一方面，也关注于实际应用层面的操作流程和方法技术，以支持任务书评价体系的建立，推动任务书评价的实践。

从一般评价理论的角度来看，评价活动可以根据所服务的社会实践领域、所针对的对象系统内容特征、所想要实现的管理功能等多种条件进行分类。不同分类下的具体评价活动内容印证了策划评价可以成为一种评价活动，并对策划评价的含义提供多角度的解释。

按照所服务的社会实践领域分类，评价活动有工程项目评价、组织评价、科学与技术评价等种类，其中策划评价既是工程评价，又是科学与技术评价，因为策划作为建设工程项目前期的一个环节，无疑可以称为工程项目评价的一个子评价对象。而建筑策划同时又是为建设项目编制任务书提供理论指导和技术路线的一门学问，因此名词属性的策划属于科学研究，动词属性的策划属于科研和技术生产活动，策划的评价因而是科学与技术评估的具体一种。

按照所针对的对象系统内容特征分类，评价活动可以分为素质条件评价、运动过程评价和运行结果（效果）评价3个种类，在这个描述意义下，策划评价不仅可以是这3种之一，而更应该是这3者之和，因为建筑策划活动作为一种过程系统，同时具有素质条件、运动过程和运行结果3方面的内容。针对策划素质条件的评价是策划构想内容的检验，属于策划内部评价；针对策划运动过程的评价是对策划工作流程的监督，属于狭义的策划外部评价；而针对策划运行结果的评价是对策划指导作用的反馈，属于广义的全过程策划评价。

按照想要实现的管理功能分类，评价活动可以分为鉴定性评价、诊断性评价、评比性评价等种类。其中策划评价，首先是鉴定性评价，通过检查策划报告内容和工作过程的合理性，为政府职能部门审核建设项目提供可行与不可行的二元决策信息；其次，策划评价又是诊断性评价，通过定量识别策划报告内容和实践效果满足建筑师、项目业主、项目管理与技术团队等建筑设计利益相关者的程度，实现对本案策划的修正，并为新策划活动积累信息；最后，策划评价一般不是评比性评价，因为每个建设项目的特殊性和策划工作的前期性、阶段性，对于不同建筑项目的策划进行横向比较的意义不大。应该明确，策划评价不是从竞争的意义出发，对同一时空处境下多个策划进行筛选，而是从管理的意义出发，对当时当地单一的策划实现自评。在这个意义上，策划评价还具有一定的教育和敦促功能，即通过设定评价标准可以说明如何进行一次好的策划，表征合理的策划报告应该具有哪些素质。[70-71]

从评价系统的构成及其关系的角度，也可以对策划评价的实质进行说明。策划评价的价值主体是建筑师、项目业主、项目管理和技术团队等利益相关者，他们需要一份科学、合理的任务书，用来指导建筑设计的进行，因而衡量策划是否提供了符合要求，满足需求的任务书构成了策划的评价；对于政府投资的建设项目，负责审核的政府职能部门也可能成为价值主体，他们需要判定任务书所出具的设计条件能否得到批准，因而衡量策划在何种程度上契合了可行性研究也构成了策划的评价。而对于策划评价而言，评价主体当然可以是上述建筑师、项目业主、项目管理者、技术团队，甚至是政府机构，这与他们的工作紧密相关，但也有可能是受委托的，具有相应资质的第三方评价机构，这与业界已经存在一些策划咨询公司和建筑评价机构的情况相符。

策划评价的价值客体是建筑策划活动，建筑策划活动作为一种系统，具有"条件—过程—结果"3 个方面。这里需要明确，建筑策划的条件、过程和结果的 3 方面具体所指：①素质条件——建筑策划报告内容和研究依据，②活动过程——建筑策划指导建筑设计的活动，③运行效果——建筑策划实施得到的建筑反馈。

策划评价的目的是判断策划活动的优劣之处，为建筑设计提供更合理的初始条件。策划评价的具体目标，应该从策划评价目的和策划系统构成两方面进行综合考虑。针对于策划的报告内容和研究依据进行条件或素质评价，设置"契合度""严谨性""准确性""全面性"标准；针对策划指导建筑设计的活动过程进行行为或职能评价，设置"有效性"标准；针对策划的应用效果进行结果或绩效评价，设置"执行度"标准。在具体评价目标下设置 6 个标准方面，使评价中介系统得到发展。

6 个方面的标准对设计策划评价的具体指标，作用相辅相成，缺一不可：

1. 契合度

旨在检查策划是否对客户的需求进行了含义一致的转译。策划的原动力便是帮助客户和建筑师建立良好的、专业的沟通途径，因而对于客户需求的关注是策划最本质的任务。

2. 严谨性

考量的是策划有没有进行有计划的研究，用了哪些方法进行研究。可以想见，策划的构想内容符合客户的需求，并不意味着构想经过了严谨的研究，倘若构想不需要研究便可以得出，那策划报告变成了单纯的客户需求和公理转述，没有提出建设性的意见。因此，通过一定的方法进行研究，对客户的需求进行扩充得出构想结论，是策划应该具有的重要素质条件。

3. 准确性

说明了策划能不能给出支持构想结论的科学合理性依据；策划进行的研究、应用的研究方法，与得出的结论不存在必然的因果联系，倘若构想不能从研究中汲取相应的论据支持，则其科学性、合理性值得怀疑。

4. 全面性

用来判断策划报告转译的信息、提出的构想结论是否得到足量而清晰的表达；毕竟如果策划的表述没有偏差，并经过了充分研究，提出科学合理的构想结论，但策划所考虑的信息存在缺失或冗余，甚至表述方式的混乱，都有可能造成信息传递的阻塞。

5. 有效性

关注的是策划应用在设计环节，对设计团队工作的指导效果如何。不论策划研究依据和报告内容的质量如何，策划在指导设计工作的活动过程中效率低下仍然是有可能发生的，好的策划应当给予设计团队发挥和创造的空间，不能过于教条化导致设计团队对策划采取了放弃态度，或是将策划直接当作设计，策划工作需要有一定的延续性，跟踪策划在设计过程中的表现，这正是策划需要通过评价加强引导的方面。

6. 执行度

揭示了策划多大程度在最终方案中得到实现，得到的是正向的还是负向反馈。假定前述的策划标准都达到理想状态，策划被百分之百执行于最终建筑方案也是不现实的，而在策划得以贯彻的方面，建筑使用情况的反馈说明了策划早期构想的正确与否，是对新项目策划的宝贵经验。

至于策划评价的方法方案，由于目前建筑策划和策划评价理论尚未提出共识性的、可操作的方法，其他应用领域内的评价程序和评价模型由于学科间的差异，以及建筑学复杂性、矛盾性、模糊性等特点，也不宜直接借用。因此需要照应到策划评价的评价目的评比性弱、评价指标种类数量多、评价方法定性化成分高等特点，选取合适的评价技术，具体的设计评价体系和开发评价工具。这也是本书得以开展的原动力和所要深入发掘的具体内容。

2.3.3　建筑策划评价在评价学视角下的潜力空间

观察建筑策划的内部活动——建立目标、调查内外部条件、提出概念构想（空间、经济、技术）、明确具体的数量需求、撰写报告，应该意识到，策划亦是一种评价，或者说至少包含评价活动。因而对策划进行评价，也可以理解为是一种"评价的评价"。按照评价学的理论，对实际应用领域的评价系统本身的工作情况进行分析，是评价活动样本积累到一定程度的一个外延概念，具有一定的必要性。信度、效度、灵敏度等就是对评价系统的可靠性和有效性进行分析的具体概念和检验指标，这些概念同时对应有其各自的统计学和数学计算方法，可以对评价体系进行有效的检验。因此，对策划（一种评价系统）进行评价在评价学的视角下具有一定的理论必要性和理论支撑。

根据上述概念推理，策划评价是对策划作为一种特殊评价活动的信度、效度和灵敏度检验，那么就可以从这些概念出发进一步解释策划评价。信度检验的具体概念是评价系统对于同一评价对象进行多次情况对等的实验，其评价结果应基本相似或相同的程度，则证明评价系统具有稳定性和可靠性。依照这一描述，策划评价是对策划活动的对等重复实验，若得到与受评策划相同的结论，则策划应该获得较高的价值认可。效度检验的具体概念是评价系统的评价内容涵盖范围应尽可能接近评价客体的系统特性范围，这样评价系统的有效性才能得到保证。据此，策划评价是判断建筑策划对于建筑设计问题的涵盖程度，即全面性检查。灵敏度检验的具体概念是评价系统对于不同的评价对象，其评价结果应具有较大的分散分布，则说明评价系统具有区分不同评价对象价值的能力。这可以解释为，策划评价是考察策划活动对于不同项目，是否具有不同的针对性的专题专案结论。

此外，策划评价作为建筑学与评价学的交集，继承了建筑的复杂性与矛盾性，也不可忽视策划的前期性与阶段性，这给评价体系的设计带来了一定的挑战，同时也是机遇的所在。系统评价学对于"条件—过程—结果"系统的概念拆解强调了全过程的策划评价。对于过程的行为职能和结果的运行效果评价具体到策划评价，是需要在建筑方案完成之后，甚至是建设完成之后投入使用中，对策划的应用情况进行反馈，这不同于一般意义下的策划评价。一般意义下，策划评价发生于策划阶段的末尾，是阶段审查性质的，而向后延伸。策划评价应该具有多阶段性，即在建筑全生命周期内不断对策划进行反思，实现全过程策划评价。综上，策划评价具有其独特的应用内涵和发展空间。

03

第3章
建筑策划及其评价现阶段的问题及发展方向

虽然建筑策划及其评价已有一定的理论积淀，但既有理论也呈现出诸多问题：随着建筑设计概念要素快速膨胀，现有的策划评价理论已不能囊括；策划评价获取信息的方法仍旧依赖于传统的技术，在新的数据时代其效率和科学性都有待提高；策划理论框架中缺少明确的策划自评，未区分策划和设计不同的风险域；众多理论多在概念层面探讨策划评价，尚未形成统一的、格式化的、全面的评价体系。

与此平行的，法规层面，我国对建筑策划及其评价的保障较为薄弱，行业协会亦没有发挥足够的督导作用；现有的可行性研究及审批，不足以在设计前期把控设计条件与设计要求的合理性。现阶段正需要用具象化、格式化的策划评价研究，为行业实践中提供技术工具，更长远地促成相关政策的落地。

建筑策划的发展需要紧密结合实践数据及时更新，策划评价的研究也需要进一步分解、确定评价对象。大数据概念的兴起，为建筑领域的非结构化数据参与策划评价带来了一定机遇；针对如任务书的具体对象，有指向性地寻求数据技术的帮助，可以为建筑策划的理论注入新鲜血液，补充完善策划评价的方法技术。

本章主要回答以下3个问题：

1. 既有建筑策划理论和方法存在哪些问题？

2. 为什么在当今建设项目的实践中，策划理论的应用与设想存在一定的差距？

3. 建筑策划及其评价的研究可以往哪些方向发展深入？

3.1 现有建筑策划及其评价理论的局限

3.1.1 建筑设计概念要素快速膨胀

建筑策划的主要工作内容是确定影响建筑设计的概念要素集合，调查这些要素的具体信息，通过分析信息的内涵进而明确设计的问题所在。然而，随着社会的变迁和建筑设计理念的发展，影响建筑设计的概念要素，或者说建筑设计所关注的议题，也发生了变化，除了传统建筑策划关注的建筑设计概念要素，大量新的、或是曾经被忽视的建筑设计议题正大量涌现，成为现今建筑设计的主流思路或评判标准，需要在设计阶段，甚至是设计的前期策划时，进行相应的考量和安排。这些建筑设计概念要素和议题包括但不限于[72-73]：

1. 参数化设计

依托于计算机技术的逻辑编程和快速运算能力，参数化为建筑设计找到了理性生形的途径，使得一直困扰建筑界的形式和功能矛盾得到一定程度上的弥合。同时，参数化手法展现了惊人的形式创造能力，使得许多建筑师团队甚至是客户倾向于选择这一方式开展建筑设计。对于这样的项目，策划的工作向参数和阈值的确定转移，同时需要考虑参与后期设计工作的技术人员和设备，提供适用的信息。

2. 新材料技术

材料科学的发展使得建筑实践实现了一次又一次的结构创新。应用新型材料，或是进行结构创新，已经成为许多重大项目的必选项。在力学模型相对成熟的今天，策划工作者需要及时关注、了解、学习新出现的建筑材料和技术，为设计提供尽可能丰富的解决方案，而不仅是满足底线的标准要求。

3. 可持续发展

随着全球变暖，环境污染和资源枯竭等问题的凸显，可持续发展正成为全球关注的话题，建筑界也相应地提出了绿色建筑、节能建筑、生态建筑等概念。我国的《绿色建筑评价标准》GB/T 50378—2014、美国的 LEED 绿色建筑评估体系、英国的 BREE-AM 绿色建筑评估体系、法国的 HQE 绿色建筑评估体系、德国的 LNB 生态建筑导则、澳大利亚的 NABERS 建筑环境评价体系、加拿大的 GB Tools 评估体系和日本的 CASBEE 建筑物综合环境性能评价体系，均对建筑可持续发展性给予了高度重视，并提供了具有操作性的细则。这使得在进行建筑策划时需要考虑参考相应的评价标准，根据项目属性和客户的需求，设定需要达到的标准或取得的星级。

4. 社会性

现代建筑先后经历了注重功能和注重形式的两轮热浪，而如今，关注建筑的社会性正逐步成为设计的主流思路。从建筑学内部的功能和形式议题走出去，建筑师比以往任何时候都更加努力尝试，希望通过建筑设计来解决城市问题，甚至是社会问题，并获得业界内外的认可。市民听证、公众参与、社区自建等概念和方法不断被引入到建筑的规划和设计过程中。新潮流下，建筑策划需要为建筑设计关注社会性问题提供平台和技术支持。

5. 互联网

虽然建筑是物理实态空间，但是也受到了互联网和虚拟现实等技术概念的冲击。在物联网与互联网高度紧密结合的现今，经典的建筑类型和空间模式受到了拷问。例如，网络的便利导致家庭办公的模式产生，人们或许不再需要办公建筑而可以实现办公物态空间的解放；又或者虚拟现实技术的成熟，可能不再需要空间具有任何的差异化，空间本身的存在意义进而消解。应用这些技术的"度"应该加入到策划的考量范围内，为建筑设计提供一个标准。

在当今建筑设计所需考虑的概念要素不断增多的情况下，传统建筑策划理论中问题搜寻所关注的议题范围，则显得相对狭隘，若固步自封，必将与新时空语境下的社会需求和设计要求愈加疏离。因此有必要形成一定的评价与敦促机制，使建筑策划的工作范畴也相应的随之扩张，在不断的发展中体现出持续的生命力。

3.1.2　现有建筑策划理论获取信息途径陈旧

鲁迅曾经写道："世上本没有路，走的人多了，也便成了路。"从空间、行为和信息的角度理解，人类的行为偏好本是不可见的隐性信息，但是可以通过时间的累积，最终以空间所呈现的物理形态得到记录。以往策划获取信息所主要依赖的问卷法、访谈法和观察法，就是类似于"实地观察脚踩的路"这种方式。

一方面，传统建筑策划获取信息的一些方法[19, 74-75]，如问卷调查法、访谈法、实地调研法、工作会议法、实验法、模拟法、图解法等高频出现在各种策划理论中的方法，虽然经典，但普遍依托于纸介质的信息数据进行统计学分析和经验逻辑推理，与现今的信息技术发展并不匹配。而另一方面，虽然 21 世纪以来，建筑策划工作开始大量地应用计算机和网络技术，但是在信息获取方面，更多的是用新技术使老方法便利化，例如通过网络问卷和电子邮件的方式进行问卷的调查、收发和统计，并不具有实质性的改良；另外一些策划软件的开发，则更像是致力于策划信息的电子化呈现，对信息本身的来源方式并没有更多的探索。

随着新的信息技术不断出现，建筑策划的信息获取不再受原始的一些方法的限制，而是借助生活应用平台、手机移动终端、智能检测设备等途径，便可以动态地、甚至多时段地得到大量数据信息的集合，这些信息包括了位置信息数据、选择偏好数据和物理实测数据等类型，由于很多情况下，这些数据以"后台"的形式产生和上传，因而能更加准确地表征人们在自由意志下，对于空间的使用倾向和利用方式，可以用来深度分析行为与空间的联系和影响，支持理性的设计[76]。这些建筑设计相关的新数据形式和新获取渠道，还将在本章的最后一节，关于大数据的相关内容中具体展开讨论。

虽然在现有的策划理论下信息获取途径陈旧，但也应该意识到应用新信息技术的难点和挑战，特别是在我国，政府和官方对城市管理相关数据的开放刚刚起步，信息数据的商业合作机制尚不成熟，且涉及个人隐私的信息相对敏感，因而应该充分认识到现有方法的局限性和不足，同时积极地了解和探索可能的信息新形式、新途径，走在信息应用的前沿。

3.1.3　现有建筑策划理论缺少明确的策划自评

1. 建筑策划内部评价和策划自评概念混淆

在传统的建筑策划理论内，提及"评价"的概念或技术，大多数可以被分为两种情况。第一种是指针对建筑策划活动中的具体构想内容所进行的评价，如空间（构想）评价、经济构想评价、技术构想评价等；第二种是针对建筑策划活动后的设计方案或建筑本身的评价，如被广泛认同的使用后评估，还如概念较为相似的威廉·佩纳的建筑评价，亨利·沙诺夫的环境评价，罗伯特·赫什伯格的设计和建筑物评估，多纳·德克的设计结果评估，阿拉斯泰尔·布莱斯（Alastair Blyth）和约翰·沃辛顿（John Worthington）的设计施工程序评估、建筑产品评估和性能评估等。其中前者将策划活动的结论内容作为评价对象，直接反映策划工作的价值，属于策划评价范畴；后者将建筑作为硬件产品进行评估，虽然对策划具有反馈和前馈作用，但属于建筑评价范畴。

就上述策划评价范畴具体而言，针对策划活动的结论内容所进行的评价，实际上是一种策划的内部评价。因为策划结论只是建筑策划内容的一个部分、一个要素。此外，建筑策划还包括了策划人员、策划程序、策划信息、策划方法、策划应用等内容要素，针对这些内容要素都可以进行评价，而这些评价的总体，才构成了一个完整的、策划本身的评价，或者说是"策划的自评"。因此，实际上"策划评价"的概念要比"策划构想内容评价"的概念大得多。如果认为"策划评价"是一种将建筑策划本身全部内容作为一个整体所进行的评价，是"策划的评价"概念，那么将"策划构想内容评价"视为"策划评价"，便是混淆了策划的子评价概念和策划的全评价概念。

2. 建筑策划评价侧重内容而忽视过程

根据系统评价学理论，策划评价可以拆解为：①针对建筑策划报告内容和研究依据的"素质条件评价"，②针对建筑策划指导建筑设计活动的"运动过程评价"，③针对建筑策划实施得到的建筑反馈的"运行效果评价"。因此，建筑策划的评价，或者说策划的自评，应该是这 3 种评价的合集。

但是，在现有的经典策划理论中，策划评价的概念以策划内部评价为核心发展而来，体现出重条件内容评价而轻过程评价和效果评价的特点。具体来看，第 2 章所综述的各种策划评价理论，均提出对策划活动和最终报告的内容，进行契合度、严谨性、准确性和全面性的检验，属于"策划素质条件评价"。虽然具体的评价切入点不尽相同，但主要是围绕"策划工作由怎样的操作主体和参与人员进行""是不是对客户需求进行了含义一致的转译""有没有进行有计划的研究""用了哪些研究方法""能不能给出支持构想结论的科学合理性依据""是否进行了足量而清晰的表述"等几个核心标准问题展开评价；而威廉·佩纳、罗伯特·卡姆林和罗伯特·赫什伯格 3 人，甚至就评价的问题设定和评价标准分类进行了一定明确而具体的描述。

相比之下，对于策划应用有效性和执行度的评价，即"策划运动过程评价"和"策划运行效果评价"，则显得理论单薄。仅有的一些概念涉及包括：伊迪丝·谢里从理论的高度提及应该考量策划指导设计团队工作的效果如何，不应干扰建筑师的创作和选择；多纳·德克通过提出 8 个重要阶段的评价，强调了在策划完成之后，对策划多大程度在最终方案中得到实现，以及策划的正负反馈是怎样的进行考量，针对策划效果而非建筑的评价，也即全过程策划评价的概念。但这两者都没有给出针对策划应用过程和效果的具体评价标准。

3. 建筑策划评价没有形成格式化的评价体系与工具

既有的建筑策划理论多是在概念层面提出策划评价，强调其必要性和作用，虽然有部分策划评价理论展开了一些关于评价标准的探讨，但各种概念对评价内容的定义范畴大小不一，且各自具有一套相对独立又未臻完善的评价指标分类标准，特别是对于评价时机、评价人员和评价目标等基本问题，没有形成统一而明确的定位，因此，这些策划评价理论距离形成标准化的策划评价程序和评价体系，还相去甚远。[66]

具体来看，几个给出较为明确评价标准或评价指标的策划评价理论有：

（1）威廉·佩纳的质量评估按"功能""形式""经济""时间"4 个类别共提出了

20个评价指标（问题），并对每个指标进行了简要的解释，但在具体执行评价时，实行的是对每个分类整体打分，最终得出4个分值进行等权的组合运算。这意味着，首先，佩纳没有明确20个指标各自的意义权重，分数的给出主要是通过评分者对几个问题"感觉上"的综合，主观成分极高；其次，评价模型设置简单，对评价活动控制力较弱，对评价对象的适应性也较差。

（2）罗伯特·卡姆林的策划评价给出了6个评价标准，又以检查策划是否出现一些常见的问题为评价方法，根据"一般性错误""文件错误"和"费用错误"3个分类共设置25个具体评价指标。应该说，卡姆林的策划评价具有较多的评价指标和较为详尽的指标说明，但是6个评价标准的价值覆盖面不够全面，和25个具体评价指标之间没有联系，也没有评价的分值系统和权重系统，虽然具有较好的说明性和引导性，但实用性不强，不构成格式化的评价体系。

（3）罗伯特·赫什伯格的策划评价给出了3个层面的评价要素和5个评价问题，并详述了具体的评估方法，但从评价要素和评价问题的具体内容来看，赫什伯格的策划评价标准较少，几乎没有成型的评价指标体系，且同样不具备分值系统，而具体的评估方法，除检验表单法以二元记录方式评价策划的过程，其他实则是对策划活动的验证和修正方法，属于策划内部评价方法，而非对策划价值的判断方法。虽然赫什伯格还提出了非常有名的8个建筑价值领域（HECTTEAS），并在这之下有34个具体价值项目，但应该明确这是针对建筑设计的价值取向，不应该直接视为策划评价的指标体系。

（4）伊迪丝·谢里从实践中得出的策划新趋势也指出，客户对于证明策划在设计中被实施的程度，具有不断增加的需求。这一方面说明了对于策划评价的需求和进行策划评价的必要性，另外一方面也侧面表明了，现在尚不具备一套得到广泛认可，同时具有实践性的策划评价体系，可以执行相应的需求的评价并给出这种策划应用程度证明。

综上所述，策划评价的格式化、标准化评价体系与工具处于缺失的状态，目前理论和实践的首要任务是筛选并确立较为全面的评价指标体系，设计或选择适合策划评价指标体系的评价方法模型。更为深入地研究还应该明确策划评价的目的与作用，能够区分几个不同评价级别的评价目标，进而设定评价体系的等级，如基础的评价等级（basic）能够判别建设项目是否进行了策划并达到最基础的策划要求，中等的评价等级（advanced）能够衡量建设项目策划工作的合理性和策划结论的质量，高级的评价等级（premium）则能够吸引甚至指导建设项目争取完成更高水准的策划活动。

3.2　建筑策划及其评价在我国法规保障的不足

目前，建筑策划工作在我国尚处于自发推行阶段，可以说机遇与挑战并存。从政策法律、规范导则、职业教育、行业实践等各种对建筑策划的保障来说，主要存在 4 方面的问题。

①建筑策划尚无法律法规的支撑，至少在国家层面，未出台足够详尽的政策，以约束和引导建筑策划的开展。

②建筑策划尚未纳入建设程序，不论是国家强制性的基本建设流程，还是行业推荐性的设计服务范围和环节，建筑策划均处于缺失状态。

③建筑策划缺乏行业组织的认定，这其中包括尚未推出资质认证标准，尚未制定服务收费标准，尚未形成规范化市场。

④高校和行业职业教育对建筑策划的重要性意识淡薄，相关著作与研究资料积累不足，推行力度有待提高。

基于以上 4 个方面的问题，本节就我国基本建设流程中政策法律和行业组织对建筑策划的保障不足现状进行阐述，并对由此暴露出的"可行性研究替代建筑策划"的问题进行了驳斥，最后还针对建筑师职业教育中，建筑策划本应作为基础培养技能，却受到轻视的现状和存在的不足进行了盘点。

3.2.1　建筑策划及其评价在法规及流程上的缺失

考量建筑策划工作的内容和性质，一方面，可以服务于一般的建设项目，帮助业主明确建设需求，形成与专业团队的流畅沟通；另一方面，策划在设计前期对设计条件和设计问题的科学性的探讨，使其在关乎国民经济的重大建设项目中，可以发挥重要的科学决策作用，并一定程度上扮演了不可替代的角色。由政府通过财政投资等方式所进行的建筑类固定资产投资项目，以推动国民和区域经济发展，满足社会公众文化和生活需要为目的，可以说正是上述亟须建筑策划辅以科学决策的重大项目。因而对于法律的探讨内容特别关注于政府投资建设的项目，将研究聚焦于这类项目中建筑策划所行使的职能和运行的状态。

随着国家经济体制和投资体制改革的进行，市场经济模式呼吁房地产投资等一系列非政府投资主体在建设项目中发挥作用。但是，这些新涌现的投资主体所置换的主要是计划经济及公有制时期住宅项目的相关市场，对于国家或城市、地区层面的，对公民生活和生产具有一定服务性和公益性的社会基础设施和公共建筑项目，则仍旧由政府投资并主导决策建设。应该说，目前正处于城市化高峰时期的我国，由政府投资建设的建筑项目的市场需求依然庞大，"十一五""十二五""十三五"期间，有关医疗卫生建筑、文化体育建筑、科研教育建筑、公共管理建筑等相关建设项目设计业务数量和固定资产投资持续快速增长。

由于上述政府投资建设的项目社会地位重要，同时具有工程量大、工程周期长、耗资不菲的特点，因而，这类项目的合理性和经济性便显得尤为重要。这也是我国政府投资建设项目往往具有"限价设计"要求的原因，就是希冀通过反复的推敲论证，以谨慎的态度提出合理的要求，力争使用有限的资金达成更好的建设效果。由此不难看出，理应通过法律及相应的规范对政府投资建设项目的发起、研究和审核进行严格的把控，在具体的形象设计开始之前，杜绝不理性的导向，修正可能被发现的错误，以免造成社会资源的不当配置和后期反复修改、大拆大建的经济浪费[16]。反观我国目前用于保障和约束政府投资建设项目设计前期合理性的相关法律规定，以及政府职能部门所制定的审批程序，则存在一定的问题和漏洞，不能很好的实现科学决策和民主决策。

本节首先通过研究我国政府投资建设项目设计前期的法律规定和审批流程，对这一阶段的决策过程程序进行梳理，明确我国政府投资建设项目的"决策是如何做出的"，并指出其中法律流程的薄弱和缺失环节——建筑策划及策划的审核。其次，通过对其他一些国家相似概念下建设项目，如联邦资助项目（Federally/State Funded Project）、政府项目（Government Project）、公共项目（Public Project）、中央建设项目（Central Civil Project）等的调查研究，搜集整理了美国、英国和日本3个国家对建筑策划的法律要求，以及设计前期的决策和审核程序，对比印证了我国在政府投资建设项目中，设计前期切实存在决策环节的缺失，也即缺失了策划及其评价。最后，提出在我国建设项目的设计前期，特别是政府投资建设项目的前期决策过程，可以借鉴国外的一些制度的优点和具体的做法，对于理论已经发展相对成熟的建筑策划，加强相应法律强制性要求，对于尚属于制度空白的策划审核，应该鼓励开展策划评价的研究，建立相应的策划评审制度，完善现有的决策程序。

1. 中国

随着我国改革开放，投资体制的改革和行政审批的简化，对于不使用政府资金投资建设的企业建设项目，开始实行备案制；由政府投资的建设项目范畴逐渐缩小，实行审批制。

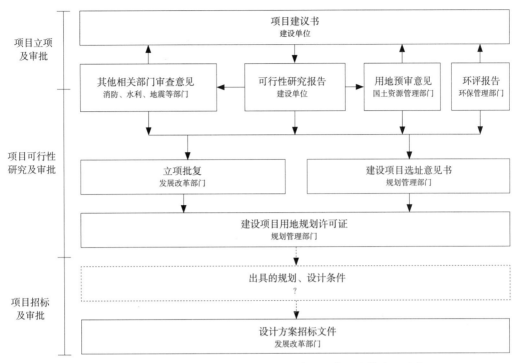

图 3-1　我国政府投资建设项目设计前期审批程序及文件流程示意

　　总的来说，目前我国对于施行审批制的政府投资建设项目在设计前期的相关决策和审批程序如图 3-1 所示，主要由立项规划选址、建设用地审批和项目规划设计招标 3 个阶段组成。虽然在这 3 个阶段中，作为政府投资主管部门的国家或各地方下级发展改革部门，联合财政、规划、国土资源、环保、水利、地震、消防等各部门协同工作，对建设项目从立项到批复进行招标投标设计进行方方面面专业的审查，手续可谓繁多，但整体的程序仍然有失严谨性[77-82]。具体体现在，从建设项目在第一阶段得到立项批复和选址意见之后，到第三阶段开始招标投标之前，这之间进行的主要核心是用地审批，而对于关乎建筑设计的出具设计条件这一环节，则缺少规范流程和任务书审批。通过建筑策划进行研究并生成报告是编制任务书的专业途径，在此却没有得到政策的保障或进行硬性的规定，更没有一个通行的专业评估针对这一阶段产生的、将用于招标投标的设计条件进行审查。可想而知，这样流程下产生的招标文件（任务书）必定良莠不齐，一些草率拟定或没有经过严谨科学论证的任务要求，可能造成建筑师或建筑设计单位的困惑，在迁就任务书中不理性内容的情况下累积造成重大的设计失误。

　　具体来看，根据我国现行的相关法律与规范，在政府投资的建设项目发起伊始，一般由建设项目单位（政府部门、下级政府、非政府法人等）根据城市规划、政策要求和机构本身的发展规划提起立项申请，建设单位本体自行或委托具有相应资质的工程咨询单位编制"项目建议书"，上报发展改革部门审核，经过批准后，再进行可行性研究工作，撰写"可行性研究报告"。根据《国务院关于投资体制改革的决定》（国发〔2004〕20号）的规定，由政府投资建设的建筑项目，必须编制项目建议书和可行性研究报告，并由项目相应级别的发展改革部门对二者进行审批。[83]

在编制项目建议书的同时，按《中华人民共和国环境影响评价法》《建设项目环境影响评价文件分级审批规定》和《建设项目环境影响评价分类管理名录》的规定，应进行环境影响评价，获得环保局的立项意见和环评报告；依据《建设项目用地预审管理办法》（国土资源部令第68号），还需进行用地预审，获得国土资源局的用地预审意见；以及根据《国家计委关于重申严格执行基本建设程序和审批规定的通知》（计投资〔1999〕693号）等相关规定，还应取得各相关部门对于供电、供水、供热、供气、消防、水利及地震等专业的审查意见。这些相关政府职能部门初步审核意见会同项目建议书一起报送给发展改革部门，发展改革部门通过专家评议、公示等方式征求行业和社会公众的意见，核发批复意见，同意建设项目单位开始或委托具有工程咨询资质的单位编制可行性研究报告。

可行性研究报告完成之后需再次报请发改委，发展改革部门在收到项目建议书及其批准文件、可行性研究报告、土地管理部门对建设用地的初审意见、环评报告、相关部门的审查意见，以及依法必须招标项目的招标总体方案等申请材料后，根据具体情况，进行现场勘察，对符合条件的予以立项批复和可行性研究报告的批复。根据《中华人民共和国城乡规划法》第36条和《建设项目选址规划管理办法》，由规划局核查建设项目规划选址申请，下发"建设项目选址意见书"。

在获得发改委批准的立项批复和规划局核发的建设项目选址意见书之后，根据《中华人民共和国城乡规划法》37、38条，《建设用地审查报批管理办法》《国务院关于深化改革严格土地管理的决定》和《建设用地计划管理办法》，应结合上述所有资料及土地图纸资料，向规划局和国土资源局申请建设用地规划许可。在取得规划局核发的"建设用地规划许可证"后，才可以出具规划、建筑设计条件，并根据《建筑工程方案设计招标投标管理办法》进行设计方案招标。[84]

按照上述法律流程，建设项目的项目建议书和可行性研究报告都需要经过相关部门的审批，符合要求并得到批复后方可开展后续的设计工作，这是为了对项目的合理性和可行性进行严格的掌控。然而，虽然有这样的政策要求，但在设计执行过程中，一些项目仍然会产生各种各样的问题。

　　这主要是由于很大一部分建设单位本身并不具有掌握足够建筑学和项目管理专业知识的人员，这样一来，便需要委托具有相应资质的工程咨询单位，代为编制项目建议书、可行性研究报告，乃至设计任务书。在国内提供此类服务的咨询单位中，规模较大的综合性工程咨询机构是中国国际工程咨询有限公司；但是，中国国际工程咨询有限公司同时还是受政府委托的工程咨询和监理单位，执行代理政府审批各种建设项目建议书和可行性研究报告的任务。

　　此处需要注意的是，经由此种受委托代理途径编制的项目建议书与可行性研究报告实际上并不由中国国际工程咨询有限公司署名，而是按照建设项目建设单位署名文件进行上报，也就是说，中国国际工程咨询有限公司不可避免地陷入审核自己所编制文件的循环中，这其中，工作内容的重复和工作人员的重叠，以及缺乏第三方评价机构的参与，都或多或少地干预了项目建议书和可行性研究报告审批的严谨性和有效性。

　　一方面，在这样的情况下，设计工作在早期再缺失策划及其评价环节的话，则缺少了对于项目条件和设计问题的进一步详细论证，先前积累的隐形问题可能在设计过程中不断发酵，造成建筑师的困惑，或为了追求达到不合理的目标，而增加不必要的工作量，采取不理性的设计决策。

　　另一方面，与政策层面建筑策划要求的缺失情况相对应的，在具体项目实践层面，项目业主与甲方对于策划的重视程度也明显不足，咨询公司与设计单位咨询部门所提供的策划的服务数量远远小于承接的设计项目数目，建筑策划业务仅占其全部项目业务的约 2.2%。更有甚者，目前不少项目往往到了初步设计的深度，项目的立项却尚未得到批复，这其中又以政府投资建设的项目居多。本应在立项之前，由建设单位委托咨询单位做的技术研究和咨询，现在却反过来依赖于设计单位提供的资料和图纸而得出，再进行编报，这是一种本末倒置的情况。

　　由上面的论述可以得出，应该由独立于政府之外的专业机构，在可行性研究的基础上，进行建筑策划，对先前得到审批的可行性研究结论从设计工作的角度进行具体化构想，以此作为出具的建筑设计条件，并在策划完成之后，针对策划的成果进行再次评价或审核，以便检验设计条件并保证任务书的合理性。这一环节需要得到绝对的保障，保证在设计的前期，及时地介入建筑策划，对项目形成鲜明的引导和推动作用，杜绝本末倒置的情况发生。

　　在建设项目前期对于建筑策划及其审批的相关法律规定和流程要求上，应该关注到国外一些国家的做法，可以对我国相应环节的改进形成借鉴作用。

2. 美国

在美国，由于国家法律体系相对完善，市场经济模式愈发成熟，国家行政机关对于建筑实践行业的掌控力度逐渐减弱，并未设置联邦政府下的一级部对建筑行业实施监管，而是通过授权或支持一些行业组织与具体的建设活动形成衔接。这些行业组织一方面传播国家认可的行业标准，另一方面通过实践积累向国家反馈行业动态，呼吁倡导政府完善建设法规和监管环境，政府再通过立法，颁布政策、规范、导则等，对城市和建设项目实现引导，如此往复。[18、85]

美国国家建筑科学研究院（National Institute of Building Science，NIBS）便是由美国国会授权组建的行业组织之一，相当于半官方机构，其对建设行业内潜在问题进行监管以维护建设活动的安全性和经济性，支持先进的建筑科学与技术以提高全国范围内的建筑性能。NIBS 主导了由国防部、总务管理局、能源部、退伍军人事务部、环境保护署、国家航空航天局、联邦法院行政办公室、国土安全部、国务院、国立卫生研究院、国家公园管理局和史密森学会共 12 家权威机构参与的全过程建筑设计指南项目（Whole Building Design Guide），在该指南的设计指导（design guidance）中，将设计分为了 14 个学科（design discipline），其中建筑策划与建筑学、规划、景观建筑、室内设计、电气水暖等工程、造价估算和试运行相列。这意味着建筑策划被认定为一门独立的学科。在实施操作方面，指南中由伊迪丝·谢里和约翰·彼得罗尼斯（John Petronis）共同编写的建筑策划章节，对建筑策划提出了 6 个步骤的实践指导：①研究建筑类型（research the project type）、②建立目标（establish goals and objectives）、③收集相关信息（gather relevant information）、④确定策略（identify strategies）、⑤确定定量要求（determine quantitative requirements）和⑥总结策划报告（summarize the program）。见图 3-2（a）。[44]

美国建筑师协会（American Institute of Architects，AIA）是美国职业建筑师团体组成的非政府组织，对建设行业的行业发展、职业实践和专业教育有着强大的推动力，而鉴于其高标准的职业实践和行业内的专业影响力，AIA 同时具有倡导政府的作用。AIA 持续更新出版的《建筑师职业实践手册》（*Architect's Handbook of Professional Practice*）是美国建筑实践行业内具有参考性和教育性的一份指导手册。"建筑策划"的相关内容于 2000 年最先开始出现在《建筑师职业实践手册》（第 13 版）中，由建筑策划方面的专家罗伯特·赫什伯格撰文，以"附加建筑服务"形式呈现。此后的 2008 年，在该手册的第 14 版中，伊迪丝·谢里撰写了第 12 章"项目交付"（Project Delivery）中的"建筑策划"（Programming）一节。两位策划专家先后分别执笔，对建筑策划的概念定义、发展现状、工作内容、方法流程和成果要求进行了详细的阐述，见图 3-2（b）。[86]

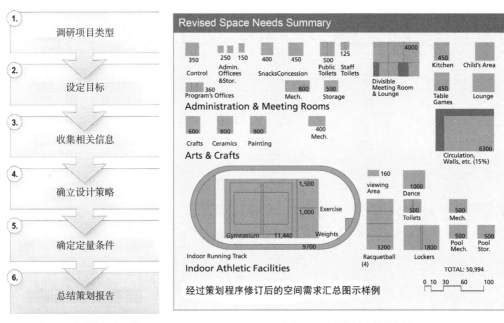

（a）NIBS 建筑策划流程[44]　　　　　　　　（b）AIA 建筑策划成果要求[86]

图 3-2　建筑策划流程及成果要求

　　在 AIA 推出的用于建筑师与业主之间的标准协议文件系列中，规定建筑师提供职业服务范围的文件 B207–2007《建筑师服务标准表格：设计与施工合同管理》（*Standard Form of Architect's Services：Design and Construction Contract Administration*）将建筑策划定义为设计前期的可选项之一[87]。而 B202–2009《建筑师服务标准表格：建筑策划》（*Standard Form of Architect's Services：Programming*）则详细展开了建筑师以提供职业服务的形式进行建筑策划的相关条款。该文件界定了建筑策划服务的范畴，提出策划是一系列迭代的步骤，从确立策划团队的优先事项、价值取向和策划目标，到与客户确认项目目标。具体而言，策划工作内容包括收集信息、建立性能和设计标准、撰写项目需求策划成果报告。[88]

　　在上述标准协议文件系列中，对于联邦政府投资或保障的建设项目，AIA B108™–2009《联邦资助项目的业主与建筑师协议标准表格》（*Standard Form of Agreement Between Owner and Architect for a Federally Funded or Federally Insured Project*）规定了建筑师在该类建设项目中，必须提供初步设计（schematic design）、深化设计（design development）、绘制施工图（construction documents）、投标或议标（bidding or negotiation），以及施工建设（construction）5 个阶段的基础职业服务。建筑策划虽然没有成为

强制执行的一个环节，但是其仍旧作为可选服务被明确列出（图 3-3）。[89]

（a）协议首页　　　　　　　　　　　　　　　（b）有关建筑策划条款

图 3-3　AIA 用于政府投资建设项目的标准协议文件 [89]

　　另外，在规定的基础职业服务中，有关初步设计这一阶段的工作内容细则条款，则对策划的评价提出了具体要求：建筑师需要对业主提供的建筑策划报告进行检查，并提供初步的评估，检查策划报告中信息的一致性与全面性[90]。这意味着，根据 AIA 的标准协议文件，建筑策划是由业主一方负责进行的，而美国一些地方政府及相关行政部门也确实没有对策划做出强制性的要求，策划工作看似没有保障。但值得注意的是，虽然协议文件和一些地方法规没有要求建筑师参与或代为进行策划这部分工作，但协议文件说明了建筑师仍然对策划成果报告的检查和评价负有不可推卸的责任。

　　事实上，由于缺乏专业知识，由业主进行的建筑策划良莠不齐。美国越来越多的职业建筑师意识到了这一点，因而他们主动将策划纳入自己所提供的整体职业服务中，使得策划与设计的衔接更为紧密。而在国家和城市层面的重大工程建设项目，作为业主的政府相关部门也会自觉引入、配合策划工作的开展，或聘请、委托具有专业资质的相关机构对项目进行前期策划。

　　除了行业组织在全国范围内对建筑实践的纲领性、规范性文件，一些政府机构的标准导则和联邦州地方政府的法律法规，也对一些具体领域的建筑策划及其评价做出了具体的要求。

例如，美国总务管理局（General Services Administration）在其编制的《美国法院建筑设计指南》（*The U.S. Courts Design Guide*）要求此类建筑需经过规划、策划、设计和建造 4 个阶段，并明确在策划阶段的工作应表述项目的建设目标，并将功能需求转化为数值表达；在《儿童护理中心设计指南》（*Child care center Design guide*）中，明确对此类建筑设计前期需要进行空间分配的建筑策划，并在策划报告文件中陈述功能、经济、美学和环境目标的具体要求和内在联系。

又如，得克萨斯州出台的《得克萨斯州行政法规》（*Texas Administrative Code*）和《得克萨斯州职业法规》（*Texas Occupations Code*）规定，职业建筑师为客户提供的设计相关文件（architectural plans and specifications）应该包括各层平面及细部、剖面、吊顶、内部装修、固定装置、材料和工艺说明，而其中各层平面及细部除了要求提供具体的设计图纸，还要求提供实施的策划案，明确了建筑策划的实施。

再如，加利福尼亚州则是针对一些特定的具体建筑类型，规定必须在设计前期进行建筑策划。对于政府投资的学校建筑（state-funded school），规定要求在此类建设项目提起用地申请前，需要参考《加利福尼亚州法规条例》（*California Code of Regulations*，相当于行政法规实施细则）中关于学校建筑（school housing）的相关条款，进行规划咨询，学校组织机构和学生构成调研、场地踏勘、多功能联合使用计划、场地地理条件、物理状态、气候类型、潜在自然灾害、经济可行性等工程调研，以及人口趋势、交通、市政供给调研、环境影响等方面的研究，并召开学区委员会公开聆讯，证明选址的排他性，将上述一系列策划研究整理成报告，上报加州教育局（California Department of Education）进行申请，得到书面批准认可后方可获得用地许可并进行建筑设计。

应该说，美国虽然从国家的层面，对于建筑策划及其评价的法律约束和实施监管并不严格，但是由于美国是联邦制国家，各个州的州政府在立法方面掌有一定的自主权，地方法规和特定领域的导则一定程度上补全了对于策划相关的规范要求。行业组织在研究领域和实践领域不断推出标杆式的项目和文件，受到行业内广泛的认可与支持，并呼吁政府采取法律手段进行保障，对于策划的概念和工作的程序也起到了很大的正向引导作用。加之数不胜数的非建设行业的政府机构和研究机构（如美国总务管理局、军事机构和高等教育机构）出台的针对特定建筑类型（如学校、医院、惩戒所等）的标准和指南，和一些看似与策划不相关的法律条款、文契约束、分区法规、执照要求、法律义务，实际上都对建筑策划的实践起到了推进作用。因为业主为了获得司法条文规定下的执照，或是实现更好的经济预算，或追求大幅超越最低标准，再或是参考借鉴以补全知识空白，便需要在设计前期充分了解这些法规、标准、指南等对项目的适用性和限制性，以便展开符合各种条件的设计，而这正是建筑策划的用武之地，从而促成了业主采纳甚至要求开展建筑策划业务。事实也证明，策划业务正是集中在这些特定建筑类型的实践项目上。

3. 英国

英国皇家建筑师学会（The Royal Institute of British Architects，RIBA）自 1963 年以来持续发布并更新的"工作流程"（RIBA plan of work）是总结了英国职业建筑师群体和建设业公认的实践流程框架文件，最新版本的"工作流程"（2020 年）（图 3-4 所示）由 RIBA 的实践组、建设策略组、规划组、可持续发展组、英国工程建设协会等多方面专业人士、利益相关者共同参与编制和评价，最终以表单的形式将建设项目划分为策略定义（strategic definition）、准备与策划（preparation and briefing）、概念设计（concept design）、空间组织（spatial coordination）、技术设计（technical design）、施工建造（manufacturing and construction）、交付（handover）和使用（use）8 个关键步骤。

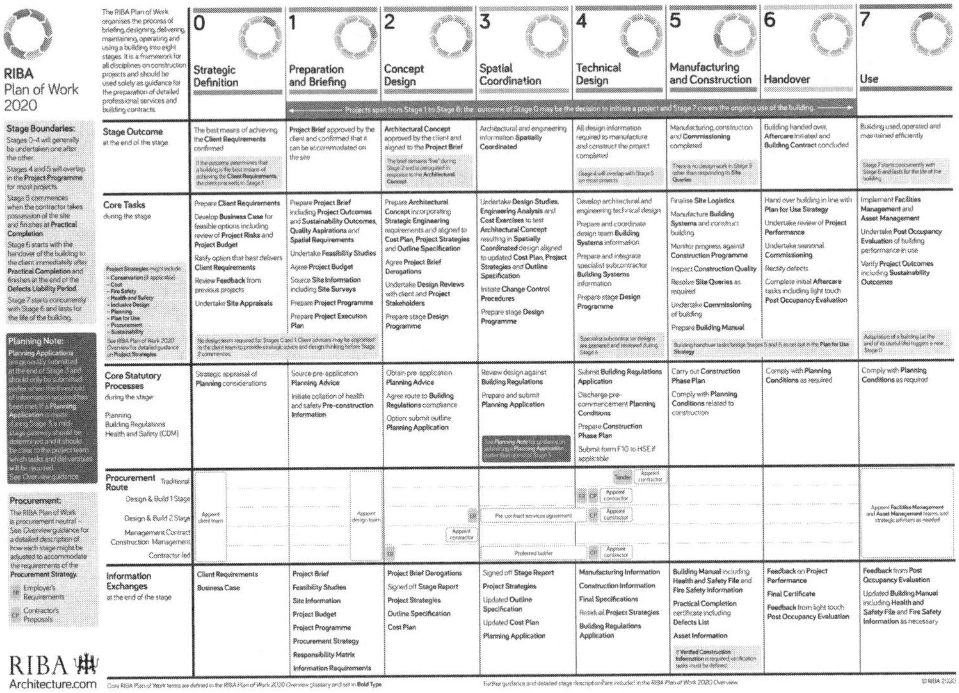

图 3-4　RIBA 推荐的"工作流程" [91]

其中，建筑策划的概念穿越了"工作流程"的前 3 个阶段，先后以"策略任务书（strategic brief）""初期项目任务书（initial project brief）"和"最终项目任务书（final project brief）"，作为建筑策划的阶段性成果表现。RIBA 工作计划以 3 种不同深度任务书的演变为导线，明确了策划及其评价的工作内容 [91]。而这其中的初期项目任务书和最终项目任务书，还是英国政府的建设策略计划（Government Construction Strategy，2011 ~ 2015，2016 ~ 2020）规定的，在每个阶段末尾必须提交的信息文件（UK Government Information Exchanges），这意味着建设项目在设计前期，英国政府对建筑策划这一环节和策划工作的深度，都进行了明确的规定[92]。

在策略定义阶段进行商业论证并编制策略任务书。首先由业主一方起草商业需求清单（Statement of Need），在包含有高级负责人（senior responsible owner）和项目投资人（project sponsor）的业主内部团队中讨论，基于这些需求是否要发起一个建设项目，并通过相似案例研究等方法进行初步的商业论证。业主和高级负责人在进行初步的商业论证后，如决定继续进行建设项目，则需要明确相关人员的组织架构，并在需求清单的基础上详细描述项目的情况和客户的要求，给出可能的项目选址和环境影响，将需求清单发展成为可用于下一步可行性分析（feasibility studies）和选择评估（option appraisals）的策略任务书。没有经验的业主可以聘请独立顾问（independent client advisers），在其协助下完成这一阶段的商业论证和策略任务书。独立顾问的专家组成可能囊括了众多职业，包含 RIBA 客户顾问、调查员、造价估算师、商业管理顾问、律师、项目经理、会计师、地产商、信息技术顾问、传媒顾问、规划顾问、测勘人员等，是一个项目前期咨询的综合团队。

在准备与策划阶段进行可行性分析并编制初期项目任务书。业主聘请独立顾问和项目经理（project manager），在他们的帮助下完成对于上一阶段可能选址的评估，并由独立顾问收集更多的可行性分析所需要的场地信息。独立顾问利用业主在上一阶段提供的需求信息和收集到的场地信息进行可行性分析，提出备选方案并准备备选方案评价报告（options review report）。业主通过审阅备选方案评价报告，提出修改意见或在备选方案中选出倾向方案（preferred option）。独立顾问在倾向方案的基础上进一步进行评估，提炼出方案应当遵循的法律方面的底线规则、规划大纲和设计参数等信息。此外，客户还应该进行风险评估、效益和预算计划，资金来源统筹，对之前的商业论证和策略任务书进行修正，完成商业论证和项目实施计划，将策略任务书发展成为初步项目任务书。

在概念设计阶段的策划工作中，将确定并形成最终项目任务书。在业主的联络下，独立顾问咨询并得到使用者、项目主管和利益相关者的意见，随后对这些意见结果进行整理，并编制最终项目任务书的基本框架，反馈给业主。在这一阶段同时进行的还有概念设计、项目策略与策划方案的一致性调整，并进行初步造价估算。业主在审阅了独立顾问的任务书框架，并考虑了其提出的造价建议，指导独立顾问对任务书基本框架进行修改，添加概念设计得出的成果导向性细则要求。修改后的任务书版本则被发布给使用者、项目主管和利益相关者以征询进一步的修改意见。在这一阶段中，任务书的内容不断变得更加详实，最终呈现为正式的报告，陈述项目目标、功能和操作的具体要求，并包含客户的描述、场地信息、空间要求、技术要求、组件要求和项目要求等分类条目。在这一阶段末尾，最终项目任务书被确定，并将用于设计招标，作为深化设计阶段综合设计团队进行建筑设计的重要依据，除非在项目变更环节有充分合理的原因，否则不能轻易修改。

在 RIBA 的"工作流程"以外，对于公共资金支持的公共建设项目，英国政府商务办公室（Office of Government Commerce, OGC）还提出关卡检核（gateway review），这是一种第三方同行评议，用于在关键决策节点检查策划案或项目的评价程序，该评价程序被英国政府 2011 年发布的建设策略计划所引用；中央市政项目（central civil projects）规定强制执行关卡检核，医疗建筑、地方政府和防卫工事则是建议执行。具体到建设项目设计的前期，在策略定义阶段完成初步的商业论证之后，由高级负责人委托独立机构进行第一次的关卡检核，即策略评估（strategic assessment），针对规划方向和预计成果进行调查。在策略定义阶段完成"策略任务书"后，高级负责人再次委托第三方开始第二次的关卡检核：商业论证评估（business justification），对是否进行了切实的商业论证进行检验。在准备与策划阶段的初步项目任务书修改完成之后，则需要进行第三次关卡检核：交付战略评估（delivery strategy），对正式招标将要发布的战略性文件进行评估。[93-95]

总的来说，英国对建筑策划的关注层次比美国要高，具体体现在其建议的工作流程中，对策划路径的递进设定和对策划成果的明确要求。并且在对公共项目上，政府方面提出了对策划活动强制性的多层次评价。

4. 日本

作为地处火山地震带上的多灾国家，日本在约百年前就有了建筑法规的雏形，用来制定建筑标准保护其人民的生命财产安全。经历长时间的演化和修订，形成了错综复杂又结构严密的法律体系，对建设活动的方方面面做出了规定，其中《建筑基准法》和《都市计划法》，以及其相关的细则实施法令，均对建设项目设计前期的建筑策划及其审批，提出明确的法律要求。特别是 21 世纪以来，日本加强了建设许可审批的相关要求。虽然在 2001 年，原日本中央政府下一级省厅中的建设省（相当于我国住房和城乡建设部）并入现今的国土交通省，但行政部门的变化并没有影响到行业对建设项目的监管力度，这与其严谨的法令积淀是分不开的。

　　《建筑基准法》（法律第 201 号）昭和 25 年（1950 年）颁布，最新修订版本为平成 28 年（2016 年），是日本建筑行业的基本大法，也是限定性法律文件。基准法对建设活动的基本要素进行了底线性质说明，集方法性条款与性能化条款于一身。其中，第一章"总则"部分的第 4 条"建筑主事"、第 5 条"建筑基准适合判定资格者检定"和第 6 条"建筑相关申请及确认"从行政管理和实施程序的角度明确提出，在建设项目的设计前期，建筑策划（报告）作为必要的建筑申请条件，需上报并由监管部门和具有资质的评价机构进行审核。其第五章"建筑审查会"的第 79 条"建筑审查会的组织"从审查人员的专业构成上强调了策划的重要性。[96]

　　在《建筑基准法》以外，为了在实践层面上切实落实基准法的要求，日本中央政府以政府令、省令、告示、通令等形式发布了《建筑基准法》相关的一些强制性法令，与基准法配合使用；地方政府则根据各自的具体情况制定地方法规、补充条款和实施细则等技术标准文件。由国土交通省发布的《建筑基准法实施规则》（建设省令第 40 号，1950 年颁布，最新修订版本为 2016 年）是说明如何实施基准法的行政业务条款，提供了建设活动实施过程的步骤和申请表格式样（图 3-5）。[97]

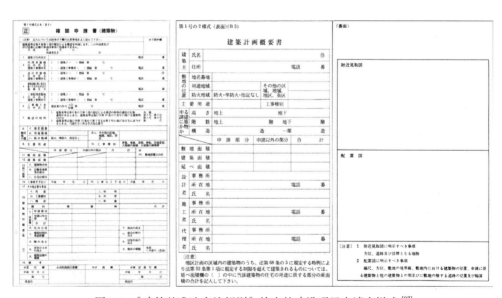

图 3-5　《建筑基准法实施规则》给出的建设项目申请表样式[97]

　　其中《建筑基准法实施规则》第 1 ~ 3 条给出了建设项目设计前期建设许可申请所需的申请表与详细的附属内容清单，结合基本法相关内容的规定，整理成规范的"确认申请书"和"建筑计画概要书"，由"建筑主"先后提交给"建筑主事"和"指定确认检察机关"进行审查，由这两个机构判定是否适合《建筑基准法》及其相关法令的要求，经受理审批后"建筑主"将得到下发的"确认济证"（确认合格函）和／或"不适合通知书"或"不确定适合通知书"，后两者一般在回函中附有理由说明。将上述文件汇总，编制出"审查报告书"上报给"特定行政厅"，由该机构再次进行与基准法适合的判定审查，如得到"不适合通知书"，则之前的"确认合格函"失效；如通过审查，则将前述文件同"构造适合性判定申请书"提交给"指定构造计算适合性判定机关"和"知事"进行审批，直至得到两者的"适合判定书"，便完成了建设项目设计前期的建设许可申请。

上述建设许可申请的行政业务流程中，其间对于各阶段收到的"不适合通知书"或"不确定适合通知书"，如有异议，可以向建筑审查会提起调查审议。"建筑主"为广义的业主，可以为项目所有者或项目实施者；"建筑主事"为市町村级（相当于我国市及以下）行政部门设立的建筑主管部门；"指定确认检察机关"为国土交通省或都道府县知事指定的，具有专业资质的评价机构，该机构中实施对《建筑基准法》适合性判定审查的人员，需要具有一级注册建筑师资格，拥有两年以上建筑实践经验，并通过国土交通大臣指定的资格者检定机关的考核，该机关的检定事务由具有建筑和行政相关学识经验的委员会执行。"特别行政厅"为建筑主管部门设立的特别行政部门；"指定构造计算适合性判定机关"理同"指定确认检察机关"，需 5 年建筑实践经验；"知事"为都道府县级别（相当于我国省和自治区）的行政长官；"建筑审查会"是 5 人以上，具有法律、经济、建筑、都市计划、公共卫生及行政相关经验知识的人员组成的委员会，由市町村或都道府县的知事任命委员会。应该说，《建筑基准法》和《建筑基准法实施规则》共同作用，一方面支持了建筑策划活动的展开，另一方面为策划的评价与审查提供了法律依据与操作路径。

此外，支持建筑策划活动的还有城市层面的《都市计画法》（昭和 43 年颁布，法律第 100 号，最新修订版本为平成 28 年）及其实施规则，以及针对兴建政府官署的《官公厅设施的相关法律》（昭和 26 年 6 月，法律第 181 号，最新修订版本为平成 28 年）。《都市计画法》中第 29 ~ 35 条对开发的申请手续和许可基准，指明了对建筑策划类似活动的需求和设计前期进行策划的必要性。

在公共建筑方面，对建筑策划及任务书评价的法令要求体现在"营缮计画书"的编制和审批上。除了需遵循《建筑基准法》的相关规定以外，根据《官公厅设施的建设相关法律》中第 9 条的规定，各省厅需在每个财政年的 7 月 3 日前向国土交通厅递交"营缮计划书"，其所辖管的建筑类型包括政府官署厅舍、试验研究机构、研修设施、图书馆、国际会议场、社会福祉设施、迎宾馆、博览会馆等，"计画书"的内容则需包含对建筑位置、规模、构造、工期和预算的策划说明。国土交通厅依据《官公厅设施的相关法律》中的建筑方针、项目位置、经费预算和安保消防等具体细则对其提出审查意见，并于 8 月 20 日将意见书发送给财务省和各省厅。国土交通厅除了掌握着评价与认可"营缮计画书"的权限，还应对其他政府机关在实施官署建设项目时，进行劝导并提供资料，以保证其遵循区位、规模、构造等基准。[98-99]

综上，日本建设项目设计前期在法律规定上，对建筑策划提出了明确的要求；在行政审批流程上，为策划设置了"建筑主事""指定确认检察机关""特定行政厅"和"知事"4 个层面，地方政府行政机构和第三方审批检查机构相结合的基准法适合性判定。有关"营缮计画书"的法律规定则体现了日本在法律层面对于重要公共建设项目的谨慎，强制此类项目执行建筑策划，并明确提出如亲民、便利、安全、效率高、多用途等策划评价的标准。

5. 加拿大

与美国的情况非常类似，加拿大皇家建筑师学会（The Royal Architectural Institute of Canada，RAIC）也出版了《加拿大建筑师实践手册》（*Canadian Handbook of Practice for Architects*），其中将建筑策划（facility programming）明确列为建筑师应该在设计前期（pre-design）提供的职业服务之一，并强调了策划业务是一种应当单独收费的特殊专业的服务，并从功能策划和目标策划两个着重点出发，说明了策划活动的概念定义、工作内容、技术方法，提出策划的最终结果应该落实为报告形式，主要包含业主目标、场地限制、空间分配、财务预算和时间计划，并最终成为任务书的一部分[100]。与 AIA 的手册中策划内容有所不同的在于，RAIC 的策划相关内容给出了建议性质的策划报告规范形式，并且规定在初步设计阶段，应延续策划工作，及时对信息查缺补漏，通过更新任务书的方式修正策划。此外，RAIC 还对大型机构内部基建部门的建筑师员工做出了要求，针对这类建筑师往往不仅是帮助雇主（大型机构）进行设计工作，而更多的是进行设计和建设的管理，提供咨询服务，因此其应该具有社会科学、管理学、运筹学和工业工程相关的知识背景或相关领域能力。

回顾我国政府投资建设项目在设计前期的法律规定与审批流程，将其与美国、英国和日本相对比，可以得到如表 3-1 的程序比对汇总。^① 可以看出，我国在程序上是由可行性研究直接过渡到了招标及设计阶段，相比其他 3 个国家，这其中在同样的位置，

---

① 表中不同国家政府投资建设项目设计前期的各个阶段概念有所差异，相同列的阶段仅为相似对应，并不完全相同。另外，由于美国为联邦制国家，其每个州的相应法律要求也不尽相同，表中的信息为综合了美国总务管理局、马萨诸塞州、华盛顿州、明尼苏达州、加州大学、犹他州大学等多个机构、地方的总体情况。

明显缺少了建筑策划这一环节，而本该在策划环节完成的设计条件的出具活动，则是移至设计招标环节，由招标代理机构根据获批的可行性研究报告改编而成，再由负责备案招标文件（内含任务书）的行政主管部门进行简单核验，便交付设计环节使用。

值得注意的是，此处行政主管部门对招标文件的审查工作要点主要集中在：①与法律、规章、规范性文件的符合性审查，②立项与可研批复、招标资质等前期条件的审查，③公开招标、邀请招标等招标方式的审查。

对于招标文件的具体内容审查包括：①无遗漏，前后一致，语言规范无歧义的完整性审查；②于法有据，公平公开的合规性审查；③目标清晰合理，资金、时间具有可操作性的合理性审查；④文件格式、评标办法、费用界定、合同条款细则等细节性审查。这几方面审查对于招标文件所出具的设计条件，也就是建筑设计的依据，并没有形成专业的、细致的评审标准，亦不存在对于任务书的修正完善作用。

与之相对应的，美、英、日3国均具有较为完善的建筑策划阶段，甚至在进行正式策划之前，已经进行了一定程度的初步策划，并且形成多个步骤的行政审批或专业核验，最终出具正式规范的策划报告（program 或 brief）作为设计任务书，应该说，科学完善的任务书编制应该是在进行设计招标前便完成的，而不是由招标代理机构代为拟定。

从设计前期所涉及的利益团体和决策人员构成来看（表3-2与表3-3），仅对比我国和体系相对完整且清晰的英国。应该说，两国在决策人员构成上基本相似，主要分为管理决策机构、监管授权机构、咨询合作机构和参与通知机构4个大类[101-104]。其中管理决策机构、监管授权机构和人员处于核心层，对设计前期各个阶段和环节起主导作用，并具有决策权力，同时也是社会责任驱动型的角色；咨询合作机构和人员属于中间层，是设计前期的工作内容和审批活动的具体执行者，对决策具有重要的影响作用，并在一定程度上对核心层具有支持和反馈的权利，是利益与责任双重驱动的角色；而参与通知机构和人员则处于边缘层，对于项目的决策和审批具有一定的影响力，虽不可或缺，但在利益博弈中常常处于被动沟通和接受妥协的境况，更多的是利益驱动型角色，不承担社会责任，但是风险的主要承担者。

整体来说，中英双方在政府投资建设项目设计前期的各决策阶段，都呈现出一定的权责不统一，但英国由于有听证制度，公众参与度较高，一定程度上平衡了这一情况，而我国还有待改善。此外，英国的监管审批工作由独立于政府的第三方机构提供具有相应专业资质的从业者（gateway review independent practitioners）作为评审团体，采用同行评议的形式完成审批，是现今许多发达国家均采用的方式。这种方式一方面

中、美、英、日四国政府投资建设项目设计前期的审批程序对比

表 3-1

国家	项目设计前期			设计招标	建设项目初步设计与概算
中国 CN	**项目立项 / 项目可行性研究**：聘请或委托具有工程咨询资质的机构；市场调研和建设规模预测；估算原材料和能源的需求表量；确定投资方式 & 资金来源 & 投资估算；经济效益等初步分析；初步结论和对可行性研究的建议；*上报政府投资主管部门进行审批*	**规划 / 设计前期**：申请立项；项目论证		**设计招标**：招标人委托招标代理机构进行招标；向政府建设行政主管部门备案；招标代理机构拟定招标文件；备案机关进行审查；招标代理机构组织发售招标文件；招标代理机构审核投标人资质；发布招标公告 & 招标邀请书 & 招标文件	**项目初步设计**：设计单位获得招标设计文件；分析招标文件和设计要求；参与设计条件答疑会；收集整理增量分析资料；提出设计概算；进行多方案比较 / 选取一种思路模式；编制投标文件；*技术图纸 & 说明 & 概算 上报审核*
美国 US	**规划 / 设计前期 → 可行性研究**：设计前期资金评问；框定项目范围；给出初步方案；*评审与审批*；选址分析与争地；明确相关依据与限制条件；时间分析 & 成本分析；工程可选方案；搜寻可选方案；*行政审批*	**建筑策划**：可选方案评估；确立项目目标；确定空间需求；确定设备需求；明确空间功能关系；工程造价分析；给出初步方案；工程技术评估；撰写终版报告；*评审与审批*		**选标 / 投标**：提交建成案例与业绩证明文件；提交设计团队资质证明文件；面试访谈与沟通谈判；评选与颁奖	**方案设计**：项目评审；设计研讨；提出初步概念；工程技术系统评估；*GSA PBS 审批*；终版概念方案；*GSA PBS 最终审批*
英国 UK	**商业企画 & 计画**：启动新项目；准备初步商业案例；*审查关卡 0：策略评估*；建立组织框架；确定使用需求；*审查关卡 1：商业论证*｜**可行性研究**：聘请独立专案顾问；编写策略任务书；调研项目场地信息；明确相关依据与限制条件；评估选址 & 审查案例；调研商业案例；制定项目执行计划	**建筑策划**：更新信息；组织相关利益方讨论会议；草拟建筑计画任务书；估算项目成本；制定项目支出管理计划；准备终版设计任务书；*审查关卡 2：交付策略及设计任务书*		**投标**：编制投标文件；审核潜在投标人；与优选投标人沟通谈判；*审查关卡 3：投标决赛*；聘请综合供应商管理团队	**概念方案设计**：附加的场地调研；提交方案设计文本；利益相关方评估会议；测算方案方案造价；*OGC 决赛奖关卡点：设计方案概述*；规划许可与修规申请
日本 JA	**要求企画 / 基本计画**：把握建筑主要求；把握建设用地位置 & 周边环境；意匠计画；构法计画；环境 & 设施计画；工期 & 经费预算；政策需求 & 开发战略必要性探讨；场地选定 & 区位条件调查；替选用地比较；确定专案目标 & 施规模 & 构成；财务事业查核；技术可行性分析；环境适合性分析	**基本计画 / 建筑企画 & 计画**：政府机构咨询部门编制营请计画书		**设计招标 / 省明招标**（竞争招标 / 省明招标）：公团 / 公社组织招标	**基本设计 / 实施设计**：编制确认申请书 & 建筑设计计画要点；向建筑主事 & 指定确认检察机关提交确认申请书 & 建筑计画概要书；编制审查报告书；向审定部被厅提交审查报告书；编制构造适合性判定申请书；向指定构造计算适合性判定机关 & 初审提交构造适合性判定书；*向同土交通厅递交文档计画书审核*

我国政府投资建设项目设计前期的相关决策利益团体

表 3-2

	项目立项	项目可行性研究	建筑策划研究	设计招标	项目初步设计与概算
管理/决策	项目业主	项目业主		项目业主 项目管理单位（项目法人）	项目业主 项目管理单位（项目法人）
监管/授权	政府投资主管部门 政府财政部门 环保/能源部门	政府投资主管部门 政府财政部门 环保/能源部门 国土资源行政管理部门 城市规划行政主管部门 其他相关行政管理部门		政府投资主管部门	政府投资主管部门
咨询/合作	项目咨询单位 设计/勘查单位	项目咨询单位 设计/勘查单位		项目咨询单位 设计/勘查单位	项目咨询单位 设计/勘查单位
参与/通知	使用单位 社会公众 街道/社区 公共媒体			监理单位 施工单位 供应商 开发商 总承包商/分承包商 招标管理机构/招标代理	

英国政府投资建设项目设计前期的相关决策利益团体

表 3-3

阶段	策略制定	建筑策划与前期准备			概念方案设计
	商业论证	可行性研究	建筑策划	投标	概念方案设计
管理/决策	业主 项目负责人 项目投资人	业主	业主 项目负责人 项目投资人	业主 项目负责人 项目投资人	业主 项目负责人 项目投资人
监管/授权	当地规划管理部门 独立执业顾问	当地规划管理部门 其他建设管理部门	当地规划管理部门 其他建设管理部门 独立执业顾问	独立执业顾问	当地规划管理部门 其他建设管理部门 独立执业顾问
咨询/合作	独立专项顾问	独立专项顾问 第三方参与者	独立专项顾问 附加专项顾问	独立专项顾问 附加专项顾问 设计师	独立专项顾问 附加专项顾问 设计师
参与/通知		市政供应	主要使用者 其他使用者 社区与周边团体 特殊利益团体 供应商	供应商 建造商 设备工程管理 总包与分包 合同管理	主要使用者 其他使用者 社区与周边团体 特殊利益团体 供应商 建造商 设备工程管理 总包与分包 合同管理

简化了政府的行政审批程序，另外一方面也让政府的权力得以下放到专业的评审机构，使得决策更加科学化，值得我国加以借鉴。

就策划及其审核评价的一些具体手段而言，在建筑师应提供的专业服务方面，可以借鉴美国和加拿大，增加对策划及策划评价的职业要求层面的侧重；在设计前期任务书的编制方面，可以借鉴英国，采用多步骤的第三方评价程序，分阶段将任务书编制标准逐渐推进达到一个较高的水平；在审核流程体系和操作人员构成上，则可以借鉴日本，推行标准化规定条目、步骤和文件式样，政府建筑主管部门与具有资质的第三方审批检查机构相结合，对建设项目形成多梯队的项目许可审批。

3.2.2 可行性研究不能替代建筑策划

从我国政府投资建设项目在设计前期的各级审批流程中，对于设计条件和设计问题的研究、陈述主要集中在项目建议书和可行性研究报告上。那么，看似与建筑策划工作内容相同的可行性研究，是否可以完全替代建筑策划的工作呢？答案无疑是否定的。姑且不论项目建议书和可行性研究报告在编制和审查过程中可能出现的操作主体重复问题，仅讨论在法律审批流程上缺少对策划及其评价的要求，仍然是不合理的。可行性研究虽然是设计前期的重要研究活动和决策依据，但是它与建筑策划之间绝不是替代关系，更不是重复劳动，可行性研究的审批与建筑策划的评价审核也应具有本质的区别。下面从理论和实践两个层面，对这一问题进行证明。

1. 理论层面

从理论层面上讲，可行性研究与建筑策划在操作主体、使用主体和目的作用上均存在着本质的不同。可行性研究的目的是为投资决策进行服务，其操作主体是以经济学、工程管理为专业背景的经济师、咨询师，而使用主体是投资者；建筑策划则几乎完全不同，建筑策划是以服务于建筑设计为目标而进行的工作，由建筑学专业背景的策划师或建筑师主导完成，其使用受众是项目的使用者、业主和承接建筑设计的建筑师团队。

具体来看，项目建议书是立项申请时对拟建项目提出的框架性的总体设想，从宏观层面上对建设项目的社会、市场必要性，以及自然、资源可行性进行说明。可行性研究报告则是以项目建议书为基础，进一步对拟投资建设项目的资源和条件进行调研、分析，预测并相对精确地计算建成效益，从而为多方案比较与投资决策提供科学依据，一定程度上更偏近于财务可行性和经济适当性的分析。

项目建议书和可行性研究报告两种报告的内容主要包括：综合论证项目背景及建设的必要性、建设条件资源技术可行性、市场调查、场地条件、建设内容、节能环保、人员安排、进度安排、投资估算、效益评价、风险控制。虽然上述两者对于建设项目的外部条件和建设需求进行了调研和说明，但项目建议书中建设方案和投资估算一般根据国内外类似已建工程进行测算或对比推算，比较粗放，误差为 ±30%；可行性研究报告虽然进行了精细化定量计算，但仍存在近 10% 的误差；而且不容忽视的是，由于沿用了诞生于计划经济时期的可行性研究模式，我国的可行性研究在设计前期对项目运用市场经济模式进行风险预测与价值评估的能力不足。

而建筑策划是设计前期具体的、全面的研究，经过专业策划过程而编制的任务书应该是衡量了建设项目作为社会产品的作用地位与发展途径，从建筑的角度在平面甚至是剖面深度，进行了空间构想、实验模拟和经济技术验证，并将设计在空间数量、关系、形象和具体的特殊条件等结果，用成熟而清晰的格式详尽地罗列出来，明确了设计的问题和任务，对建筑设计活动提供了详细的指导，甚至具有一定启发性的导向作用，这是项目建议书和可行性研究报告所不具有的作用。

而且需要注意的是，对于项目建议书和可行性研究报告虽然进行审批，但是在总体规模和宏观决策层面的核查，一方面其评价内容的精度还有待进一步研究、检验，另一方面，不能保证在此基础上出具的设计条件，以及进行的具体设计能够贯彻先前的计划，将设计控制在真正理性的范畴内。负责立项和可行性研究审查的行政主管部门是发改部门，而建筑策划的审查则应该交由规划建设部门，从建筑设计的角度进行详细的审查。

根据决策理论研究代表人物赫伯特·西蒙的主张，决策的制定分为 4 个阶段：①找出制定决策的理由，②找到可能的行动方案，③在诸行动方案中进行抉择，④对已进行的抉择进行评价。对应到政府投资建设项目的设计前期决策来说，项目建议书和立项申请是一个发现问题、分析原因和明确目标的过程，相当于第一阶段的活动；可行性研究是展开调查研究，进行多个初步方案准备的第二阶段；建筑策划与可行性研究不同，更像是对可行性研究的多个选择方案进行建筑化的转译和进一步分析，从而评价选优，确定出更为适合的选项，明确需要通过建筑设计解决的问题，属于第三阶段；对策划进行评价和审核，则是试验修正，准备衔接实施环节的第四阶段。

如果论及可行性研究、建筑策划与建筑设计这 3 者的关系，应该说它们是依次递进又相互独立的过程，拥有各自的阶段性成果，是相互的补充而非重叠或重复工作。立项和可行性研究解决的是"能不能建"的问题，建筑策划解决"如何建"的问题，而建筑设计则解决"建成怎样"的问题。整个流程好比从"无中生有"到"有目标、有数量"，再到"有形体、有模样"的过程。

2. 实践层面

在项目建议书和可行性研究报告已经通过审查的前提下，具体的设计方案甚至建成建筑仍然出现问题的情况切实存在，从我国城镇地区大量过早拆除的建筑这个侧面，便可见一斑。相关统计数据显示，大量被过早拆除的建筑中，有很大比例是政府投资建设的。而这些被过早拆除的政府投资项目，曾经得以展开设计并最终建成，必定是已经通过了包括项目建议书和可行性研究报告审批的各个环节的相关审查。之所以在设计使用年限远未达到之时便遭到拆除，一方面暴露了我国在建筑拆除管理方面的监管力度的不足，另外一方面也可以向前回溯，揭示我国的建设项目开工审批、方案设计审核，甚至设计前期决策和审批，在一定程度上缺乏科学的指导和足够的检验。而其中，在现有规定的设计前期项目建议书和可行性研究报告的审查结束后，由于没有进行科学严谨的建筑策划工作，出具的设计任务书条件存在不理性因素，进而导致建筑师产生困惑和设计方案出现严重失误，便是可能的原因之一。下面对我国建筑过早拆除情况、拆除原因，以及其中政府投资建设项目被拆除的分类，进行详细论述，由此发现在现行审批体系中可能通过建筑策划弥补和纠正的问题，仅执行现有的设计前期相应审批是不够的，可行性研究及其审批不能替代建筑策划及其审核的结论，并从侧面说明了加入建筑策划及其评价审核，对提升建筑设计合理性和国民经济的巨大影响潜力。

根据《中国统计年鉴 2015》的数据，"十一五"期间，我国全国竣工的建筑面积累计达到约 131 亿 m^2，而同期净增长的建筑面积累计约为 85 亿 m^2，这意味着，全国有 46 亿 m^2 的建筑遭到拆除。具体而言，清华大学建筑节能中心编写的《建筑节能年度发展研究报告》指出，前述全国 131 亿 m^2 竣工建筑面积中约有 88 亿 m^2 来自城镇建设，而同期城镇净增长建筑面积仅为 58 亿 m^2，也就是说，城镇地区拆除的建筑面积高达 30 亿 m^2。考虑到我国 1970 年以前城镇约有 10 亿 m^2 的建筑存量，这些建筑在"十一五"期间已经使用了近 40 年。如果默认这 10 亿 m^2 的建筑已经基本达到使用寿命[1]，而且全部在"十一五"期间拆除，那么"十一五"期间城镇拆除的 30 亿 m^2 建筑中，至少还有 20 亿 m^2，属于过早拆除的建筑[105]。《中国统计年鉴 2015》对于"十二五"期间的数据更新尚不完全，根据已有的"十二五"前 4 年数据可以看出，我国全国和城镇地区的建设量仍持续增长，已经超过了"十一五"期间。如果我们

---

① 根据国家《民用建筑设计通则》的规定，一般性建筑的耐久年限为 50 ~ 100 年。

假设按照与"十一五"期间同样的拆建比进行计算[①]，则"十二五"前 4 年已经过早拆除了 23.5 亿 m² 的建筑。

而国家发改委发布的《中国资源综合利用年度报告（2014）》中，拆除建筑所产生建筑垃圾的数据也显示，我国"十二五"前 3 年拆除的建筑面积逐年持续上升。且不论这些项目开展设计和施工建设所需要的投资资金和能源资源，光是拆除这些建筑便耗资不菲，按照每平方米需要 1000 元的拆除费，产生 0.7 ~ 1.2 吨建筑垃圾计算，近十年来，我国城镇地区因过早拆除的建筑所消耗的资金近 5000 亿，所消耗能源资源最终变为建筑垃圾约 50 亿吨，可谓是极大的经济和资源浪费。倘若能够探究这些浪费产生的原因，特别是针对其中政府投资的建设项目，吸取教训，进而在建设项目尽可能的早期进行干预，而不是在事后付出更多的金钱和资源进行补救，将为提升国民经济做出不小的贡献。

中国建筑科学研究院发布的《建筑拆除管理政策研究》也关注到了上述问题，并对 2001—2010 年期间，得到媒体公开报道的 54 栋过早拆除建筑进行了情况调研和原因分析。本书通过进一步调研，增加了 2010—2016 年的 23 栋过早拆除建筑，并重新对拆除原因进行了分类分析，将我国城镇地区建筑遭到过早拆除的原因归结为工程质量、设计运营、规划不当、规划违规、形象政绩、商业利益和资金断裂共 7 类。其中，工程质量和设计运营为建筑层面的原因，规划不当和规划违规是规划层面的原因，而形象政绩、商业利益和资金断裂则是社会层面的原因。

建筑过早拆除是全国范围内一个较为普遍的现象，特别是在经济条件发达的东部地区比较集中，而根据统计数据计算，这些建筑的平均寿命仅为 13 年，最长的也不超过 30 年，最短的仅仅几个月，甚至未经使用便被拆除，且 77 个建筑案例中，逾半数（41 个）是由政府投资的文化体育、科研教育、医疗卫生、商业会展、公共管理等类型建筑建设项目。

具体考察上述过早拆除的 41 个政府投资的建设项目，得到不同拆除原因的比例如图 3-6 所示。从中不难看出，实际上由于建筑物理质量的原因而导致建筑被过早拆除的比例很低；相对的，比例较高的原因有设计运营，规划不当和商业利益，均达到了 20% 以上。而特别的，对于建筑层面的设计运营不当，规划层面的规划违法违规，社会层面的追求形象政绩 3 种情况，可能在项目建议书和可行性研究报告的研究中不会得到充分的论证，可以逃过这两者的审查，但是可以通过加入建筑策划并执行策划审

---

① "十一五"期间，我国城镇地区过早拆除的建筑面积（20 亿 m²）占城镇竣工面积（88 亿 m²）的 22.7%。

批而得到改善甚至避免。调研案例中有近 40% 的项目属于这样 3 种情况，因而有理由
认为，通过法制化手段加强对建筑策划工作的保证，并最终推动形成制度化的策划审
批，对建筑设计合理性提升，具有较大的施展潜力空间。而结合前述建筑过早拆除的
数据，可以想见，通过在设计前期加入策划及其审核的干预，可能避免的经济损失和
资源浪费数额，也是空前巨大的。

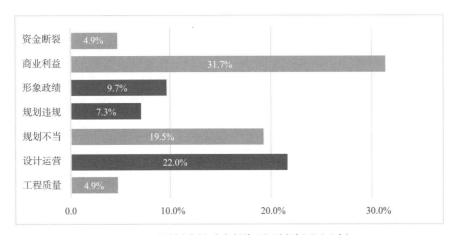

图 3-6　过早拆除的政府投资项目拆除原因比例

　　一份合理的任务书是一个好的设计的开始。可行性研究由于其偏重于社会属性和
经济可行性分析，对具体建筑设计的细节论证和指导精度不够。加之在我国，可行性
分析运用市场经济模式进行风险预测与价值评估的能力尚有不足，如果再没有进行建
筑策划，从建筑产品和社会服务的双重角度上对出具的设计条件进行把控，则编制的
任务书很有可能对设计任务表述不清、缺少关键信息，甚至携带了决策层先入为主的、
不理性的具体要求，与可行性分析所设想的方案产生不一样的导向。建筑设计环节的
建筑师如果接到这样的设计任务书，由于不能准确掌握情况，或是为了追求满足给定
任务中的所有条件，则会给出可行性研究所不能控制的设计结果。因此，建筑工程建
设项目，特别是政府投资的社会重要公共建筑，在设计前期的可行性研究是不能替代
建筑策划的活动的，而仅进行项目建议书和可行性研究报告的审批也是不够的，从国
民经济和人民生命财产安全的角度出发，应当引起政府的高度重视，通过政策保证策
划及其评价审批的进行，交付给建筑设计环节一份科学合理的任务书。

3.2.3　职业教育对建筑策划的要求相对薄弱

　　建筑策划是研究如何科学合理地制定任务书的理论和方法，对于研究设计条件，

陈述设计问题积累了大量的学术成果和实践经验，是保证建筑设计拥有一个理性开端的重要学科分支，应该在建筑学专业教育体系和职业教育框架中得到明确体现，并有一定的政策加以保证专业或职业教育的落实。在我国，建筑策划的政策处于缺失状态。法律、法规及规章制度虽有涉及建筑策划的概念，但都没有对在设计前期进行建筑策划这一职业活动提出强制性的立法保障。所幸，我国由全国注册建筑师管理委员编制并修订的《全国一级注册建筑师资格考试大纲》唯一明确对建筑策划做出过要求。

我国考试大纲中对建筑师职业资格考试科目设置多达 9 个，涉及"设计前期与场地设计""建筑设计""建筑结构""建筑物理与设备""建筑材料与构造""建筑经济""施工及设计业务管理""建筑方案设计""建筑技术设计与场地设计"，这一情况和策划发源地美国的建筑师考试科目基本相同，美国的建筑师职业考试科目由"建设项目文件与服务"（construction documents & service）、"建筑策划、规划与实践"（programming，planning & practice）、"场地规划与设计"（site planning & design）、"建筑设计与施工"（building design & construction systems）、"结构系统"（structural systems）、"建筑设备系统"（building systems）和"初步设计"（schematic design）几个部分组成。

由此可以看出，我国的职业资格考试甚至还涵盖了一些美国所不具有的方面，建筑策划作为重要的专业知识技能，在我国，是包含在了"设计前期与场地设计"科目中，根据考试大纲中第 1.2 条规定的建筑策划知识内容，"职业建筑师应能通过对项目建议书及设计基础资料的研读，提出建筑规模、使用方式、空间构成、空间关系、结构选型、设备系统、环境保护、工程投资、经济分析、建设周期等项目的构成及总体构想，为进一步发展设计提供依据"。这正是基于我国对建设项目设计前期的法律要求情况，在通过项目建议书和可行性研究报告的审批等规定动作之后，对出具设计条件及编制任务书等做出的正确的解释和指导。在美国，建筑策划被明确列出在美国注册建筑师协会（National Council of Architectural Registration Boards）制定的资格考试第二科目中，其对建筑策划的描述是通过对客户的需求和要求进行探查和转译，做出包含场地特点、空间和功能的关系、建筑系统等信息的策划报告，并发展出总平面，为建筑设计定义问题范畴、项目阶段、经济预算和时间进度安排。但是，在考试大纲的相关附属文件方面，我国对建筑策划的支持程度则显得明显不如美国。我国的附件文件仅说明了"设计前期与场地设计"科目的考试时间为 2 小时，题目形式为单选题，参考资料包括各种规范、通则和资料集等，但未有建筑策划的专业书目；美国的考试指南（ARE Exam Guide）亦说明了"建筑策划、规划与实践"板块的考试时间为机考 2 小时，此外在美国注册建筑师协会提供的考试辅导材料和实战练习中还细致地列出了建筑策划这一部分内容占该板块分值的 27% ~ 33%，题型为多选题并附有大量样题，参考书目包括了威廉·佩纳的策划系列手册《问题搜寻法》。

虽然在职业资格考试方面，我国对建筑策划的政策要求水平基本与美国持平，但是在考试以外的职业教育支持方面，如高校的学科培养计划和实践领域的实习生培养计划，则相对国外一些国家显得薄弱。国家学科评估认可可以授予建筑学学位的高校，虽然大多数院校在其制定的专业培养计划中，均对学生提出了具有一定的建设项目策划、参与组织可行性研究的能力，理解和掌握城市环境和自然环境、物质环境和人文环境、室内环境和室外环境等与建筑设计关系的要求，但是针对于建筑策划开设的课程，则没有形成系统的理论体系，或直至研究生阶段才推出，与欧美等策划发展较早的国家存在一定的差距。

至于实习生培养项目，我国主要集中在施工图实习的教育方面，对于全面的实习生能力培养，特别是策划实践能力的积累，则基本上处于空白状态。而相对的，美国注册建筑师协会推出了"实习生发展计划"（Intern Development / Architectural Experience Program）（图 3-7）用于训练职业资格考试的应试者，保证其在成为职业建筑师前能够获得一些领域的实践知识和技巧，并得到执照申请所要求的相应的经验证明。在这些领域中策划再一次被明确提出，并要求有 260 小时的实践经验，包括确定分区要求、收集社区意见、分析场地条件、评估财务可行性分析、图解空间和功能关系、建立可持续发展目标、建立设计目标、准备场地分析图、协助列出空间清单、进行概念预算、收集客户目标、评估备选地段、评估环境影响、确定交通设施、评估法律限制等 18 个具体任务。此外，该训练项目还拥有丰富的参考教材，提供了大量的策

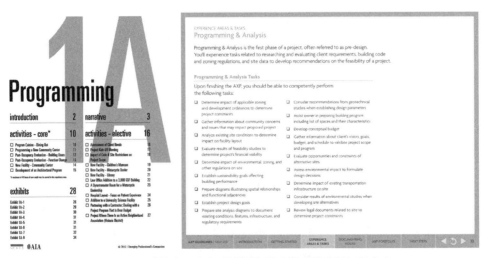

图 3-7　美国建筑实习生发展计划指导手册建筑策划相关内容

划知识技巧和具体练习题指导。相似的，加拿大建筑相关部门（Canadian Architectural Licensing Authorities）于 2012 年制定的《建筑实习生项目》（*Internship In Architecture Program*）也对建筑领域的实习生提出了建筑策划方面的具体要求，如必须参与到与客户的会议讨论、文献综述、听证会协助、汇报文件准备、各种信息数据整理和评估等活动中，满足 80 小时的策划实践经验。

3.3　新数据时代对建筑策划及其评价的影响

3.3.1　大数据概念的兴起

大数据、云计算、人工智能等技术创新及应用正逐步构建起一个新数据时代。大数据的概念起源于商业领域，并具有"4V"的特点，即大量（volume）、多样（variety）、价值（value）和高速（velocity）。大量，即意指获取和处理的数据量空前庞大，在网络化和数字化的当今，信息数据的获取变得更加便捷和廉价，这使得数据量的概念突破了海量数据库，进入到大数据时代。多样，指的是新的数据媒介给数据产业带来了更为大量的非结构化数据，这些多元形式的数据在以往无法被利用，而在计算机技术发展的今天，抓取和分析这些数据，都成为可能。价值，意味着挖掘大量、多样数据中所隐藏的价值，数据科学家能够发现"小数据"无法呈现的一些规律和现象，进而应用于实践领域，最具代表性的便是寻找商机并助力市场研发。而高速，可以认为是在网络和云平台上，都实现了比以往任何时候更为高效和快捷的，信息数据的储存、共享与计算。[106]

大数据概念对于传统的信息数据获取、处理和分析的思维方式和技术手段，可谓是具有革新甚至是颠覆意义的。维克托·迈尔-舍恩伯格（Viktor Mayer-Schönberger）和肯尼思·库克耶（Kenneth Cukier）在《大数据时代：生活、工作与思维大变革》（*Big Data：A Revolution That Will Transform How We Live，Work，and Think*）一书中将大数据时代的信息数据变革归纳为 3 个主要方面[107]：

1. 数据采集全样本取代抽样样本

小数据时代由于技术条件和资源条件的限制，只能通过随机或是特定的抽样方式，试图通过最少的定量数据推知获得最多的信息；而大数据则是在全样本、全信息的模式下采集数据，基于更庞大的数据量和更广泛的数据形式进行分析，可以窥探到小数据样本所不能反映的数据规律，从而挖掘海量数据中隐藏的价值。

2. 数据分析混杂概念置换精确概念

相比于小数据样本需要精确的控制抽样和针对样本的采集工作，以期获得绝对准确、规范的基础数据，大数据的概念不仅是数据量的庞大，而更重要的是"全"的概念，数据来源渠道的多元性，数据类型的多样性，使信息获取的容差能力增大。大数据的简单算法比小数据的复杂算法更加有效。在新的数据环境中允许不精确，为混杂数据设计新的数据库，开发新的处理方式，才能充分利用和展示纷繁数据各自的特点。

3. 数据应用相关关系而非因果关系

长期以来，人们挖掘数据进行预测的技术主要集中在对于因果关系的建立和验证，然而建立因果关系所需要的数据量和工作量都是巨大的。大数据关注于相关关系而一定程度上放松了对于因果关系的严格推算，这使得面对海量的数据和纷繁的数据形式，可以简化工作，快速地建立关联映射，通过分布式的处理逐渐实现预测的价值。

不论是国内还是国外，对于大数据的研究在近几年都进入了爆发式的增长期。在《国务院关于印发促进大数据发展行动纲要的通知》（国发〔2015〕50号）公布之际，数据科学领域、计算机科学领域和各个应用学科领域，均涌现了一批对大数据进行研究的论文和著述，一方面介绍国外大数据的相关理论和趋势，另一方面解读相应的数据处理手段，并结合各自学科的实践需求，展开具体的分析和应用探索。因此有理由诘问，大数据是否对建筑学也具有强大的推动力？对于建筑策划和策划的评价，数据科学又能提供怎样的技术支持呢？事实上，大数据的概念和一些成熟的数据技术已经开始深入到建筑学相关分支的研究之中，并崭露头角。而对于建筑策划的影响和挑战，则可以大胆畅想并尝试应用试验，这也是本书所致力的方向之一。

3.3.2 建筑学领域内的数据技术应用尝试

目前大数据与建筑学领域已产生一定的交集空间，较多的是集中在城市评价与交通规划的尝试和研究上。社交平台、生活网站、智能移动终端和检测仪器等途径每时每刻都在产生并传输大量的数据信息，这些信息包含了大量商业价值，同时也包含了很多建筑学领域研究所感兴趣的信息，如社交平台的语义信息反馈了人们对于所处空间的情绪状态和偏好特征，移动终端的地理位置信息表征了人们聚集和移动的趋势等。通过对这些信息的抓取，可以实现对于城市活动中人群的集散、流动等特征的动态监测，并与人们的心理和行为进行关联分析，甚至可以采用一些如空间句法等理论技术加以处理，反馈出城市物质载体的现实状态。这一方面可以协助当下的城市管理，另一方面，也可以前馈于未来的城市设计规划[108-114]。

　　龙瀛在《数据增强设计：新数据环境下的规划设计回应与改变》一文中提出数据增强设计的理论概念，使用新数据环境下所产生的丰富数据，通过精确的建模和预测等手段，从多个维度描绘微观尺度下人类活动和其相对应的环境要素的特征，为规划设计的全过程提供调研、分析、设计、评价、追踪等支持工具，以数据激发规划设计人员的创造力，并提高设计的科学性[115]。

　　杨滔在《从空间句法的角度看参与式的空间规划》一文中提出，复杂的城市和建筑系统存在着大量尚未被认知的内容，大数据时代新的获取信息和数据的方式，使这部分知识能够得到更好的挖掘。运用云计算和网络平台处理实态空间的海量数据，借鉴空间句法理论建立空间互动模型，可以定量地模拟城市设计在不同尺度下的运转情况，为政府、投资者、市民等利益相关者的决策与协商，以及生成设计方案甚至编制导则提供支持和评估。[116]

　　而数据技术对建筑层面的影响主要在于提供了新型的数据获取手段，使得调研数据类型多样全面，不局限于传统访谈的定性数据和建筑性能的定量化数据。同时数据技术的发展也提供了相应多维多样化的数据处理手段，以及网络共享的平台，使得建筑问题域内远多于数值型数据的文本数据和图像数据，甚至是三维模型，能够越来越好地被计算机识别和处理。[117-119]

　　常锯等在《DSAD：建筑策划的一种有效方法与支持工具》一文中具体阐述了大数据对建筑策划的技术发展和理论完善，提出在大数据背景下摆脱"具体问题导向"和"抽样"的限制，通过政府、商务和社交网站，调查问卷、访谈、测绘、遥感、航拍实态调研，城市智慧设施动态监测，企业和公众反馈平台多种渠道获取数据信息，对定量信息进行标准化处理，对定性信息进行标定，对视觉信息进行像素化和关联构成分析，对语义信息进行识别和解读，对几何信息进行数字化重建，对拓扑信息进行机器学习，对位置信息进行整合，对关联信息进行可视化表达，完成全样本概念下的知识信息图谱，大大突破了问题搜寻现有的手段和形式。[120]

3.3.3　数据科学助力下建筑策划的可能与挑战

　　目前大数据的概念和技术在应用领域主要发挥其可视化和预测的能力。可视化是使海量数据直观、高效表现结果的手段，随着数据量的增多，不论是结构化数据还是非结构化数据，对数据的通读将成为耗时耗力的机械运动，依靠计算机技术，则可以将这些信息数据，通过各种经典的图表形式进行可视化，或依循多元数据本身的属性表现其特征与规律，使数据的使用变得更加简单和去专业化。预测则是基于庞大的数据存量，寻找与研究对象相关事物的规律，建立映射关系，对未来新出现的对象，匹配相似情况，判断所属类别并进行属性预估。[121]

数据技术的可视化和预测的能力为建筑策划的研究带来了新的可能。建筑策划工作中收集信息阶段的数据种类将得到大幅增加，这些信息的储存形成了建筑策划全信息模型的概念。这一方面，可以协助策划的空间构想，进行可视化输出，另一方面，也可以输入策划评价，成为策划素质条件评价的重要信息数据来源。而在进行策划和策划评价过程中所积累下来的大量数据，可以交由一些数据技术方法来进行整理和分析，如侧重于归纳的机器学习、侧重于回归和聚类的统计方法、侧重于智能并行计算的神经网络方法、侧重于多维数据和多维属性的数据库方法等，形成一个个知识子库，以期再次利用，发挥数据的集体价值，特别是对于一些大量重复建设的建筑类型，这样的相似案例数据库可以成为将来新项目时素材搜索和预测验证的强大支持。[122]

考虑到建筑策划过程中的内容，特别是策划的成果，很大一部分以文本的形式呈现，而对于文本型的数据，数据技术方法中的自然语言处理、关键词抽取、文本情感分析、机器学习主题聚类等方面的发展，使得计算机能够越来越智能的"理解"文本的含义，无疑对于策划报告的自动化分析、评估具有一定的实践意义；特别是在积累了大量样本的情况下，单纯依靠人力和人脑将不足以完成对于这些样本的读取和知识提炼、转化，大数据技术却都能够以数据量的增大为优势，大幅提升策划评价的效率。现阶段的策划评价体系建立工作，首先可以在了解大数据并为大数据技术的加入留有余地的基础上，更多地关注建筑学和建筑策划学科的特点和需求，探索策划评价的流程和评价指标体系，后期再开发适用于策划评价目的和评价方法模型的操作平台，逐步积累用于大数据分析的数据。

当然，也应该看到，数据技术应用于建筑策划和策划评价，具有一定的难度和挑战。数据科学的研究最擅长的是处理数值型数据，在分析技术的发展上文本数据则尚有一定的差距，上述几种已经开发成熟的处理手段，目前主要固定在几个特定的应用领域中，向策划及策划评价上移植尚需大量的研究，同时也是极具潜力的。

综上所述，大数据之于建筑策划和策划评价，有 3 个方面的借鉴意义：

1. 不论是对策划活动内部的信息获取，还是对用于策划（系统）评价的信息收集，大数据都可以在理论层面扩大问题的关注面和数据的形式，并提供新型的获取技术手段，形成策划全信息模型，并积累策划评价数据库，为策划的预测和评价的检验提供依据。

2. 对于策划评价活动的开展，借助大数据技术将可以实现更为智能化和便捷化的信息数据处理分析，甚至可以集成为网络评价工具，提供具有操作性的、简洁的用户界面，以促进策划评价的行业推广。

3. 对于策划评价的结果，可以生成更为直观、生动的可视化图表，更加贴近建筑学和策划倾向于图解问题的特性，能协助更好的宣传策划评价体系。

3.4　建筑策划及其评价的发展方向

针对本章上述内容所归纳的建筑策划 3 方面问题——理论局限、法规缺失、数据冲击——并结合中国建筑学会建筑策划与后评估专业委员会的专家会议讨论意见，本书试图对建筑策划及其评价现阶段的发展方向，大胆地提出几点想法：

1. 建筑策划的理论研究一定程度上局限于对经典建筑学问题的探讨，特别是策划评价，往往回应的是策划内部的核心问题，呈现出"关起门来研究"的态势，应当积极寻求与行业实践的结合，通过各种方式推进建筑策划参与实践，以实践更新策划的理论血液，拓宽策划评价的口径。

2. 建筑策划工作应上呈城市规划，下启建筑设计，延续至建造过程、后评估阶段；现阶段其介入建设项目的时间位于立项之后，但也可考虑不限于立项之后，甚至是越早越好，对项目的引导和推动作用越明显。

3. 关于建筑策划及其评价在基本建设流程中的定位，首先应该强调其重要性和必然性，在我国行政改革"放与减"的大基调下，急于将建筑策划纳入强制性的一个环节是不明智的，国外亦是主要在行业协会层面上予以大力推行，进而对政府形成呼吁与敦促作用。我国应该首先考虑激发和满足市场对策划的需求，这期间可以效仿他国，使其落实成为行业实践选择性、推荐性的咨询类服务，再逐步过渡到国家政策层面。

4. 鉴于现阶段政策支持和职业教育的薄弱，建筑策划的实践推广不宜全范围覆盖，可以考虑按类型、按规模大小选取试点项目。除了政府投资建设的项目，还应重点关注具有工程复杂、意义重大的、不确定因素多等特点的建设项目，对这一部分项目进行策划评价，短期内预计可以收到较好的成效。

5. 建筑策划不同于可行性研究，二者不能够混淆互代，可以将建筑策划与策划的评价定义为现有设计前期审批的一种辅助、增强与补充。实施建筑策划的操作主体或团队，则应首先考虑由建筑师群体领衔，统筹规划师、经济师等其他专业人才。特别是策划评价，应区别于可行性研究审批，应由建筑学专业背景的人员从专业的角度进行，提升建筑师的话语权与主人翁意识。

6.应考虑将建筑策划实践与建筑职业教育结合起来，强调建筑策划是建筑学的核心问题之一，提高建筑策划及策划评价是建筑师基本技能的认知；同时，推动行业组织对建筑策划进行专业资质认证，为建筑策划服务培养、储备技术力量。

7.应明确将建筑策划的成果报告作为设计任务书来编制。建筑策划寻找出建设项目所要解决的重点问题，将结论归纳为报告，保证不出错题，充分适用于任务书的效用。而策划评价也可以考虑以任务书为切入点，从向设计环节输出的角度靶向提高建筑策划的质量和其指导设计的效率。

8.对设计任务书的评价进行研究，是建筑策划评价研究的一个具体发展着力点。在新的数据技术支持下，对任务书的文本数据、数值数据，甚至是图像数据进行挖掘分析，并针对建成的项目按类型建立任务书数据库，不断补充新的案例，形成策划数据信息的学习、跟踪、可视化研究，通过实践数据进行策划的评价，而非像以往更多地依赖于主观经验的定性评价。

第4章
建筑策划评价的问题转化——任务书评价

对设计任务书的评价进行研究，是建筑策划的一个发展方向和着力点。任务书是建筑策划的产物，针对任务书进行评价，可以实现策划的自评，是建筑策划评价的核心问题。本书以此为切入点，采集了264份真实的任务书作为样本，并基于任务书样本的数据类型，借鉴利用相应的数据处理与挖掘技术，剖析任务书的内容构成与特征，为建立任务书的评价体系进行物质准备和技术尝试。

收集和拆解任务书样本的过程中，研究关注到现实中自发性质的任务书评价活动是以风险为导向的，因而提出为任务书评价的研究引入风险评估的概念。这在既有理论中有类似先例证明其适用性，且能够照应系统评价学对策划评价的解释。

本章主要回答以下3个问题：

1.如何解决"建筑策划评价"现存的问题？为什么针对任务书进行评价可以实现建筑策划的自评？

2.任务书有哪些特性？如何论证任务书的合理性？

3.应该关注和借鉴哪些技术方法？

4.1 针对任务书进行评价以实现建筑策划评价

4.1.1 建筑策划评价的再解读

1. 语言学意义的"建筑策划评价"

在语言学意义上，"建筑策划评价"应理解为"建筑策划的评价"，属于偏正短语，即"建筑策划"是用来修饰"评价"的，"建筑策划"体现形容词性，"评价"是中心词语，整个短语意指针对策划所进行的一种评价。此外，"建筑策划的评价"从语言学的角度解读，还有另外一种理解方式，即"建筑策划"为所有格形式，体现名词性，整个短语意指策划概念中的评价方法、技术和活动。

根据本书第 2 章和第 3 章相关内容的论述可以得知，第二种理解是狭义的建筑策划评价，属于建筑策划内部评价的概念范畴；而本书则是着眼于第一种理解，即以建筑策划为评价客体，也即建筑策划自评的概念。

2. 建筑学语境的"建筑策划评价"

从建筑学的视角高度来看建筑策划评价，应该具有全局性，也即前面章节提出的"全过程建筑策划评价"的概念。建筑策划的评价不仅发生在策划环节的末尾，为策划这一单独的环节提供反馈信息，而是应该在建筑全生命周期中向后甚至向前延伸，通过跟踪研究，长效地反馈策划的内容素质和作用效果，并为实现建筑策划在新项目中的前馈设想，提供一种具体的途径。

此外，建筑策划评价还应将研究及结论回归建筑学的核心问题——建筑设计，通过建筑策划评价证明建筑策划的切实有效和不可或缺，是建筑设计必须考虑的一环，也是建筑师应该具有的基本业务素质及技能；通过研究建筑策划评价的理论和方法，致力于填补我国目前建筑教育中的一块空白领域。

3. 本书所指的"建筑策划评价"

研究和实现建筑策划评价有很多不同的路径可以选择，本书所指的"建筑策划评价"，特别指的是以任务书为具体评价对象所能实现的建筑策划评价。建筑策划是一个完整而又开放的理论及方法体系，其所涉及的支撑理论、方法论、技术方法、工作内容与步骤、实践活动与案例等，内容庞杂，倘不能找准切入点，聚焦研究内容，将难于实现建筑策划的评价。因此本书抓住具有实体且与设计环节联系紧密的任务书作为切入点研究建筑策划。厘清任务书的概念与内容，明确任务书与建筑策划的关系，说明任务书评价是一条能够实现建筑策划评价的研究途径，将建筑策划评价的问题转化为对任务书评价的研究。

4.1.2　任务书的概念与内容界定

本书所讨论的"任务书",是"建设项目的设计任务书",其中有两个重要的含义:第一,这里的"任务书"是指服务于建筑类建设项目的任务书,包括建筑设计项目、规划设计项目、建筑与规划项目、建筑改扩建项目等,但有别于其他设计产品、工业产品的项目计划或任务书;第二,这里的"任务书"指的是用于实践型建设项目的设计任务书,包括建设工程设计招标或咨询、建筑工程设计概念性方案征集或竞赛,但有别于高校中用于教学目的的设计任务书。[53-54, 123~126]

在学术研究及行业实践层面,对于"任务书"的名词表述有几种。美国多用"program"一词表示建设项目任务书,有时使用"design brief"。以英国为代表的欧洲,以及加拿大、澳大利亚等国,则基本使用"brief"一词;在第3章中,已经详细介绍过英国"final project brief"及其各种形式的前身:"statement of need""strategic brief""initial project brief";我国一般称之为"设计任务书",或简称"任务书",也曾使用过"设计大纲"或"设计计划",但现阶段已不常用。

ISO 在其文件 ISO 9699-1994《建筑设计任务书内容清单》(*Checklist for briefing-Contents of brief for building design*)(以下简称"ISO 9699-1994 文件")中,对设计任务书进行了明确而详细的规定。该文件定义:任务书(brief)是为了后续的策划(如果需要)和设计而编制的,详细说明业主与使用者的相关需求、目标和资源,以及项目的背景和合理设计要求的工作文件。任务书编制的操作主体可以是业主、策划咨询师、使用者、建筑师,或者这些人员共同组成的团队。任务书应表达所有相关参与者的利益。

ISO 9699-1994 文件中对任务书的定义还强调了任务书的动态有效性,即需要任务书能够随时间变化一直保证对项目目标、需求、条件和设计要求等内容的更新和完善。为此 ISO 在 ISO 9699-1994 文件中给出了一份适用于所有建设规模的任务书检查清单(checklist),用来指导编写任务书,或一步步地检查和更新已有的任务书。这份清单是建议性质的、标准化的一个框架,反映了决策的逻辑和方法。任务书的检查清单分 A、B、C3 个部分: [127]

A. 项目概况(project identification):

　　A.1 项目概述(identity of the project)

　　A.2 项目目标(purpose of the project)

　　A.3 项目范围(scope of the project)

A.4 参与者概要（identity of the participants）

A.5 其他参与者概要（identity of other related groups）

B. 项目背景、目的及资源（context，aims and resources）：

B.1 项目管理（project management）

B.2 法律、法规和规范（laws，standards and codes）

B.3 资金与时间限制（financial and time constraints）

B.4 背景与历史的影响（background and historical influences）

B.5 用地与周边环境的影响（influence of site and surroundings）

B.6 业主的企事业计划（client's future enterprise）

B.7 详细的使用计划（intended occupancy in detail）

B.8 项目预期效果（intended effects of the project）

C. 设计及性能要求（design and performance）：

C.1 用地与周边环境（site and surroundings）

C.2 建筑物整体（the building as a whole）

C.3 建筑物理构件性能（building fabric performance）

C.4 空间分区域组团（grouping of spaces）

C.5 具体的空间功能要求（spaces in detail）

C.6 机械、设备与备件（plant，equipment and furnishings）

　　具体的，以上每一项又有非常详细的分项和注解，共计 109 个 3 级分项。由于 3 级分项条目较多，为节约篇幅在此不单独列出。在 4.2.5 节中，通过统计分析，将我国行业实践中的设计任务书与 ISO 推荐的任务书表单内容项目进行了对比（表 4-11），可以相应地查看到 ISO 任务书 3 级分项的具体展开内容。

　　虽然 ISO 9699-1994 文件于 2016 年 11 月被修订并更新为 ISO 19208-2016《建筑性能规格说明框架》（Framework for specifying performance in buildings）文件，但是在新的文件中，并没有就设计任务书的定义和内容进行新的陈述，而是从侧重于建成环境的表现性能的角度进行了细致的说明，因此本书仍然认为 ISO 9699-1994 文件中规定的任务书概念和内容具有一定的指导性。

　　在我国，1978 年发布了《关于基本建设程序的若干规定》，其中明确对"任务书"进行了规定："计划任务书（又称设计任务书），是确定基本建设项目，编制设计文件的主要依据。所有的新建、改扩建项目，都要根据国家发展国民经济的长远规划和建设布局，按照项目的隶属关系，由主管部门组织计划、设计等单位，提前编制计划任务书。

列入国家长远规划的重点专业化协作和挖潜改造项目，也要编制计划任务书。"[128]

该规定还对设计任务书的内容进行了规定，各类建设项目的要求有所不同，如表 4-1。这其中关于任务书内容的要求较为简单，不能展开获得更多信息，建设项目类型分类与现今的情况也有所脱离。虽然已颁布近 40 年，该规定现行仍有效，法律法规层面没有具体地针对设计任务书进行新的、更多的修订或补充。

《关于基本建设程序的若干规定》对于设计任务书内容的规定　　　　表 4-1

项目类型	大中型工业项目	改扩建的大中型项目		自筹基建大中型项目	非工业大中型项目	特殊区域项目基础设施项目①	小型项目
设计任务书内容	建设的目的和依据				参考大中型工业项目、改扩建的大中型项目和自筹基建大中型项目的规定由有关部门另行规定	具体内容由国务院主管部门规定	可以简化由各部门，各省、市、自治区自行规定
	建设规模，产品方案或纲领，生产方法或工艺原则						
	矿产资源、水文、地质和原材料、燃料、动力、供水、运输等协作配合条件						
	资源综合利用和"三废"治理的要求						
	建设地区或地点以及占用土地的估算						
	防空、抗震等的要求						
	建设工期						
	投资控制数						
	劳动定员控制数						
	要求达到的经济效益和技术水平						
		原有固定资产的利用程度	资金、材料、设备的来源				
		现有生产潜力发挥情况	同级财政和物质部门意见				

注：根据《关于基本建设程序的若干规定》中第一部分条款内容整理。

此外，在我国设计任务书还常常与另外一个概念相伴出现，即建筑工程的"招标文件"。2000 年 10 月 8 日，建设部经第 31 次部常务会议通过的《建筑工程设计招标投标管理办法》在第九条给出了招标文件应当包括的内容，虽然没有明确提及"设计任务书"，但是其中"工程名称、地址、占地面积、建筑面积等""已批准的项目建议书或者可行性研究报告""工程经济技术要求""城市规划管理部门确定的规划控制条件和用地红线图""可供参考的工程地质、水文地质、工程测量等建设场地勘察成果报告"和"供水、供电、供气、供热、环保、市政道路等方面的基础资料"几条[129]，可以认为是应当包含在设计任务书中的内容，但该管理办法并没有对此展开更为详细

---

① 原规定此处为：新建的大工业区、新开发的大矿区、林区的区域规划，重大水利枢纽和水电站的流域规划或河段规划，铁路、输变电、通信等干线的路网规划，以及跨省区长距离输油、输气管线的管网规划，其具体内容由国务院主管部门规定。为方便整理成表格，概括为"特殊区域项目及基础设施项目"。

的内容。这一点在一些地方编制的《建设工程设计招标文件范本》（以下简称"范本文件"）中得到了一定的补充。

在《中华人民共和国建筑法》《中华人民共和国合同法》《中华人民共和国招标投标法》《建筑工程设计招标投标管理办法》《工程建设项目勘察设计招标投标办法》《工程建设项目招标范围和规模标准规定》和《工程建设项目自行招标试行办法》等法律法规的指导下，北京、上海、深圳、广州等省市编制了各地方的范本文件，相比国家层面的《建筑工程设计招标投标管理办法》，这些范本文件对于招标文件的各部分做出了更为详尽的要求，并多以"设计条件及技术要求"（设计任务书）的题目形式，设置单独的章节，对设计任务书的内容给出了建议样例，以便相关人员参考，依法编制设计任务书，并根据具体工程建设规模大小、难易程度，对设计要求及成果要求做出适当的调整和修改。

通过对几个具有代表性的省市级范本文件中，关于设计任务书的建议性内容进行整理汇总，可以将其概括为"项目概况""设计目的依据和任务""规划设计条件与要求""项目功能与建筑设计要求""各专业技术要求""方案设计成果要求"和"其他设计有关材料（附件）"7 个主要板块，共计 78 个具体条目。由于 78 个条目较多，为节约篇幅在此也不单独列出；在 4.2.3 小节中关于我国行业实践中的设计任务书与各省市招标文件范本内容项目的对比中，可以查看到相应的这 78 项具体条目。

范本文件与 1978 年《关于基本建设程序的若干规定》中对于设计任务书内容的规定相比，两者一脉相承，范本文件基本涵盖了之前的所有要求，更加细致入微，且更加偏近于民用建筑与设计活动，大大提升了指导性和可用性。

范本文件与 ISO 任务书检查清单对比，虽然两者的结构划分不尽相同，范本文件也没有 ISO 的 109 个条目繁多细致，但是从总体情况来看，两者具体内容分布相似，且正如范本文件使用的题目"设计条件及技术要求"（设计任务书）所显示的，"设计条件"和"技术要求"是任务书的核心内容。就一些具体条目的设置而言，范本文件显然更加贴近于我国的行业实情。

总体来说，对任务书有规定、要求或建议的 3 种文件都较为合理、全面地界定了任务书，各有千秋，但从颁布时间和现状上来看，3 种文件又都缺乏足够的更新（表 4-2）。

4.1.3　任务书与建筑策划的关系

1. 建筑策划的内容与步骤

佩纳对建筑策划给出 4 个方面加 5 个步骤的内容定义，4 个方面分别是：功能、形

3 种对于设计任务书有规定的文件对比　　　　　　　　表 4-2

出处	ISO 9699-1994《建筑设计任务书内容清单》	《关于基本建设程序的若干规定》	《建设工程设计招标文件范本》
组织	ISO	国家计委、建委、财政部	各省市
时间	1994 年	1978 年	2004 年以后
分类	按决策逻辑和方法分 3 类	按建筑类型分 6 类	按内容分 7 类
条目数	109	14	78
优点	条目设置非常细致且备有说明国际和不同规模项目的通用性	具有纲领性，结构设置简单易懂	条目设置较为详尽，贴近于我国的行业实情
缺点	条目设置过于细致导致有重叠，与我国的情况有所不同，新修订将其撤回改换其他内容	年限过长未有修订，建筑分类与时代有所脱节，条目设置过于粗糙	各范本术语内容有差异未统一，没有更详尽的条目说明

式、经济、时间；5 个步骤分别为：建立目标（establish goals）、收集并分析相关事实（collect and analyze facts）、提出并检验相关概念（uncover the test concepts）、确定基本需求（determine needs）、说明问题（state the problem）。

卡姆林认为建筑策划遵循从议题（issue）到目标（objects），再到构想概念（concepts），不断往复前进的工作内容形式。

谢里通过六个步骤描述了建筑策划的内容，分别是：研究项目的背景（research the project type）、确定目标和目的（establish goals and objectives）、收集和分析信息（gather relevant information）、确定策划性战略（identify strategies）、建立数量上的要求（determine quantitative requirements）、设计问题的综合和文件记载（summarize the program）。

多纳·德克提出树形结构的策划内容，从主干到末梢依次为：界定课题与任务（mission）、发掘客户目标（goal）、发现测验性能要求（performance requirement）和发展概念（concept）。与卡姆林的理论相似，德克也认为策划是循环过程，依照树形结构不断迭代形成最终结论。

罗伯特·赫什伯格认为，建筑策划的工作内容是按照 HECTEAS 的 8 种价值领域（values，在本书第 3 章的 3.1.1 中已经总结过）识别出设计需要考虑的因素（design considerations），再通过对这些因素的事实信息收集（information gathering）和工作会议（client/user work sessions），分析、评估出项目的目标（goals and objectives）、具体的设计性能需求（performance requirements）、预算（budget and costs）、时间进度表（project schedule），最后汇总上述内容及相关材料撰写报告（program）。

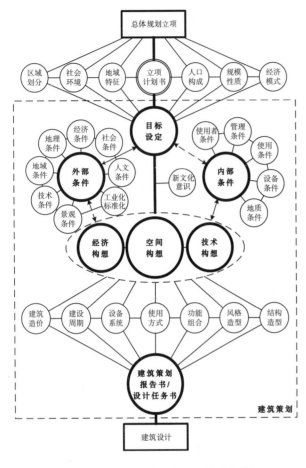

图 4-1　庄惟敏的建筑策划具体内容 [16]

庄惟敏认为建筑策划有 7 个主要部分，分别是：目标设定、外部条件调查、内部条件调查、空间构想、技术构想、经济构想、报告拟定，7 个部分又分别联系了各种具体的要素内容，如图 4-1 所示。建筑策划应该上承城市规划环节的立项计划书，下接设计环节的设计任务书。[16]

虽然各经典理论及新生代研究对于建筑策划的内容与步骤定义不尽一致，但整体而言，基本内容大体相同，以"项目目标""事实条件""构想概念""数量需求"和"结论报告"为核心 [130-132]，且各个内容步骤之间的逻辑关系是交叉进行而非定式顺序。其中一个部分的内容稍显特殊，即结论。不论策划过程中是否进行了阶段性的总结，但策划的最终必定进行结论成果报告的整理，并以此作为策划环节与设计环节的衔接的"关键内容"。

2. 建筑策划的成果报告

对于衔接建筑策划与建筑设计的这一部分"关键内容"，威廉·佩纳称之为"策划报告"（programming report），罗伯特·卡姆林和多纳·德克称之为"策划文件"（program document），伊迪丝·谢里称之为"最终稿"（final draft），罗伯特·赫什伯格称之为"策划书"（program），我国的庄惟敏教授称之为"建筑策划报告书"（设计任务书）。

虽然叫法上有所不同，但万变不离其宗，均是对于策划最终成果的报告体现，以下统一称为"策划书"。其中威廉·佩纳、罗伯特·卡姆林、多纳·德克，以及罗伯特·赫什伯格甚至给出了策划书的大纲（表 4-3）和内容样例。不难发现，策划书的内容正是建筑策划工作内容的完全体现和高度凝聚。

几种典型的策划书内容　　　　　　　　　　　　　　　　　　　表 4-3

威廉·佩纳							
0	前言	3.4.1	城市文脉	4	概念	6	问题说明
0.1	目的	3.4.2	场地周边	4.1	组织结构	6.1	功能
0.2	报告的结构	3.4.3	汇水区域	4.2	功能关系	6.2	形式
0.3	参与人员	3.4.4	地理位置	4.3	优先事项	6.3	经济
		3.4.5	附件土地用途	4.4	操作概念	6.4	时间
1	概述	3.4.6	场地基本数据				
		3.4.7	周围道路	5	需求	7	附录
2	目标	3.4.8	地形	5.1	面积需求汇总	7.1	文题索引
2.1	功能	3.4.9	步行距离	5.1.1	以部门分类	7.2	详细统计数据
2.2	形式	3.4.10	树木面积	5.1.2	以可建类型分类	7.3	工作量和空间
2.3	经济	3.4.11	交通流量	5.1.3	以项目进度分类		预测方法
2.4	时间	3.4.12	可建面积	5.2	详细面积需求	7.4	现有建筑空间
		3.4.13	现存建筑	5.3	户外可建需求		详细目录
3	预测数据汇总	3.4.14	土地升值潜力	5.4	停车场需求	7.5	部门评估
3.1	人员需求	3.5	气候分析	5.5	土地使用需求		
3.2	使用者描述	3.6	规划分区要求	5.6	预算评估分析		
3.3	现有设施评估	3.7	建筑法规调查	5.7	项目进度安排		
3.4	场地分析	3.8	成本参数				

罗伯特·卡姆林							
1	简介	7	空间标准	13	建筑与工程标准	19	造价与预算评估
2	前言	8	组织关系图解	14	相关法律法规	20	时间进度表
3	目录	9	空间列表	15	一般规范与标准	21	待解问题
4	概述	10	组团关系	16	设备清单	22	其他相关信息
5	优先问题	11	流线图解	17	场地评估	23	场地选择标准
6	议题 - 目标 - 概念	12	房间数据表单	18	现存建筑分析	24	相关材料附件

多纳·德克							
1	导论	2.7	基地分析	3	未来发展提案	5	结论
1.1	任务声明	2.8	气候气象	3.1	目标	5.1	组织概念
		2.9	地质与考古	3.2	效能需求	5.2	论题
2	现存状态事实分析	2.10	环境基景	3.3	概念	5.3	阶段计划
2.1	历史背景	2.11	活动记录				
2.2	文化背景	2.12	业主人口统计学	4	摘要	6	附录
2.3	社会背景	2.13	业主组织分析	4.1	基本元素	6.1	细节分析资料
2.4	政治背景	2.14	使用者偏好分析	4.2	最佳组合	6.2	研究数据
2.5	经济背景	2.15	法令规定	4.3	空间处理概要	6.3	专题研究
2.6	地理位置	2.16	总体规划	4.4	预算	6.4	信息表单

	罗伯特·赫什伯格						
1	初步	2.7	策划协议/终止	5	方案需求	6.3	预计的方案费用
1.1	传送			5.1	总平面规划要求	6.4	资金可行性
1.2	致谢	3	价值和目标	5.2	示意性设计需求		
1.3	目录	3.1	社区的形象	5.3	建筑设计	7	方案进度表
1.4	方法	3.2	运作效率	5.4	室内设计	7.1	设计
1.5	参考	3.3	使用者的需求	5.5	空间分配	7.2	建造
		3.4	安全性	5.6	关系矩阵		
2	实施概要	3.5	建造费用控制	5.7	设计发展	8	设计理念
2.1	方案目的			5.8	建造体系	8.1	设计规则
2.2	主要问题	4	设计考虑因素	5.9	空间策划表	8.2	设计分析
2.3	设计考虑因素	4.1	场地和气候				
2.4	方案需求	4.2	规范和规定	6	预算和费用	9	附录
2.5	方案进度表	4.3	组织结构	6.1	拥有者的预算	9.1	数据收集概要
2.6	预算和费用	4.4	使用者的特性	6.2	预计的建造费用	9.2	参考资料

3. "策划书"与"任务书"

将策划书的内容与任务书内容进行对比，可以发现策划书与设计任务书有着高度的相似性和同质性，在具体条目设置上，具有很高的重合率。事实上，建筑策划就是一门研究如何科学地制定任务书的学问，其结论报告向下游的建筑设计环节输出，便自然呈现为设计任务书的形式。

在欧美等国家，从名词上和概念上其实并不区分"策划书"和"任务书"（都是program 或 brief）。之所以造成中文中有"策划书"和"任务书"两个名词概念，是因为我国建筑策划研究起步较晚，1978 年发布的《关于基本建设程序的若干规定》中首次对"计划任务书"（又称"设计任务书"）一词做出规定时，建筑策划的概念甚至还未被引进国内，但是在行业实践中，人们逐渐习惯于使用"任务书"这一说法，成为需求清单、设计计划等形式的纲领性文件。直至 20 世纪 90 年代由庄惟敏教授的博士论文和《建筑策划导论》一书引介，学术界才开始系统地研究设计条件，不再几无章法地编制任务书。

在庄惟敏教授最新修订的专著《建筑策划与设计》（2016）中，已经正式使用了"建筑策划报告书"（设计任务书）这一表述，再次明确了任务书与建筑策划的关系：设计任务书是对策划工作内容通过科学分析得出的决策性文件，是由建筑策划得到的"结论输出"；同时，任务书全面准确地反映建筑策划的结论，以及设计需要解决的主要问题，作为建设项目设计工作的主要信息来源，使设计掌握系统性、可行性、超前性和应变性，也是建筑设计的"条件输入"。

4.1.4　建筑策划评价与任务书评价的关系

根据上一小节关于建筑策划与策划书、策划书与任务书的关系分析，如果定义建筑策划为 A，策划书为 P，任务书为 B，那么就有：

$$A \rightarrow P = B \tag{4-1}$$

其中，→代表映射关系

　　　　= 代表等价关系

如此可以认为 A≈B，即存在某种映射，使得任务书能够代表建筑策划，也就是说，针对任务书的评价一定程度上是可以实现对于建筑策划的评价的。建立任务书评价体系的研究，就是要找到使 $G(B) \approx F(A)$ 成立的函数 $G(x)$，其中函数 F 是建筑策划评价，而函数 G 是任务书评价；函数 F 和 G 的形式并不唯一，也就是本章开头所提及的，研究建筑策划评价的途径有很多，针对任务书进行评价只是一个切入点，而任务书评价的方法也有许多不同的可能；因此，本书的重点内容就是对函数 G 进行选型和设计，使其尽可能简洁，易于操作，合理，适用于较多的自变量。

任务书评价的概念范畴，如果使用第 2 章关于系统评价学的描述，主要是对策划素质内容的评价。具体而言，是根据任务书文本的实体，考量任务书条目的全面性，以得出策划工作的效率；判断内容依据的科学性，以检验策划工作的质量；将可能存在的风险问题或是不能确定的问题，甄别出来并衡量问题的严重性，并将这一部分信息返回到策划环节寻找方法层面的漏洞，以形成应对措施，根据上述对任务书评价概念范畴的描述，可以得出，任务书评价是策划评价的真子集。

当然，任务书评价绝不仅仅是针对策划素质内容的评价，否则便局限于策划的内部评价，与已有的一些研究相比并无更多的进益。对于实现策划活动过程和运行效果的评价，任务书评价得益于任务书文件化、格式化的形式，以及其与设计的紧密关系，可以删繁就简，采取问题追责到条目的做法，只针对负反馈建立信息通道；毕竟建筑设计是一个综合问题的过程，一个好的结果可能由多方面因素共同叠加得到的，其中关系错综复杂，难以量化建模；但是一个恶性的结果往往可以追溯到一个或是有限几个设计条件或要求（有时几乎是一一映射的关系），具体反映在任务书的修改中，也更加快速直接定位问题，这体现出任务书评价的底线原则。

有一类特殊情况需要在此说明，虽然在上一小节中，已经明确了任务书应该是经由建筑策划而编制的，但实际上由于对建筑策划的不熟悉和缺乏建筑策划专业技术人员，仍然有大量用于实践的任务书来源纷杂，生成机制无从保证。对于这些未使用明确的建筑策划工作流程而编制的任务书，仍然在本书讨论的任务书评价范畴内，同时也是建筑策划评价；只不过在这种情况下，是对一种无意识的、简化的策划工作进行评价；因为建筑策划的基本原理是一种普遍存在的逻辑思维，即使是未经特殊培训的建筑师，甚至是非专业人士，也应该具备一定的分析能力和知识储备，会在编制设计任务书的时候，或多或少地使用带有策划概念的方法。

综上，可以将策划评价与任务书评价的关系总结为以下两个方面：

1.建筑策划评价与任务书评价的相同点

两者都包含针对策划素质内容的全面评价，在策划这一单独的环节，从相同的物质基础出发，具有高度的相似性。

此外，建筑策划评价与任务书评价还同时都具有教育示范意义，为建设项目的决策人员提供一个平台，回顾策划或编写任务书的过程，精进相关专业能力。

2.建筑策划评价与任务书评价的不同点

建筑策划评价强调对活动过程和运行效果评价的正负双重反馈，而任务书评价则是选择性地侧重于对负反馈的追踪；建筑策划评价具有更强的借鉴意义，而任务书评价的根本目的是保证不出错题，保障一个设计具有合理的开始。

在问题的研究方向上，建筑策划评价默认了一种顺序思维，即先有策划，再进行评价。而任务书的评价，可能发生在并没有明确策划为支撑的情况下，因此是补充策划的逆序研究思路。

4.2 建设项目任务书的拆解

4.1节已经阐述了设计任务书与建筑策划的关系，并明确了以任务书为具体评价对象的建筑策划评价研究。为了准确地掌握建设项目设计任务书的构成和特点，特别是我国当今建筑设计行业内正在参与实践的设计任务书，并基于此归纳出任务书评价的待评要素，在本节中，首先调查、梳理实践层面上任务书的生成机制，其次通过大量地收集行业实践中所使用的建设项目设计任务书,借助计算机及大数据相关技术,统计、挖掘并总结任务书的结构与内容，与法律法规层面、学术研究层面对于任务书的规定和建议进行对比，分析其中的共性和差异，最终实现对任务书的充分拆解，为进一步建立通用的、有效的、符合行业现状的任务书评价体系，进行必要而充足的准备。

以下分析和结论内容，是基于本书所调研收集到的建设项目设计任务书样本而展开的。这些任务书样本的调研和收集主要通过 5 种方式展开：

①从书籍、著作、方案集和论文等文献中检索。

②从城市建设档案馆、科技档案馆、机构单位基建处借阅相关文件的存档。

③向建设项目的设计单位或建设单位申请索取相关文件。

④向招标代理机构购买建设项目的招标文件或方案征集文件。

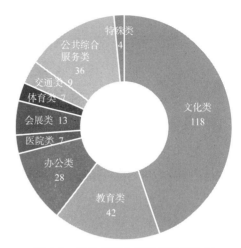

图 4-2　任务书样本各建筑类型分布

⑤通过各级公共资源交易网站、建设项目招标投标网站等网络平台进行搜索。

通过上述调研方式收集得到的建设项目设计任务书构成了一个任务书样本库，经过初步筛查，选定参与统计和分析的样本总量为 264 个（图 4-2）。其中，博物馆、图书馆、剧院等文化类设计任务书 118 个，教学楼、实验楼、图书馆等教育类设计任务书 42 个，办公楼及单位机构特殊用房等办公类任务书 28 个，医院类任务书 7 个，会展类任务书 13 个，体育类任务书 7 个，交通类任务书 9 个，公共综合服务类任务书 36 个，特殊类任务书 4 个。

如第 3 章所述，政府投资建设项目的社会地位重要，经济利益大，容错性小，因此是本书的关注重点。上述收集的任务书样本，也因此主要集中在多由政府投资建设的文化类、教育类、办公类、医院类、会展类、体育类、交通类和公共综合服务类等类型的建设项目上。

图 4-3 显示了本书所采集的 264 个设计任务书样本，其项目起始时间分布在 1997—2023 年 20 余年间，而其中又有较大一部分样本的时间集中在 2015 年及以后这一区间；因此，可以认为样本总体有较好的时效性和跨度范围，通过统计与分析，能一定程度上反映建设项目任务书在行业实践中的现状和时间纵向上的变化。

4.2.1　任务书样本的整理方法

对于任务书样本库中，经过初步筛查并确定能够参与统计与分析的任务书，有必要进行进一步的整理和处理。本小节与下一小节对本书应用的任务书数据处理方法进

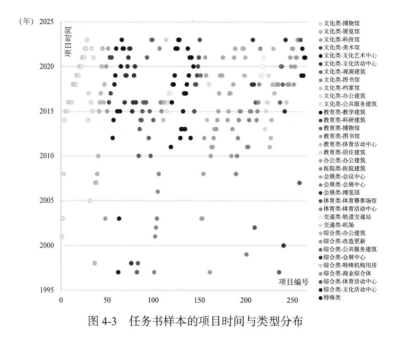

图 4-3　任务书样本的项目时间与类型分布

行系统的说明，这些方法的适用性和初步处理结果，是后面 3 个小节任务书拆解结果的基础，也为本书第 5 章建立任务书评价体系进行了准备和铺垫。

任务书样本来源纷杂，形式各异，需要通过一定的整理和处理，以便在后续的研究中，能够在相对等同的物理层次和技术平台上进行讨论。整理工作包括任务书文档的记录与归档，电子化、标准化处理，文档信息的分割与抽取。

而考虑到任务书样本数量较大，每个样本的内容更是使信息量呈指数型增长，已经超过人脑与人工快速处理的优势范围，借助各种计算机数据挖掘技术无疑更为明智；因此对任务书样本中的信息和数据，需针对具体的挖掘技术，根据具体的数据类型，采取不同的数据格式预处理方式，并尝试应用各种参数对任务书进行描述。现阶段尝试将计算机数据分析技术应用于任务书评价，具有一定的前瞻性，可以保证在未来样本库不断扩充的情况下，继续开展研究的可行性和工作效率。

1. 初步记录与归档

获得每一份任务书样本后的第一步整理工作便是记录。记录的信息分为关于任务书文档本身的资料来源、文件形式、是否有附属文件、编制人员等信息，以及关于任务书中建设项目的项目名称、项目时间、项目类型与性质、项目地点等信息。

在本节前面的内容中已经介绍了任务书文档资料来源的 5 种方式，此外资料来源记录的内容还有资料的经手人或联系人，以备查验。任务书样本的文件形式有电子文件和纸质文件两种，而电子文件中又有可编辑式文档、只读文档、扫描件、照片等形式之分，纸质文件以印刷或影印为主要形式。是否有附属文件的记录主要帮助确定任务书样本是单一文件，还是与附属文件、研究资料，甚至设计方案等多种文件打包在一起，对于有附属文件的也要进行妥善记录与保存，为样本库构建更为全面的信息子库。编制人员信息通过问询经手人和查阅任务书文档两种方式获得，可以帮助确定任务书的生成机制。关于建设项目的各种信息基本可以在任务书文档中被快速定位，属于常规的统计信息，也是任务书样本库分类存档的标准，本节前面的内容，已经对项目的类型和时间分布进行了简单统计描述。

在明确和记录了以上信息后，便可以按照一定的分类标准对各任务书样本进行分类存档。本书采用项目类型作为第一分类标准，项目时间作为第二排序标准进行整理，形成了建设项目任务书 264 例统计信息汇总表，并对每份任务书样本进行了编号，方便查询索引。

初步记录与归档这一部分的工作概括来讲，是对任务书样本来源、类型信息等"外部标签"与构成任务书文档本身的"内部信息"建立了对应关系，而后将两者分离存储，其中后者是接下来任务书拆解统计分析的重点对象。

2. 电子化与标准化

上一步整理工作对非任务书主体内容的信息进行了清理，但任务书仍然呈现出多元多样的形式，难以比较和分析。如上文提到的，收集到的任务书样本存在一部分纸质文档，而让计算机参与到分析工作中是已经确定的研究方案，因此让所有任务书样本转化成为计算机可以读取和编辑的形式，也就是对任务书样本进行数字化处理，或者说电子化处理，便成为势在必行的一步。

在这里，主要借助光学字符识别（OCR）软件和人工校对的方式，对纸质版本的任务书和只读文档、扫描件、照片等形式的任务书电子文件，进行识别、录入和重排。而对于本身已经达到要求的任务书电子文件，则可以省略任务书的数字化这一步。本书在此选择了技术门槛低、各方人士几乎都使用的 Microsoft Office 系列软件作为载体，使所有任务书样本以可以编辑格式的电子文档形式呈现并存储；这也为后续程序处理所需的纯文本格式（".txt"文件）和网页格式（".htm"文件）预留了格式转换接口。

与电子化紧密相伴的是任务书的格式化。格式化是指将任务书样本的文档按照统一的格式进行排版，使用相同的版面和层次结构，将具体的内容限制在少数几个具有代表性的格式形式下。这样做的目的是进一步增强任务书样本之间的可比性，为方便提取具有共性的一些具体数据信息创造条件。在这里，格式化处理实际上对任务书样本的内容信息数据进行了清洗，去除了格式层面的微小差异性，如页面排布设计、字符大小样式和序号标记方式等，修正了一些文字层面的错误，如错别字、乱序等；也就是说，默认格式的绝对性差异和文字的常识性错误，不对任务书构成本质的影响，不参与任务书的拆解和评价。

本书中，经过任务书样本的电子化和格式化，得到两个重要的阶段产物——目录和正文。目录表征了任务书的各级内容条目，在样本之间往往具有高度的相似性，上一节关于任务书概念界定的讨论中，ISO 和范本文件所建议的任务书内容其实就是在这个层面上的，基于样本库的任务书目录条目进行分析，将从实践的角度验证现有规范对任务书结构和内容的定义，给出更为微观层面的反馈；而正文则是这些条目所对应的展开内容，是设计条件和设计要求的具体体现，根据不同项目的实际情况和所承载信息的内涵而变化，但也存在一些潜在的叙事章法和特征特点，对它们进行归纳并加以判断，是任务书拆解下一步的分析重点。

3. 文档信息的分割与抽取

对于上一步得到的任务书正文部分，除了按照目录的顺序逻辑进行纵向拆解，还可以按照文档信息的格式形式进行横向拆解。本书根据任务书样本电子化与标准化过程中，对正文部分主要格式形式的了解与掌控，确定了三元横向分割方式，将任务书文档信息分割为文本数据、表格数据和图像数据三种类型的数据。三种数据类型的含义如下：

文本数据是指构成任务书样本正文绝大部分的，多以叙述体或命令式的词句构成的段落，一般是以纯文本（文字、字母或单词）、数字及标点符号等形式组合呈现的信息，在计算机编程语言中可以使用字符串（string）进行表示。文本数据的价值存在于具体的文字语言内部，通过词语含义和排列方式的丰富变化进行表达，也正是因为文字语言的极大丰富，文本这一数据类型几乎可以胜任任务书中任何信息的表达，甚至有不少任务书就是仅由文本数据这一类数据信息完成。

表格数据是指任务书中按具体内容项目所需画成格子，格子中分别填写文字或数字的部分，具有方便查看和统计的特性，多用来对空间需求进行罗列，在建筑策划中称之为空间列表或房间清单。表格数据也是任务书样本的一部分重要构成，在分区复杂房间众多的项目中，表格数据甚至会在篇幅上超过文本数据。表格数据一般含有标签类数据（文字）和数值型数据（数字）两种信息；其中前者主要是分区名称、房间名称、需求、备注等，后者主要是面积、数量、尺寸等。在计算机编程语言中，可以通过向量（vector）或矩阵（matrix）分别表示这两种类型的数据，也可以使用列表（list）或词典（dictionary）将标签类数据和数值型数据组合在一起表示。表格数据的价值一方面体现为标签型数据的内在含义，如"需要××房间"，"实现××功能"，这一点类似于文本数据，可以认为这部分是嵌套在表格形式中的文本；另一方面，标签数据与数值型数据的映射关系，数值型数据之间的比例、函数关系，共同构成了表格数据最为重要的价值信息链，如"××房间—属于××分区—需要××面积（和、或数量）—占总体的比例为××"。

图像数据是指任务书中以图形或影像形式插入的信息。图形可以理解为标明尺寸和文字的，用来说明用地、工程、工艺、设备、机械等的技术图纸，也可以理解为具有数学或逻辑关系的流程图、关系图，是可以由计算机直接绘制或读取的几何点、线、弧、块和图表等的组合。影像则是由输入设备捕捉的实际场景画面，如照片，或以数字化形式存储的图片画面，如意象图，在计算机语言中可以通过二维排列的像素表示。图像数据的价值一般比较复杂，通过混合的可视化方式表达。

经过数据类型的分割，任务书样本得到了进一步的分解，被存入多个文件。这样，对应具体的数据类型，只需定位、调取不同的文件，便可以实现分别单独抽取数据，再寻求适用的数据处理技术深入挖掘。

4. 数据格式的预处理与标准化表达

Microsoft Office 系列中应用最为广泛的文本编辑软件 Word，同时对表格和图片具有良好的兼容性，还可以索引同系列的表格统计软件 Excel，流程图软件 Visio 等，因此是任务书样本在前述处理过程中的第一优选载体。而经过上一步数据类型的分割后，将任务书样本作为具有挖掘价值的数据信息来处理分析，本书选择了 Python 这一技术平台和计算机程序设计语言，进行特定类型数据信息的预处理与标准化表达，将任务书样本转接到方便计算机进行数据挖掘的第二载体上。

数据信息的标准化与上文提到的格式化有所不同。格式化强调了文本结构和版面效果的处理，更多的是一种基于人视觉感官的调整；标准化则是利用计算机可以"理解"的形式表示不同类型的数据信息，是从计算机语言或者编程语言角度出发的一种转译处理。对于上述文本数据、表格数据和图像数据应该采取各自适用的预处理和标准化表达方法，具体的方法在下一小节中展开阐述。

4.2.2　任务书样本的预处理方法

1. 文本数据

语言是人类的一种高级知识系统，人脑而言可以轻松解读以长文本形式呈现的任务书，但是计算机却不能理解其中的含义。对于文本数据的预处理就是要按照一定的规则，将长文本切割成短文本，通常是以"词""双词"（bigram）或"三词"（trigram）

为单位，并构建词库向量空间。而后根据"词"在文档中出现的位置、频数等信息，实现文本的向量化表达，这也是进行一切计算机文本分析的基础。[133]

在上述文本处理的描述中，核心内容是按照一定规则切割文本，即分词技术（tokenize）。自然语言处理（natural language processing）和文本挖掘（text mining）的相关研究已经开发了相应的程序和工具，帮助具体的应用学科实现分词。任务书作为一种中文文本，其分词难点之一体现在不能像英文文本一样，简单按照空格实现分词。值得欣喜的是，在中文系统的相应研究中，也已经形成了发展比较成熟的分词方法——最大匹配算法（maximum matching），该算法的主要思想是按照一定的顺序，将待分词文本中的几个连续字符与词表匹配，不断扩大连续字符的数量直至找不到匹配项，做出分词标记再开始新一轮匹配。具体而言又有正向最大匹配（从左到右），逆向最大匹配（从右到左）和双向匹配几种方法。这样一来，用来匹配的词表，或者说是词典，便显得尤为重要，这也显露出任务书文本分词的第二个难点：没有成型的任务书专用词典可以使用，而构建"任务书专业词典"，也正是本书所要进行的研究之一。所幸，基于商业目的的基础中文的分词词典已经得到一定程度的开发，通过使用基础词库，加入一部分建筑学专有词作为"用户词典"，经过反复调试，可以一定程度上弥补研究伊始任务书词典缺失的情况。

任务书文本虽然属于专业技术文件，但是其中大量的叙述性文段还是遵循中文的基础语法的，而加入的用户词典主要用于保证一些专业词汇的完整性：例如，"建筑密度"是一个建筑学专有名词，但是如果所使用的商业版中文基础词库不够全面，没有将"建筑密度"列入词表，则加入的用户专业词典在最大匹配算法下，可以防止其被切割为"建筑"和"密度"两个词。因此，结合使用中文基础词典与专业词典具有一定的可行性。虽然在研究的初期，对于加入和筛选专业词汇需要投入一定的工作量，但正是得益于采用了计算机和大数据的相关处理技术，可以快速得到大量任务书样本数据的运行结果，结合对结果的人工观察，经过几个轮次的调试，很快可以达到一个较好的效果。

在进行分词工作时，还有一个较为重要的概念——停用词。长文本中常有一些词语会以极高的频率反复出现，但这些词对词频统计、文本内容分类等分析却没有实质性贡献，如中文语言系统中的"的""是"等，对应到任务书这一类内容的文本，如"建筑""设计"等。因此，在进行分词时，需要对这类词语进行剔除，或者说"停用"这些词语。这一处理可以通过构建停用词词典来实现，其作用原理可以看作是加入用户词典的一种相反形式，也可以通过初期的反复调试，快速达到比较令人满意的效果。

本书选用了目前公认最好的中文分词器 Python-jieba 模块进行基础中文分

词 [134-136]，在确定了用户词典、停用词
词典后，历遍任务书样本库中所有样
本的文本数据，最终找到无重复的"词
单元"共计 21727 个，这些词按照拼
音升序的方式构建了任务书样本库的
词库。

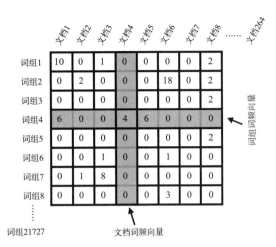

图 4-4　词频向量的两种形式示意
资料来源：http://brandonrose.org/clustering

在得到基于全样本的任务书词库
后，对任务书样本（库）便可以通过文
本挖掘最基本的数据形式——词频向
量，来进行标准化表达。以词库为基准，
对每一个任务书样本的文本数据，统计
所有词的词频，便可以将一份任务书表示为一个长度为 21727 的"词频向量"，也就是
图 4-4 所示的纵向文档词频向量（document term frequency vector），或者说是一个 21727
维向量，其中每一个维度上是词库中的一个词在这个任务书样本中出现的频数；历遍任
务书样本库中所有任务书样本，可以得到 264 个这样的"词频向量"。图 4-4 中的横向词
组词频向量（word term frequency vector），也是一种词频向量，是以每一个词为统计出
发点得到的跨样本词频向量，也是文本挖掘的重要数据形式，其在任务书评价体系建立
中的具体用法将在第 5 章进行详细阐述。

计算机和相应的数据处理技术可以在任务书文档篇幅较长，整体样本数量较多时，
帮助快速地生成全样本词库，计算出各任务书样本的索引向量、词频向量，避免了人
工逐个查询的工作量，同时也将任务书文档转化为了计算机数据分析可以直接读入的
数据形式，为进一步进行文本挖掘提供必要的基础。

对于文本数据预处理与标准化表达的具体操作步骤如下：

（1）将每一个任务书样本分割好的文本数据转存为".txt"格式的纯文本文档。

（2）在 Python 中对转存好的".txt"文件执行按行读取。

（3）对长度字符长度小于 1 的标点符号、空格，换行符等格式符进行剔除。

（4）调用中文分词器模块进行分词（加入了用户词典和停用词词典）。

（5）使用所有任务书样本的文本数据，构建整个任务书样本库的词库。

（6）以任务书词库中的词及其索引编号为基准，将每一任务书样本表示为索引向量。

（7）以任务书词库中的词及其在某一任务书中出现的频率为基准，将该任务书样
本表示为词频向量。

示例 4-1：

考虑到许多任务书样本中的具体内容涉及保密规定，本书虽然对它们进行拆解分析，但不便于直接引用或展示其原文。因此，此处选用了在《国家体育场：2008 年奥运会主体育场建筑概念设计竞赛》（2003）一书中，已经得到公开出版的《国家体育场任务书》[137] 用于展示说明；而为了节约叙述篇幅，仅摘取了其中的一小部分文本段落为例，来对分词处理的情况进行展示（图 4-5）。

从结果可以看出，分词后的文本内容虽然与原文存在一定的误差，如在剔除长度小于 1 的格式符时，也剔除掉了"人""个"等单字量词，又如去除了"建筑""建设"等停用词造成语义连贯性有所降低，但总体来说，分词处理技术较好地实现了预想的分词功能。

将分词处理方法依次应用于每一个任务书样本的全部正文文本数据，则得到的所有被"/"划分的"词单元"，在计算机中均得到了逐一记录，对记录中出现的词进行统计，按照拼音字母降序将这些词汇总串联起来，便构成了本书任务书全样本的词库。由于词库是由 21727 个互不相同的词构成，因此可知词频向量实际长度为 21727，囿于篇幅，此处不便列出向量的全部，仅示意性的给出词频向量最前面的一部分：

[0, 1, 0, 0, 0, 0, 0, 0, 0, 0, 0, 0, 0, 0, 2, 0, 0, 0, 0, 0, 0, 0, 0, 7, 0, 0, 0, 0, 1, 21, ……]

查询任务书样本构建的词库可知，第一个数字值为"0"的含义是，词库中索引编号为"1"的"阿拉伯数字"一词，在《国家体育场任务书》中未出现；而第二个数字值为"1"则代表了索引编号为"2"的"阿拉伯数字"一词在该任务书中出现了一次；同理类推，第 15 个数字的值对应了词库中第 15 个词的词频，查询可知是"安检"一词，这里表示了"安检"一词在本任务书中共出现了两次。

"国家体育场任务书
1 背景概述
1.1 项目名称
　　国家体育场（2008 奥运会主体育场）（以下简称"国家体育场"）
……
3.2.1 国家体育场的功能定位
　　国家体育场是北京奥林匹克公园内的标志性建筑，也是北京最大的、具有国际
先进水平的多功能体育场。国家体育场将成为奥林匹克运动留给城市的宝贵遗产
和城市建设的新亮点。
　　奥运会期间，国家体育场容纳观众 100000 人，其中临时座位 20000 个(赛后拆
除)，承担开幕式、闭幕式和田径比赛。奥运会后，国家体育场容纳观众 80000 人，
可承担特殊重大比赛(如：奥运会、残奥会、世界田径锦标赛、世界杯足球赛等)、
各类常规赛事（如：亚运会、亚洲田径锦标赛、洲际综合性比赛、全国运动会、全
国足球联赛等）以及非竞赛项目(如:文艺演出、团体活动、商业展示会等)。
……"

"国家/体育场/
背景/概述/
项目名称/
　　　　　国家/体育场/2008/奥运会/体育场/简称/国家/体育场/
……
国家/体育场/功能定位/
国家/体育场/北京/奥林匹克公园/标志性/北京/最大/国际/先进/水平/多功能/
体育场/国家/体育场/成为/奥林匹克运动/留给/城市/宝贵/遗产/城市/新亮点/
奥运会/期间/国家/体育场/容纳/观众/100000/临时/座位/20000/赛后/拆除/承担
/开幕式/闭幕式/田径比赛/奥运会/国家/体育场/容纳/观众/80000/承担/特殊/重
大/比赛/奥运会/残奥会/世界/田径/锦标赛/世界杯/足球赛/各类/常规赛/亚运
会/亚洲/田径/锦标赛/洲际/综合性/比赛/全国运动会/全国/足球联赛/竞赛/文
艺演出/团体活动/商业/展示会/
……"

图 4-5　原任务书摘取部分及分词处理结果示意

　　此外，不难推知，各任务书词频向量长度相同，均为 21727，可以组成样本库总
的一个词频矩阵，尽管该矩阵横向长度较大，但由于词库中的词量远超于某一单一任
务书中所涵盖的词，因此这将是一个"稀疏矩阵"，即矩阵中大多数数字为 0 的矩阵，
使用计算机和相应的算法，可以有效的避免这些数字占用过多的存储空间和计算内存，
发挥大数据的优势，快速得出词频运算的相关结果。这也是文本挖掘多使用词频向量
进行分析的一个原因。

2. 表格数据

相比于文本数据，表格数据对于计算机则好"理解"得多。如前文所述，表格数据的信息价值在于"房间（字符串）——分区（字符串）——面积（数值）——比例（数值）"这一映射关系中，这其中，"面积"和"比例"这两种数据又是核心价值所在，"房间"和"分区"是用来描述"面积"的标签类信息。计算机对于"面积"和"比例"这两部分数值型数据具有良好的识别和计算能力，可以自动读入成为向量、矩阵或列表，而这也正是程序语言中，各种数据分析所需的最基本的几种结构形式；"房间"和"分区"两部分虽然是文本类型的字符串，但相较于长文本数据长度较短，且前面已经阐述了如何对文本数据进行预处理。

因此，对于表格数据的预处理与标准化表达，其实就是分开抽取数值和字符串的数据，再按照同样的顺序分别以向量形式进行标准化表达。对于面积数值，计算机从表格数据中自动读取到数值后，主要有以下 3 种可能的标准化转换方式：

（1）对于同级的房间，将各个面积数值串联起来，构成"面积向量"，向量的每一维是一个房间或分区的面积数值，其表示形式为：

$$[\text{面积 1，面积 2，} \cdots\cdots \text{，面积 } w]$$

其中，w 为房间面积数值总个数；

（2）对于明确了多层级的房间面积数值，可按照分区分别表示为多个"面积向量"：

$$[\text{面积 1-1，面积 1-2，} \cdots\cdots \text{，面积 1-}n]$$

$$[\text{面积 2-1，面积 2-2，} \cdots\cdots \text{，面积 2-}m]$$

$$\cdots\cdots$$

$$[\text{面积 } K\text{-1，面积 } K\text{-2，} \cdots\cdots \text{，面积 } K\text{-}p]$$

其中，K 为分区个数，每个分区分别有 n，m，$\cdots\cdots$，p 个房间，"面积 i-j"表示第 i 个分区的第 j 个房间的面积数值，$1 \leqslant i \leqslant n$，$1 \leqslant j \leqslant p$；

或按照分区将多个"面积向量"转化为树状结构，以列表嵌套向量的形式表示：

$$[[\text{面积 1-1, 面积 1-2，} \cdots\cdots \text{, 面积 1-}n], [\text{面积 2-1, 面积 2-2，} \cdots\cdots \text{, 面积 2-}m], \cdots\cdots,$$
$$[\text{面积 } K\text{-1, 面积 } K\text{-2，} \cdots\cdots \text{, 面积 } K\text{-}p]]$$

（3）对于跨样本的面积数据，如果不同的样本使用相同的分区方式，那么各分区总面积组成的"面积向量"维度（长度）相同，则可以通过矩阵的形式，对分区"面积向量"进行组合：

$$\begin{bmatrix} \text{面积}11 & \cdots & \text{面积}1D \\ \vdots & \ddots & \vdots \\ \text{面积}N1 & \cdots & \text{面积}ND \end{bmatrix}$$

其中，N 为任务书样本总个数，D 为分区个数，"面积 ij"表示第 i 个样本的第 j 个分区的总面积数值，$1 \leqslant i \leqslant N$，$1 \leqslant j \leqslant D$；

而"比例向量"实际上是"面积向量"拉伸变换后的一种表现形式，对"面积向量"进行了归一化；因此，"比例向量"具有良好的计算性能和可比性，是表格数据中面积分析的重要向量。具体的，"比例向量"按下式计算并进行表示：

$$\left[\frac{\sum_{i=1}^{n}面积1i}{\sum_{i=1}^{n}面积1i+\cdots+\sum_{j=1}^{p}面积kj}, \quad \cdots, \quad \frac{\sum_{j=1}^{p}面积kj}{\sum_{i=1}^{n}面积1i+\cdots+\sum_{j=1}^{p}面积kj} \right]$$

对于房间名称的标准化表达和面积向量类似。由于任务书文档中的表格形式，使得房间名称这种文本已经得到了较好的初步分割和排序，计算机可以免去区分不同房间名称的工作，直接对其进行逐个读取。

具体地应用对于房间名称的标准化方法时，由于房间名称和分区名称等是一种中短文本，可能含有"、""（ ）"等标点符号，以及一些冗余的助词，因此需要在标准化之前，将房间名称作为文本数据，进行分词等预处理，这在本小节前面的内容中已经有过阐述，此处不再赘述。所以，在房间名称的标准化向量和列表中，"房间名称""分区名称"实际上应该是已经过相应文本预处理后的"清洁分词版"；特别是如果后续研究要将这些房间名称作为"学习语料"，提供给机器学习进行分类，还将涉及特征词提取和降维等进一步"简化"，这一部分在后面一小节适用于任务书表格数据的挖掘方法中，还将详细进行阐述。

各个房间名称的字符串经过分词，各分词之间用"，"串连成"房间名称向量"，再按照分区，分别将相同分区的"房间名称向量"组成列表，所有房间名称最终被表示为多个"房间名称"的列表，其形式为：

$$[[房间 1\text{-}1], [房间 1\text{-}2], \cdots\cdots, [房间 1\text{-}n]]$$

$$[[房间 2\text{-}1], [房间 2\text{-}2], \cdots\cdots, [房间 2\text{-}m]]$$

$$\cdots\cdots$$

$$[[房间 K\text{-}1], [房间 K\text{-}2], \cdots\cdots, [房间 K\text{-}p]]$$

其中，K 为分区个数，每个分区分别有 n，m，$\cdots\cdots$，p 个房间，"[房间 $i\text{-}j$]"表示第 i 个分区的第 j 个的"房间名称向量"，$1 \leqslant i \leqslant n$，$1 \leqslant j \leqslant p$。这种标准化表示方式与多层级面积数值的分区逐一向量表示，有着对位一一对应的关系。

此外，还可以使用在列表中嵌套词典的形式，通过"键（key）—值（value）—标签（lable）"的方式，加入分区名称（标签），组合整个价值映射中的字符串数据和数值数据，具体到任务书的表格数据，其对应关系标准化表示形式为：

[[{' 房间名称 1': 面积数值 1}, ' 分区名称 t'], [{' 房间名称 2': 面积数值 2}, ' 分区名称 t'], ……, [{' 房间名称 s': 面积数值 s}, ' 分区名称 t']]

其中，$s = (n, m, ……, p)$，$t = (1, 2, ……, K)$。

上面这种标准化表达方式还有如下一个特殊的变形，是通过机器学习进行房间分类时所需的数据格式形式：

[[{' 房间名称 1': True}, ' 分区名称 t'], [{' 房间名称 2': True}, ' 分区名称 t'], ……, [{' 房间名称 s': True}, ' 分区名称 t']]

其中，$s = (n, m, ……, p)$，$t = (1, 2, ……, K)$。

示例 4-2：

本示例引用了某文化艺术馆的任务书中的"面积一览表"，该文化艺术馆的总面积为 23900m²，原任务书中的表格数据如表 4-4 所示。该示例展示说明使用计算机对面积向量、比例向量的抽取，并对房间名称、分区名称进行标准化表达。

提取任务书"面积一览表"中一级房间目录所对应的各面积数值，将其转化成"面积向量"的结果为：

[5800, 1600, 3000, 2900, 9000, 960, 640]

相似的，提取任务书"面积一览表"中二级房间目录所对应的各面积数值，将其转化成"面积向量"，并使用树状结构表示的结果为：

[[200, 972, 972, 324, 80, 120, 600, 500, 240, 120, 48, 60, 100, 30, 60, 120, 400],

[24, 36, 27, 27, 15, 27, 15, 18, 27, 18, 30, 18, 54, 18, 30, 30, 30, 18, 15, 100, 18, 15, 400, 200, 200, 60, 80, 50],

[18, 18, 36, 18, 27, 18, 18, 39, 18, 18, 18, 45, 18, 15, 100, 18, 30, 18, 15, 15, 120, 200, 60, 500, 200, 200, 200, 200, 400, 200, 200],

[18, 18, 18, 18, 18, 18, 18, 18, 18, 18, 30, 100, 40, 30, 40, 100, 500, 150, 150, 150, 200, 20, 500, 200, 200, 150, 80, 40, 40],

[600, 800, 800, 800, 1200, 200, 300, 2000, 1000, 800, 500],

[18, 18, 18, 27, 27, 50, 300, 54, 20, 20, 45, 30, 200, 63, 30, 40],

[138, 18, 18, 18, 40, 18, 18, 15, 180, 30, 30, 30, 27, 24, 12, 12, 12]]

而以一级房间目录为分区参照，可以计算出 7 个分区的面积，按照"比例向量"的计算公式，可以得到一个 7 维"比例向量"，其结果为：

$$[0.24，0.07，0.13，0.12，0.38，0.04，0.03]$$

本任务书的三级房间目录没有对应的面积数值，但有一些任务书样本具有 3 级，甚至是 4 ~ 6 级的房间目录及其对应的数值，同样可以依照上述方法，通过"面积向量"的形式进行面积数值的标准化表示；而对于超过两级房间目录的任务书，还可以变换分区的参照级别，得到多个尺度的"比例向量"。

对于房间名称、分区名称等表格数据中非面积数值的数据，同样以一级目录为分区参照，对二级目录的房间名称进行房间名称的标准化，所得到"房间名称"的列表形式结果（部分）为：

[[' 池座 '], [' 主舞台 '], [' 侧台 '], [' 后台 '], [' 乐池 '], [' 卫生间 '], [' 前厅 '], [' 观众 ', ' 休息厅 '], ……, [' 设备间 ']], ……

最后，在计算机中构建任务书表格数据之间的映射关系，并进行标准化表示，使各个房间名称（二级目录）与其面积数值一一对应，并以一级目录的房间（分区）名称作为"类标签"进行标注。为节约篇幅，下面仅给出具有代表性的一部分结果：

[[{' 池座 ': 200}, ' 主剧场 '], [{' 主舞台 ': 972}, ' 主剧场 '], [{' 侧台 ': 972}, ' 主剧场 '], [{' 后台 ': 324}, ' 主剧场 '], [{' 乐池 ': 80}, ' 主剧场 '], [{' 卫生间 ': 120}, ' 主剧场 '], [{' 前厅 ': 600}, ' 主剧场 '], [{' 观众，休息厅 ': 500}, ' 主剧场 '], ……, [{' 设备间 ': 400}, ' 主剧场 ']], ……

同理，还可以将二级目录的房间名称作为分区"类标签"，赋给三级目录的房间名称进行分类标注；但考虑到本例中的三级目录房间名称，并没有对应的三级面积数值，且以二级目录作为分区参照的分类类别个数较多，在此便不再展开示例其"房间名称、面积数值和分区"的对应关系标准化表达。

上面还曾提到过表格数据对应关系标准化表达的一种特殊变形，即为机器学习进行房间名称标准化转换的准备；在本例中，假设使用"展览空间（简写为"exh"）""公共空间（pbl）""服务与活动（srv）""多媒体空间（mlt）""库房与储藏（wrh）""内部办公（ofc）"和"辅助用房（oth）"这 7 种文化建筑通用型的类标签（这 7 个类标签在之后的分析中还将继续使用），对各个房间作类标注，得到的结果形式应（部分）为：

[[{' 池座 ': True}, 'srv'], [{' 主舞台 ': True}, 'mlt'], ……, [{' 观众，休息厅 ': True}, 'plb'], ……, [{' 设备间 ': True}, 'oth']], ……

某文化艺术馆任务书"面积一览表"（单位：m²）　　　　　　　表 4-4

主剧场	5800			歌舞剧院	2900		职工餐厅	800
池座	200	导师工作室	15	院长	18		录音棚	500
主舞台	972	排练厅1	400	书记	18			
侧台	972	排练厅2	200	副院长	18		艺术创评中心	960
后台	324	排练厅3	200	办公室	18		办公室	18
乐池	80	淋浴室	60	人力资源部	18		办公室	18
卫生间	120	更衣室	80	艺术工作室	18		综合办公室	18
前厅	600	行政库房	50	演出中心	18		财务室	27
观众休息厅	500			舞美中心	18		人力资源	27
大化妆间	240	艺术剧院	3000	合唱团	18		行政综合库房	50
中化妆间	120	院长	18	歌舞团	18		艺术档案馆	300
小化妆间	48	书记	18	财务室	30		艺术档案办公室	54
洗手间	60	副院长	36	综合办公室	100		艺术档案借阅室	20
服装室	100	漫瀚团	18	机动办公室	40		艺术档案微机室	20
抢妆	30	民族乐团	27	存物间	30		非遗保护办公室	45
乐队休息室	60	晋剧团	18	卫生间	40		非遗资料库	30
贵宾室	120	艺术创研中心	18	档案艺术综合库	100		非遗收储展览厅	200
设备间	400	政工科	39	排练大厅	500		艺术创作室	63
		演出中心	18	排练小厅	150		创作研究室	30
话剧院	1600	舞美中心	18	排练小厅	150		艺术创作图书阅览室	40
院长办公室	24	文化产业中心	18	排练小厅	150			
副院长办公室	36	综合办公室	45	练声琴房	200		文化演艺公司	640
行政综合办公室	27	财务室	18	指挥工作室	20		管理层	138
政工科	27	财务档案室	15	大排练厅	500		综合部	18
人事档案室	15	艺术档案室	100	小排练厅	200		人力资源部	18
财务科	27	导师工作室	18	小排练厅	200		创作生产部	18
财务科档案室	15	机动办公室	30	小排练厅	150		财务部	40
剧目策划中心1	18	工青妇	18	男女更衣室	80		市场营销部	18
剧目策划中心2	27	微机室	15	男女卫生间	40		婚庆礼仪中心	18
演出中心1	18	杂物间	15	男女淋浴间	40		财务档案室	15
演出中心2	30	更衣室	120				综合办公室	180
舞美中心1	18	琴房	200	公共服务区	9000		行政库房	30
舞美中心2	54	淋浴间	60	舞美制作间	600		档案库	30
演员中心1	18	综合戏剧排练厅	500	话剧院库房	800		杂物间	30
演员中心2	30	排练厅1	200	漫瀚剧院库房	800		总经理	27
演员中心3	30	排练厅2	200	歌舞剧院服装库	800		综合部	24
演员中心4	30	排练厅3	200	演艺公司库房	1200		技术工程部	12
影视制作中心1	18	乐队排练厅	200	会议室	200		视觉传达部	12
影视制作中心2	15	乐团排练厅1	400	多功能报告厅	300		舞美制作部	12
档案室	100	乐团排练厅2	200	演员宿舍	2000			
艺委会	18	乐团排练厅3	200	专家公寓	1000			

3. 图像数据

考虑到图像形式的数据在任务书中出现的较少，因此在预处理阶段，仅对图像数据做简单的图形、图像分类；对图形数据进行矢量化处理，对图像数据进行像素化处理；主要目的是以数字化的方式对其进行存储，以待后续分析使用。同时，考虑到图像数据本身的格式较为复杂，所包含的信息也多样丰富，后续分析将多是以人工与机器相结合的方式进行，因此在预处理阶段也不必进行更多复杂的处理。

4.2.3　任务书适用的数据挖掘方法

1. 文本数据

讨论文本数据的挖掘方法，最为基础的概念之一便是词频（term frequency，TF）[132-133]；事实上，在前面文本数据预处理的相关内容中，已经提到了"词频向量"的概念，其中的"词频"其实使用的是词语"频数"的意义。更为准确的定义是，词频是表示某一词语 i 在文档 j 中出现频率的参数，由该词在文档 j 中出现的频数 $tf_{i,j}$，与整篇文档的词语数 N_j 相除得到：

$$TF_{i,j} = \frac{tf_{i,j}}{N_j} = \frac{tf_{i,j}}{\sum_k tf_{k,j}} \qquad （4\text{-}2）$$

其中，k 取遍文档 j 中的所有词语。词频实际上是词语频数的归一化表达，避免了文档长度对词频的干扰。词频反映了词语在文档内的普遍程度。

另外一个重要的概念是文档频率（document frequency，DF）。文档频率是表示某一词语在整个文档集中出现频率（按文档记）的参数，通过一个文档集中出现某一词语的文档个数 d_i，除以文档集文档总个数 D 计算得到。由文档频率可以延伸出一个相关的概念——逆向文档频率（inverse document frequency，IDF）；逆向文档频率是 DF的一种变形，某一词语的 IDF 由总文档数目 D 除以包含该词语的文档的数目 d_i，再将得到的商取对数得到，一般的计算公式写作：

$$IDF_i = \log \frac{D}{d_i + 1} \qquad （4\text{-}3）$$

式（4-3）分母中比定义多加了 1，是考虑到词语 i 不属于语料库的可能，为了防止除 0 的情况发生而加。文档频率反映了词语在文档间的普遍程度，逆向文档频率则是词语在文档集中普遍重要性的度量。

由词频和逆向文档频率的概念组合，可以得到的 TF-IDF：

$$\text{TF-IDF} = \text{TF} \times \text{IDF} \qquad （4\text{-}4）$$

TF-IDF 是一种文本信息检索与数据挖掘最常用的加权技术，既表示了一种统计方法，也是评估一个词语对于一个文档集中的其中一份文档的重要程度的参数。

TF-IDF 比单一的 TF、IDF 有着诸多优良特性。TF 的缺陷在于仅考虑了词语的"热度"；如"的"这样的助词在任何一篇文档中都会有很高的词频，但却没有什么实际意义。IDF 的主要思想是：在一个文档集中，包含词语 i 的文档越少，也就是 d_i 越小，则 IDF 越大，说明词语 i 具有很好的文档类别区分能力；但 IDF 没有考虑词语 i 在文档内的普遍性，一个生僻词也极大可能具有较高的 IDF。而当某词语在某一文档内具有高词频，在整个文档集中却是低文档频率时，才会产生高 TF-IDF 值。不难理解，这样的词语不仅对于某一篇文档很重要，同时对将这篇文档区别于其他文档的贡献较大；因此，TF-IDF 可以过滤掉寻常的词语，而倾向保留对分类重要的词语。

具体到任务书样本的文本数据，结合应用词频统计、文档频率统计和 TF-IDF 技术，一方面，可以得到"词频向量"，从向量的数学计算角度，实现计算机对任务书的自动主题分类和相似性判断，另一方面，可以从文字层面，挖掘到任务书的重点语义内容，提取出关键词和关键段落。

通过对任务书"词频向量"的计算来进行主题分类和相似性判断，主要的数学方法有 K 均值聚类、向量夹角计算和机器学习等[138]，这些也是表格数据挖掘方法的重点，由于基本原理相同，此处先不详细展开，后面会延伸说明。而关于任务书的语义挖掘，高词频的词表征了一份任务书最关注的内容，说明了具体的建设项目设计的核心问题，或多方面多角度相关的复杂问题；高文档频率的词揭示了不论建设项目类型的各种任务书，所关注的一些共性问题，可以对应验证通用型范本各条目的实践效力。而高 TF-IDF 值的词，可以理解为任务书中具有一定"特异性"的词，根据前面的定义和分析可知，是某一部分任务书中高频出现的特征词，可以作为关键词，或者说引导词，返回任务书原文中找到相关内容，对单一的任务书实现重点内容提炼，对整体的任务书样本库实现语料重组，对具体设计问题建立文本子库。

需要注意的是，高 TF-IDF 的词中，有两种情况不太符合对于关键词的要求：第一，可能是仅在某一任务书才少量出现的词，即因为 IDF 极高才使得 TF-IDF 飙高，如建设项目的街道名称、业主的独特文化或物质特征、极特殊的设备器材等等；第二，可能是在大多数任务书中都大量出现的词，即 TF-IDF 居高的主要原因是 TF 极高，如"建筑""方案""项目"等泛样本主题词。在做共性重点分析时，这两类词应从用于引导搜索的关键词中剔除。

另外，不得不提的是，TF-IDF 虽然可以对任务书的文本数据进行初步的主题分类，但其在分类内部找到高频词、主题词等关键词的能力不足，也就是说，虽然可以通过 TF-IDF 值确定词语 i 是否是对整个文档集的分类具有较大贡献的词，但是无法确定词语 i 究竟是对哪一个类具有更大的表征作用。对于筛选指定类别文档中"信息含量高"的特征词，还有卡方检验（chi-square test）、互信息（pointwise mutual information）、信息熵（information entropy）和信息增益（kullback-leibler information divergence）等多种统计方法可以使用，它们都是从基础的词频和文档频率统计出发，再通过特定的计算和变换，给出词的得分，从而达到特征词筛选的目的。这些方法中，卡方检验使用较多，可以一定程度上弥补 TF-IDF 的不足。

卡方检验的基本思想是首先假设两个变量不相关，然后再通过观察两个变量之间关系的实际值与理论值的偏差，来检验之前的假设正确与否。如果偏差足够小，则认为误差是由于测量手段不够精确所导致的自然样本误差，或是偶然发生的，两者确是独立的；如果偏差大到一定程度，则认为这样的误差不太可能是偶然产生或测量不精确所致，应否定原假设，也即认为两个变量是相关的。

假设两个变量分别为 a 和 b，a、b 之间的关系理论值为 E，实际值为 x_i，$i=$（1，2，……，n），定义实际值与理论值的偏差，也就是卡方值的计算公式为：

$$x^2\left(a,b\right)=\sum_{i=1}^{n}\frac{\left(x_i-E\right)^2}{E}\qquad（4-5）$$

式（4-5）分子使用了方差的思想，为了避免各个实际观测值与理论值之间的差正负相抵消，分母除 E 则考虑了理论值的大小对于偏差的相对影响。

只要将所有实际值代入式（4-5）进行计算，再设置好偏差的容忍阈值，便可以确定 a 和 b 之间的相关关系了。

示例 4-3：

为了方便示例，并结合任务书样本的关键词挖掘进行解释，假设探讨词语"赛后"是否对"体育类建筑"这一任务书类别具有区分表征作用，并虚构了统计表格，表 4-5 中的 A、B、C 和 D 表示满足其横纵表头条件的任务书文档个数：

卡方检验统计表格（自绘） 表 4-5

	属于"体育类建筑"	不属于"体育类建筑"	总计
包含词语"赛后"	A	B	$A+B$
不包含词语"赛后"	C	D	$C+D$
总计	$A+C$	$B+D$	N

首先假设词语"赛后"不是对"体育类建筑"任务书分类具有区分度的特征，也可以理解为"赛后"与"体育类建筑"没有相关性。

考虑"赛后—体育类建筑"这一对关系，包含"赛后"且属于"体育类建筑"的实际观测值为 A，理论值 E_{11} 则需要推理计算。

从总体来看，含有"赛后"一词的任务书占任务书样本库的比例为：

$$\frac{A+B}{N}$$

由原假设的不相关性可以认为，"赛后"一词在不论是不是"体育类建筑"的任务书中，应该具有相同均匀的分布；也就是说，从"体育类建筑"这一类别的任务书来看，含有"赛后"一词的任务书所占比例也应同上述比例一样。因此，包含"赛后"且属于"体育类建筑"的理论值 E_{11} 为：

$$E_{11}=\frac{1}{N}\left(A+B\right)\times\left(A+C\right) \tag{4-6}$$

根据卡方值计算公式，在包含"赛后"且属于"体育类建筑"这种情况下，理论值与实际值的误差为：

$$D_{11}=\frac{\left(A-E_{11}\right)^{2}}{E_{11}} \tag{4-7}$$

同理，可以求得：

包含"赛后"且不属于"体育类建筑"情况下的 E_{12} 和 D_{12}；

不包含"赛后"且属于"体育类建筑"情况下的 E_{21} 和 D_{31}；

不包含"赛后"且不属于"体育类建筑"情况下的 E_{22} 和 D_{22}。

将这些值代入卡方值计算公式可得：

$$x^{2}\left(\text{赛后—体育类建筑}\right)=D_{11}+D_{12}+D_{21}+D_{22}$$

$$=\frac{\left(A-E_{11}\right)^{2}}{E_{11}}+\frac{\left(B-E_{12}\right)^{2}}{E_{12}}+\frac{\left(C-E_{21}\right)^{2}}{E_{21}}+\frac{\left(D-E_{22}\right)^{2}}{E_{22}} \tag{4-8}$$

$$=\frac{N\left(AD-BC\right)^{2}}{\left(A+C\right)\left(A+B\right)\left(B+D\right)\left(C+D\right)}$$

这样便计算得到了"赛后"一词的卡方值。再通过同样的方法计算其他词的卡方值，便可以得到所有词语的卡方值排序。届时，可根据需要取一定数目排在前面的词语作为特征词，如果"赛后"一词的卡方值足够大，便会位列其中，也即是说，应该否定原假设，判定"赛后"是对任务书分类"体育类建筑"有区分度的特征。

但是卡方检验也非十全十美。卡方统计只统计了文档是否含有词语 i，却忽视了词语 i 在文档中的出现频率，这将会导致低频词的作用被放大；如词语 a 在一类任务书中的每个任务书文档中都只出现了 1 次，词语 b 则在该类任务书中 99% 的任务书中都出现了 10 次，然而很可能只是由于词语 a 出现的文档数比词语 b 大了 1，便导致词语 a 的卡方值大于词语 b 的，但其实词语 b 才是更具代表性的。这也即是卡方检验的"低频词缺陷"。

TF-IDF 和卡方检验虽然是非常常用的文本挖掘方法，但他们各自都有一定的缺陷，在具体应用时可以结合使用，互相弥补。

对于上文提到的根据关键词（特异点）索引具体相关内容，具体的实现技术是文本挖掘方法中的全文搜索技术。对于全文搜索，比较形象的理解就是搜索引擎，日常中使用的基于网络的搜索引擎就是通过给定关键词，在互联网平台上的资源中，寻找相关的材料。本书所采用的全文搜索，是在任务书样本库中，对通过词频、TF-IDF 和卡方检验等上述手段得到的关键词，通过计算机快速定位并返回具体的原文内容。具体的，又可以分为准确搜索和模糊搜索。准确搜索是指返回严格意义上包含关键词的语句或段落，模糊搜索则需要设置一定的关联关系，通过对关键词进行一定的同义变换，再投入搜索，获得更广范围的反馈。

2. 表格数据

（1）"面积向量"的加和检验

任务书中的表格数据，由于房间层次多、条目杂，加之面积数值经过前期研究的多方调整和反复修改，难免存在一些细节上的出入，最为常见的是低级别目录的分项面积数值加和，与高级别的分区面积总和不对应相等。虽然是小纰漏，但如若任由其多处累积，仍然可能造成建设项目的总体规模有不小的浮动，且会为后面的分析和设计带来诸多不便，形成多重标准。因此，在上一小节所述的"面积向量"抽取完成之后，数据挖掘之前，第一项工作便是对"面积向量"进行校验，确保各级"面积向量"之间的一致性。

对"面积向量"进行加和检验并不需要高深的数学原理和复杂的算法。只需确定一个预警的阈值，当超过这一阈值时，便认为任务书表格数据中不同层级的面积加和不等的情况超过了容忍范围。以往实践多是通过人工通读的方式，借助 Excel 等统计软件，逐项检查；本书希望能够由计算机自动完成浏览的任务，仅在发现问题时，再通过"报警"的方式提醒分析者，并精确到哪一层级目录下"面积向量"的哪个维度，可能需要做出进一步的人工修改。

在面积计算方法相同的情况下，可以选用3%作为预警界限。实践中，一般允许建设工程竣工后的实测面积，与规划许可证面积之间存在一定的误差，这个误差的最大容许界限就是3%。因此，如果在任务书阶段，低级别的目录的"面积向量"加和与高级别目录的"面积向量"，就已经相差超过3%的话，那么一定会导致后面的设计出现重大问题。因此，计算机需要做的便是对不同层级的面积向量进行比较，对超过3%的面积加和误差及时返回报警，对不超过3%但仍存在误差的，也要给出提示信息。

图4-6是使用计算机程序对示例4-2中的面积数据进行面积向量加和误差识别的效果。可以看出，计算机准确识别出了在该面积表格中第二层级的第一个分区，存在面积加和不等且超过3%容忍量的情况。

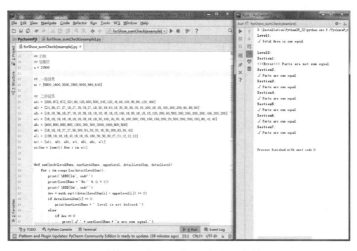

图4-6 计算机运行面积加和检验程序结果界面

（2）"比例向量"的聚类与拟合

对于任务书的"面积向量"或"比例向量"，由于任务书所属的建设项目不同，其面积的数值千差万别，难于直接观察到数据内部的特点；但是不难想象，相同类型项目的面积分配比例会具有一定的相似性，并呈现出一定的类内共性趋势；如果通过平行坐标来可视化多维"比例向量"，则每个"比例向量"会呈现为一条折线，相同类型建设项目的"比例向量"折线会呈现出大致相同的曲折状态和整体走势[139-145]（图4-7）。

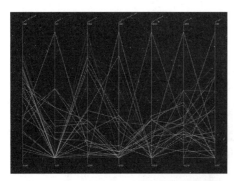

图4-7 "比例向量"平行坐标表示示例

但过多的样本个数和维数也会导致平行坐标过于拥挤，难于观察；而使计算机具有一定的自动分类功能，并能得到量化的结果，是研究比较理想的方向。因此对于"面积向量""比例向量"的数据挖掘，可以考虑采用一定的聚类（clustering）方法，找到各个维度面积的分布特点，进而对其进行分类，并"拟合"出各个类的"平均向量"，用来描述某一类型建设项目的面积分配特点。比较常见的聚类方法有 K 均值聚类、模糊 C 聚类、层次聚类等。在各种聚类方法中，最为典型的便是基于距离的 K 均值聚类算法，又称 K-means 算法，它主要是采用两个对象之间的距离远近作为判断相似性大小的标度。

K 均值聚类算法的操作思路是：首先随机的选取数据集中的 k 个数据样本作为 k 个类簇的初始质心（中心），将数据集内的其他数据样本按照与初始中心的距离 D 划入距离最近的类；第一次分类得到的各个聚类子集，通过求取类内全部数据样本的均值，得到新一批次的类中心；以新的中心为基础重新分配各个数据样本，进入迭代过程；通过迭代可以使得评价聚类性能的准则函数逼近最优，也即平均误差 E 最小，这时每个聚类内紧凑，而聚类间独立。随机选取初始质心和不断迭代优化，保证了聚类的合理性和有效性。

上述聚类的基本思路中，距离 D 和平均误差 E 的计算方法是核心内容。若"面积向量"是二维数据，则距离的概念比较好理解，即平面直角坐标系中，两点之间的距离；但几乎所有任务书中的"面积向量"都是多维向量，而对于多维向量，相应的也有多种计算距离的方法，比较常见的有绝对值距离、欧几里得距离（以下简称"欧氏距离"）、夹角余弦距离和切比雪夫距离，等等。K 均值聚类法一般使用欧式距离。对于使用欧式距离的 K 均值聚类算法，平均误差采用误差的平方和作为目标函数，即每个数据点到每个质心的欧氏距离平方和。

假设给定"面积向量"数据集 $X = \{x_i| \ i = 1, \ 2, \ \cdots\cdots, \ n\}$，$n$ 为数据样本总个数，每个"面积向量"数据样本 x_i 是用 M 个分区或房间的面积表示的，具体形式为 $x_i = (x_i^{(1)}, \ x_i^{(2)}, \ \cdots\cdots x_i^{(M)})$，其中 $x_i^{(m)}$ 是样本 x_i 在第 m 维属性上的具体面积数值，$m \in 1$，2，$\cdots\cdots$，M，这也正是在上一小节中，任务书表格数据中的"面积向量"预处理与标准化表示所输出的形式。

有了如上假设，x_i 和 x_j 两个多维向量之间的欧式距离定义公式可以写为：

$$D = d\left(x_i, x_j\right) = \sqrt{\sum_{m=1}^{M} \left(x_i^{(m)} - x_j^{(m)}\right)^2} \qquad (4\text{-}9)$$

假设要把样本集分为 k 个类别，则平均误差 E 的计算公式为：

$$E=\sum_{p=1}^{k}\sum_{x\in X_p}d(x,a_p)^2 \tag{4-10}$$

其中，X_p 是各个聚类子集合，$p=(1, 2, \cdots\cdots, k)$，$a_p$ 是子集合 X_p 的质心。

概况来说，K 均值聚类算法的操作步骤为：

① 通过一定的方法确定 k 个类的初始中心 a_p（第 1 次为随机选择数据样本）。

② 在第 t 次迭代中，$t=(1, 2, 3, \cdots\cdots)$，对任意一个样本向量 x_i，根据式（4-9）求其到上一步得出的 k 个中心的距离，将该样本归入与其距离最短的中心所在的类，得到 k 个聚类子集 X_1, X_2, $\cdots\cdots$, X_k。

③ 对于上一步得出的聚类子集 X_p，利用均值等方法，求取类内各个样本每个维度数据点的中心值，组合成向量作为该类新的中心（更新 a_p）。

④ 对于所有的 k 个新聚类中心，代入式（4-10）计算平均误差 E，若 E 的值保持不变或不再超过某一变化的容忍范围，则运算结束，输出聚类结果以及聚类中心，否则继续从头迭代。

示例 4-4：

本示例使用了一组来源于课题研究任务书样本库的 7 维数据，是抽取了库中 71 个文化类建筑的任务书表格数据，在同样的分区标准——"展览空间""公共空间""服务与活动""多媒体空间""库房与储藏""内部办公"和"辅助用房"——下得到的面积"比例向量"，具体数据的值如表 4-6 所示。

为了方便说明，拟通过 K 均值聚类法将这 71 个数据样本分为简单的两类，即根据上述 7 种分区下面积配比的不同，试图让计算机区分出不同的两类建设项目。

若要进行 $k=2$ 的聚类计算，首先由计算机在样本集中随机抽取出 2 个初始中心，在本示例中，得到的是 a_I=[0.25, 0.06, 0.05, 0.01, 0.23, 0.30, 0.10] 和 a_{II}=[0.14, 0.13, 0.08, 0.28, 0.16, 0.01, 0.19]，分别对应了第 26 和第 45 个"比例向量"。然后根据式（4-9），计算样本集中各个"比例向量"到两个初始中心 a_I 和 a_{II} 的距离，以判断其分类归属。以样本集中的第 1 个样本 x_1=[0.65, 0.00, 0.03, 0.00, 0.13, 0.14, 0.05] 为例，到两个初始类中心分别为：

$$d(x_1,a_I)=\sqrt{\begin{aligned}&(0.65-0.25)^2+(0.00-0.06)^2+(0.03-0.05)^2+(0.00-0.01)^2\\&+(0.13-0.23)^2+(0.14-0.30)^2+(0.05-0.10)^2\end{aligned}}$$
$$=0.4497$$

$$d(x_1, a_{II}) = \sqrt{\begin{array}{l}(0.65-0.14)^2 + (0.00-0.13)^2 + (0.03-0.08)^2 + (0.00-0.28)^2 \\ + (0.13-0.16)^2 + (0.14-0.01)^2 + (0.05-0.19)^2\end{array}}$$

$$= 0.6287$$

因此，在第一次迭代中，"比例向量" x_1 与类型 I 的中心 a_I 距离更近，被分入第 I 类。

同理可求得其他 70 个"比例向量"的分类归属情况，进而代入式（4-10），求得新的聚类中心和平均误差；限于篇幅，此处便不一一展开计算。事实上，许多计算机程序语言已经内置了 K 均值等聚类算法，可以直接调用，帮助快速地计算出聚类类别结果、聚类中心向量和平均误差值，在本示例中，其结果如表 4-7。

文化建筑的 7 维"比例向量"数据　　　　　　　　表 4-6

	展览空间	公共空间	服务与活动	多媒体空间	库房与储藏	内部办公	辅助用房
1	0.65	0.00	0.03	0.00	0.13	0.14	0.05
2	0.70	0.01	0.01	0.01	0.13	0.11	0.02
3	0.72	0.00	0.03	0.01	0.08	0.12	0.05
4	0.64	0.00	0.02	0.04	0.19	0.05	0.06
5	0.61	0.00	0.00	0.00	0.21	0.18	0.00
6	0.37	0.09	0.21	0.06	0.09	0.11	0.07
7	0.58	0.21	0.03	0.08	0.04	0.03	0.04
8	0.57	0.10	0.11	0.07	0.05	0.08	0.02
9	0.07	0.01	0.38	0.18	0.08	0.03	0.25
10	0.39	0.14	0.05	0.06	0.08	0.09	0.18
11	0.26	0.11	0.05	0.06	0.18	0.13	0.22
12	0.57	0.16	0.06	0.01	0.00	0.04	0.16
13	0.39	0.04	0.00	0.05	0.25	0.14	0.06
14	0.54	0.03	0.08	0.04	0.03	0.20	0.08
15	0.44	0.06	0.06	0.05	0.20	0.14	0.04
16	0.45	0.05	0.05	0.00	0.18	0.20	0.07
17	0.30	0.11	0.00	0.00	0.19	0.19	0.20
18	0.50	0.08	0.10	0.04	0.00	0.23	0.05
19	0.49	0.10	0.12	0.19	0.00	0.10	0.01
20	0.54	0.08	0.26	0.02	0.06	0.02	0.02
21	0.27	0.20	0.08	0.02	0.19	0.11	0.13

续表

	展览空间	公共空间	服务与活动	多媒体空间	库房与储藏	内部办公	辅助用房
22	0.01	0.06	0.25	0.12	0.16	0.23	0.18
23	0.53	0.03	0.04	0.01	0.19	0.06	0.14
24	0.90	0.00	0.06	0.00	0.00	0.00	0.04
25	0.46	0.03	0.09	0.07	0.21	0.09	0.05
26	0.25	0.06	0.05	0.01	0.23	0.30	0.10
27	0.66	0.04	0.02	0.02	0.04	0.20	0.02
28	0.57	0.04	0.11	0.05	0.02	0.17	0.04
29	0.74	0.04	0.03	0.03	0.09	0.05	0.02
30	0.04	0.32	0.44	0.04	0.04	0.07	0.06
31	0.27	0.00	0.32	0.17	0.06	0.18	0.02
32	0.30	0.00	0.55	0.00	0.03	0.10	0.02
33	0.57	0.05	0.24	0.00	0.00	0.07	0.07
34	0.67	0.07	0.05	0.00	0.00	0.11	0.10
35	0.29	0.03	0.12	0.00	0.10	0.12	0.34
36	0.00	0.00	0.72	0.23	0.00	0.00	0.05
37	0.19	0.00	0.70	0.11	0.00	0.00	0.00
38	0.05	0.00	0.56	0.18	0.01	0.13	0.06
39	0.18	0.06	0.16	0.25	0.01	0.10	0.24
40	0.48	0.00	0.00	0.42	0.00	0.08	0.02
41	0.00	0.00	0.71	0.29	0.00	0.00	0.00
42	0.10	0.00	0.34	0.34	0.00	0.00	0.22
43	0.44	0.04	0.18	0.14	0.06	0.09	0.04
44	0.00	0.16	0.58	0.06	0.07	0.01	0.12
45	0.14	0.13	0.08	0.28	0.16	0.01	0.19
46	0.22	0.02	0.39	0.20	0.00	0.12	0.07
47	0.03	0.05	0.69	0.08	0.01	0.11	0.04
48	0.03	0.33	0.41	0.15	0.01	0.06	0.02
49	0.35	0.03	0.46	0.04	0.03	0.08	0.01
50	0.63	0.00	0.27	0.00	0.00	0.10	0.00
51	0.41	0.00	0.09	0.02	0.12	0.14	0.22
52	0.61	0.00	0.12	0.02	0.11	0.08	0.05
53	0.75	0.00	0.00	0.00	0.00	0.10	0.15
54	0.00	0.00	0.80	0.11	0.00	0.06	0.03
55	0.00	0.00	0.88	0.00	0.00	0.03	0.09
56	0.07	0.00	0.65	0.14	0.04	0.09	0.00

续表

	展览空间	公共空间	服务与活动	多媒体空间	库房与储藏	内部办公	辅助用房
57	0.00	0.00	0.51	0.04	0.00	0.21	0.25
58	0.22	0.11	0.12	0.00	0.08	0.43	0.04
59	0.50	0.00	0.33	0.13	0.00	0.03	0.00
60	0.18	0.00	0.62	0.09	0.02	0.10	0.00
61	0.19	0.04	0.35	0.03	0.28	0.08	0.03
62	0.05	0.18	0.06	0.29	0.09	0.02	0.30
63	0.18	0.11	0.21	0.12	0.08	0.15	0.15
64	0.04	0.06	0.55	0.12	0.02	0.08	0.13
65	0.32	0.16	0.06	0.03	0.20	0.21	0.01
66	0.12	0.00	0.26	0.32	0.06	0.15	0.09
67	0.00	0.00	0.18	0.00	0.45	0.14	0.23
68	0.05	0.00	0.02	0.01	0.63	0.11	0.18
69	0.26	0.04	0.11	0.02	0.36	0.19	0.03
70	0.06	0.05	0.31	0.03	0.35	0.11	0.09
71	0.38	0.08	0.09	0.00	0.08	0.32	0.05

K 均值聚类数值结果 表 4-7

样本编号		1	2	3	4	5	6	7	8	9	10	11	12	13	14	15	16	17	18	19
迭代次数	1	I	I	I	I	I	I	I	I	II	I	I	I	I	I	I	I	I	I	I
	2	I	I	I	I	I	I	I	I	II	I	I	I	I	I	I	I	I	I	I
	3	I	I	I	I	I	I	I	I	II	I	I	I	I	I	I	I	I	I	I
	4	I	I	I	I	I	I	I	I	I	I	I	I	I	I	I	I	I	I	I

样本编号		20	21	22	23	24	25	26	27	28	29	30	31	32	33	34	35	36	37	38
迭代次数	1	I	I	II	I	I	I	I	I	I	I	II	I	I	I	I	I	II	II	II
	2	I	I	II	I	I	I	I	I	I	I	II	I	I	I	I	I	II	II	II
	3	I	I	II	I	I	I	I	I	I	I	II	II	II	II	I	I	II	II	II
	4	I	I	II	I	I	I	I	I	I	I	II	II	II	II	I	I	II	II	II

样本编号		39	40	41	42	43	44	45	46	47	48	49	50	51	52	53	54	55	56	57
迭代次数	1	II	II	I	II	I	II	II	II	II	I	I	I	I	I	II	I	II	II	II
	2	II	I	I	II	II	II	II	II	II	II	I	I	I	I	II	I	II	II	II
	3	II	I	I	II	II	II	II	II	II	II	I	I	I	I	II	I	II	II	II
	4	II	I	II	II	II	II	II	II	II	II	I	I	I	I	I	II	II	II	II

续表

样本编号		58	59	60	61	62	63	64	65	66	67	68	69	70	71	平均误差 E
迭代次数	1	I	I	II	II	I	II	II	II	II	I	I	I	I	I	30.5144
	2	I	I	II	II	II	II	II	I	II	II	I	I	II	I	19.2448
	3	I	I	II	II	II	II	II	I	II	II	I	I	II	I	18.8515
	4	I	I	II	II	II	II	II	I	II	II	I	I	II	I	18.8515

聚类中心		聚类 I 中心	聚类 II 中心
迭代次数	1	[0.25, 0.06, 0.05, 0.01, 0.23, 0.30, 0.10]	[0.14, 0.13, 0.08, 0.28, 0.16, 0.01, 0.19]
	2	[0.45, 0.05, 0.12, 0.03, 0.13, 0.13, 0.07]	[0.11, 0.06, 0.45, 0.17, 0.03, 0.07, 0.10]
	3	[0.49, 0.06, 0.09, 0.04, 0.11, 0.13, 0.07]	[0.10, 0.06, 0.45, 0.14, 0.07, 0.08, 0.10]
	4	[0.49, 0.06, 0.09, 0.04, 0.11, 0.13, 0.07]	[0.10, 0.06, 0.45, 0.14, 0.07, 0.08, 0.10]

图 4-8 是上述 "比例向量" 数据样本 K 均值聚类的平行坐标可视化结果。

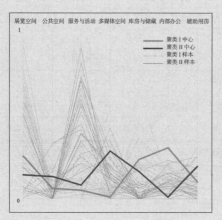

（a）第 1 次迭代后结果

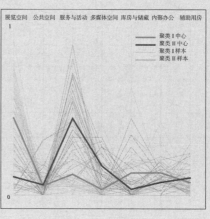

（b）第 2 次迭代后结果

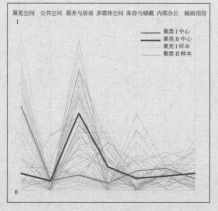

（c）第 3 次迭代后结果

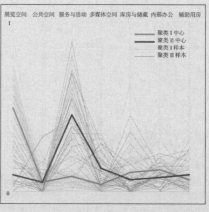

（d）第 4 次迭代后结果

图 4-8　K 均值聚类可视化结果

结合表 4-7 的数值结果，可以看到，图 4-8（a）中第 1 次迭代，粗线表示的聚类中心与两个原数据样本的折线重合，这即是随机选中的初始中心，但根据这两个中心确定的样本分类结果较为混乱；随后经过第 2 次迭代，见图 4-8（b），聚类中心发生移动，部分样本的分类所属（颜色）也有浮动微调，分类结果变得明朗；第 3 次迭代，见图 4-8（c），聚类中心进一步向更加分化的方向移动；直至第 4 次迭代，见图 4-8（d），聚类中心和平均误差与第 3 次迭代相较，没有发生变化，说明已经调整到最终较好的分类结果；事实上，对于样本的分类结果从第 2 次迭代之后，便没有再发生变化，只是质心又通过一个轮次的迭代，调整到了最优位置。

最终，计算得到的两个聚类中心分别为 [0.49，0.06，0.09，0.04，0.11，0.13，0.07] 和 [0.10，0.06，0.45，0.14，0.07，0.08，0.10]，如图 4-8（d）的浅、深两条粗线所示，所有样本按照深浅被分入这两类，由细线表示。从浅、深两类折线的走势来看，两个聚类的特点差异主要体现在第一和第三维上，可以结合任务书所对应的建设项目实际情况，具体再做进一步分析解读。在本例中，可以解读出聚类 I 是以展陈空间为主的文化建筑，以博物馆、美术馆、展览馆、规划馆和档案馆等建设项目居多；而聚类 II 是以服务和活动功能为主的文化建筑，以文化中心、艺术中心、活动中心、科技馆和少年宫等建设项目居多。

应用 K 均值聚类法进行"面积向量"或"比例向量"的数据挖掘时，有两点需特别注意：

第一，由于 K 均值法是基于欧式距离的聚类算法，也就是一种以"绝对距离"误差为准则的衡量，因此，原样本数据应尽可能处于相同的尺度层级，否则，数据本身的巨大差异性将大大减弱"绝对距离"的衡量作用。举例来说，若有某任务书 A 的"面积向量"为（1000，500，1500，2000），任务书 B 的"面积向量"为（10000，5000，15000，20000），而任务书 C 的"面积向量"为（800，500，1500，3000），则按照 K 均值的"绝对距离"的思想来计算的话，不难得出，A 与 B 的相似度要远小于 A 与 C；但如果从另外一种方式考虑，A 与 B 之间只是相差了一个数量级，面积的"比例向量"则是完全相同的，对应到任务书的建设项目实际情况，事实上很可能是总体规模不同的同类型项目，应具有高度的相似性；而 C 由于各部分的比例均有所不同，则应与这两者的关系更为疏远。因此在 K 均值聚类法中使用"比例向量"作为原始样本数据更为妥当。而针对这一问题，下面还给出了"向量夹角"的概念，通过"向量夹角"计算相似度是一种基于"相对距离"的概念，可以一定程度上避免这一问题，直接使用"面积向量"也无妨。

第二，应关注聚类结果和聚类中心的实际意义，设置合理的聚类个数和误差容忍范围（迭代终止条件），聚类个数过大或过小都有可能导致聚类结果不理想。聚类个数过少，则分类粗糙，类内可能还混杂着多个子类，聚类中心没有实际意义，如聚类算法可以成功的区分出文化建筑与体育建筑的"面积向量"。但具体的，文化类建筑中又有展陈类、活动类等多种子类，它们的面积比例分配应各有不同，因此对于所有文化建筑求得的聚类中心就没有过多的实际意义。相反地，聚类个数过多，则类别划分精细，但可能导致类间界限模糊，单一类簇没有实际意义，需要合并一部分类簇。因此，需要结合任务书所属建设项目的实际情况来分析，不断调整聚类的初始参数，确保分类结果具有一定的实际意义，避免得出一个"不伦不类"的平均情况。

上文提到的"向量夹角"，又称"向量夹角余弦距离"，是一种"相对距离"的概念，也可以用于计算判断向量之间的相似性。其比之 K 均值采用欧式距离的优势在于，可以抵消掉向量的模长对于相似度计算的影响，因此"面积向量"和"比例向量"都适用于这一计算。当向量为二维时，比较容易理解，在二维平面直角坐标系中，二维向量即为从原点出发的线段，而"向量夹角余弦距离"是两个线段的夹角余弦值，不会受到线段几何长度的影响；对于多维向量的"向量余弦夹角距离"（相似度），其定义公式为：

$$D = \text{sim}\left(x_i, x_j\right) = \frac{\sum_{m=1}^{M} x_i^{(m)} \times x_j^{(m)}}{\sqrt{\left(\sum_{m=1}^{M} x_i^{(m)2}\right) \times \left(\sum_{m=1}^{M} x_j^{(m)2}\right)}} \tag{4-11}$$

由于式（4-11）计算的实际上是"向量夹角"的余弦值，因此可知其值域为 [0, 1]，得到的数值越接近 1，"向量夹角"越接近于 0°，代表向量相似度越大；反之则相似度越小。举例验证，若有向量（1，1，2，0）和向量（2，2，4，0），按照上式代入计算，相似度为 1（完全相同），达到想要的效果。这一特性更加贴近在分析比较多个任务书时的关注点，也就是各部分面积比例分配的异同，而非某个房间具体的面积数值。

此外，K 均值聚类法和向量夹角相似度还有多种用途，并不局限于对"面积向量"和"比例向量"的数据挖掘。如前文得出的"词频向量""索引向量"等，亦可以套用这两种聚类方法，实现计算机对任务书的主题分类，关键词的近义聚类，只不过需考虑向量维数的激增，对于计算机运算时间的消耗。这些应用设想在第 5 章建立任务书评价体系中都有使用。

当然，这里还需要注意的是，不论是基于"绝对距离" K 均值聚类，还是基于"相对距离"的向量相似度度量，都建立在一个前提下，即样本集中的所有向量均需具有相同的维度（长度），否则在数学计算上具有不可比性。对应到任务书中的表格数据，即要求"面积向量"或"比例向量"应是按某种相同的分区标准，对分区的总面积进行抽取。要做到这一点，需要参考具体面积数值所对应的房间名称和上级目录（房间或分区的）名称，人工给出在跨任务书样本情况下通用的"类标签"，并将其赋予各个房间名称及其面积数值，按类抽取向量各维的值，进而实现同标准、同维度的向量抽取。这也便是接下来一部分内容，关于房间名称的机器学习分类，所要解决的问题。

（3）房间名称的机器学习分类

对于房间名称，最有必要的数据挖掘是对其进行机器学习（machine learnning）[146-147]，使大量来源于不同任务书的房间名称，可以被分入相同标准的几个分区类别，辅助判断具体房间所对应的面积数值在"面积向量"和"比例向量"中的归向。

通过计算机对房间名称进行分类的具体作用，特别体现在对于新的任务书样本的预测判断上。试想，当新的任务书表格数据作为输入时，其可能没有多级目录或人工标注，作为房间名称的"类标签"；抑或是即使有标注，但与其他同类型的任务书样本分类方式有所不同，不能在同一标准下进行比较分析；还有可能是出现一些从未出现过的房间名称，难于直接按照"匹配法"判断归类。

这些以往依赖于人工和人脑综合能力来解决的问题，其实完全可以交给机器学习来完成。计算机通过对于任务书样本库中大量房间名称的"学习"，对数据的概率分布进行建模，也就是构建分类器，然后"自动"地将新出现的房间名称归类，并生成与样本库中的数据具有可比性的"面积向量"或"比例向量"，体现了一定的"智能性"。而和传统的人工统计和经验导向型分析相比，机器学习不仅可以胜任相同的运算和分析，同时还大大提升了对于大样本数据的工作效率；可以想见，随着样本量的增加，人工方式的效率将加速衰退，而计算机的优势则会逐渐凸显。

具体而言，文本数据的机器学习基本原理如图 4-9 所示。不论是用来学习的文本文档，还是需要被预测的文本文档，首先都需要经过一定的预处理，通过标准化（向量化）的形式进行表达。用于学习的文本向量样本组成"开发集"，需要被预测的则组成"测试集"，其中"开发集"需分割为"训练样本集"和"训练测试样本集"；通常情况下，训练样本集中的样本数量远远大于其他两个集，这样才能保证学习的准确性和分类器的高效性。

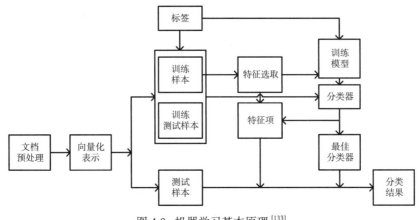

图 4-9　机器学习基本原理 [133]

　　用于学习的每个训练样本一方面需要进行特征提取，另一方面则需要被赋予一个"类标签"。"类标签"是通过人工的方式事先标注给样本的，表征了样本的分类信息；如情感分析中的"积极"或"消极"，房间名称分类中的"分区名称"，均可以作为"类标签"。而特征则是一切能导致样本被分入某一类的信息；如"金属 / 文物 / 保护 / 修复 / 用房"这一房间名称样本，可以认为每一个分词单元都是使该房间分入"内部"这一分类的根据，也可以认为只有"文物""修复"是分类时具有价值的特征词，前面一种情况是特征提取的特殊形式，即全提取，而后面一种则是降维提取；当样本较多，特征维数过大时，就非常有必要降维以加快算法的计算速度，经常使用的方法有词频、文档频率、卡方统计、互信息和信息熵等。在这里，提取的特征可以理解为是问题的"条件"，而"类标签"则更像是问题的"答案"。机器学习就是要通过分析大量的"问题—答案"组合型数据，最终达到给"条件"便能得"答案"的功能。

　　大量的"特征向量"和"类标签"共同构成了机器学习的训练模型，下一步，便是要在训练模型上使用一定的分类算法，构建分类器。后面的内容详细介绍了一种分类算法——朴素贝叶斯，在此先不进行展开解释。一般地，开发阶段会尝试多种算法构建出多种分类器，这样做的目的是要通过一定的方法，选出一个尽可能最好的最终分类器用于实践。在这里，同样有标记信息，但还没有被使用的训练测试样本，便成为检验分类准确性的标准。通过对比分类器对训练测试样本的分类结果与人工标记的"类标签"，可以得出每个分类器的准确率。准确率较高的分类器会被作为"最佳分类器"留下使用，同时计算机还记录了对分类最具价值的"特征项"。

　　此时，只有测试集的样本还没有被"污染"，如果这些样本也具有"类标签"，则可以作为第二次检验，得出在更多样本下分类器的最终准确率。如果没有"类标签"，那么测试集即是需要被预测的新样本，只需应用已经择优记录下的特征向量和分类器，便可以得到通过机器学习的分类结果。

在上述机器学习的基本原理中，构建分类器的分类算法是核心内容，事实上，许多数学方法都可以胜任这一工作，如朴素贝叶斯（naive bayesian）、逻辑回归（logistic regression）、支持向量机（support vector machines），等等。下面对最常见的朴素贝叶斯机器学习（以下简称"贝叶斯机器学习"）的数学原理进行阐述。

英国数学家贝叶斯（Thomas Bayes）于 1763 年，提出了描述两个条件概率之间关系的概念，使用 P（A|B）表示给定事件 B 的情况下，事件 A 发生的概率。进而根据概率的乘法法则可知，若事件 A 和事件 B 都发生，则概率 P（A∩B）为：

$$P（A∩B）= P（A）×P（B|A）= P（B）×P（A|B）\qquad（4-12）$$

式（4-12）可以理解为：在 A 发生的情况下 B 再发生的概率，与在 B 发生的情况下 A 再发生的概率相等。而式（4-12）也可以变形成为：

$$P（B|A）= P（A|B）×P（B）/ P（A）\qquad（4-13）$$

这即是贝叶斯公式。

将贝叶斯公式的原理应用于任务书房间名称的机器学习分类，可以给贝叶斯公式套用一个更为通俗实际的解释：P（B|A）是在给定某房间名称作为样本 A 的情况下，该样本 A 属于分区类别 B 的概率，或者说是房间 A 隶属于分区 B 的概率，也是基于人工标注的先验概率 P（B）与数据的条件概率 P（A|B）所结合获得的后验概率；不难发现，这正是最终想要得到的结果，因为如果该"隶属概率"足够大（通常取各"隶属概率"中最大的一个），则可以认为房间 A 确实是属于分区 B 的，进而也就实现了对于房间名称的分类。

这其中，房间名称样本 A 是一个特征向量，由房间名称字符串经过预处理后的分词单元组成，可能使用了所有的分词单元，也可能为了减少运算做了特征词的筛选和提取，最终特征向量的每一个维度是一个特征词，维度为 M。分区类别 B 可以如样本 A 一样，是多维特征向量，但考虑到其"类标签"的性质，数据形式不宜过长，通常提取具有代表性的一个词，或使用一维代码进行表示。若样本总数为 N，分区类别个数为 K，则记：

房间名称样本 $A_i=$（$a_i^{(1)}$，$a_i^{(2)}$，……，$a_i^{(M)}$），$=i$（1，2，……，N）

样本 A_i 的分区类别 $B_i \in$（b_1，b_2……，b_K），$=i$（1，2，……，N）

训练样本 TrainSet $= [$（A_i，B_i）$] = [$（A_1，B_1），（A_2，B_2），……，（A_n，B_n）$]$

上述房间名称样本与训练样本，也正是在上一小节中，对表格数据中的房间名称经过预处理后，所输出的"房间名称"列表和对应关系的标准化表达。

经过以上定义，可以进一步将房间名称样本 A_i 隶属于分区类别 b_k 的概率，改写表示为 $P(B_i{=}b_k|A_i)$，$k \in (1, 2, \cdots\cdots, K)$，根据式（4-13），有：

$$P(B_i{=}b_k|A_i) = P(A_i|B_i{=}b_k) \times P(B_i{=}b_k) / P(A_i) \tag{4-14}$$

为计算样本和类别的联合分布，对特征条件进行独立性假设（朴素贝叶斯之"朴素"，指的就是特征条件独立假设），故有各特征条件 $a_i^{(j)}$ 之间满足乘法原则：

$$P(A_i|B_i{=}b_k) = \prod_{j=1}^{M} P(a_i^{(j)}|B_i=b_k) \tag{4-15}$$

再将式（4-15）和全概率公式

$$P(A) = \sum_{i=1}^{K} \left(P(B_i) \times P(A|B_i) \right) \tag{4-16}$$

代入式（4-14），展开可得：

$$
\begin{aligned}
P(B_i{=}b_k|A_i) &= \prod_{j=1}^{M} P(a_i^{(j)}|B_i=b_k) \times P(B_i=b_k) / P(A_i) \\
&= \frac{\prod_{j=1}^{M} P(a_i^{(j)}|B_i=b_k) \times P(B_i=b_k)}{\sum_k (P(B_i=b_k) \times P(A_i|B_i=b_k))} \\
&= \frac{\prod_{j=1}^{M} P(a_i^{(j)}|B_i=b_k) \times P(B_i=b_k)}{\sum_k (P(B_i=b_k) \times \prod_{j=1}^{M} P(a_i^{(j)}|B_i=b_k))}
\end{aligned} \tag{4-17}
$$

不难看出，式（4-17）中分母的值始终相同，因此，实际上只需分别计算出分子上的类别 b_k 的先验概率 $P(B_i{=}b_k)$，以及样本 A_i 的特征 $a_i^{(j)}$ 在每一类别的条件概率 $\prod_{j=1}^{M} P(a_i^{(j)}|B_i=b_k)$ 即可；这两者均可以通过训练集统计得出。$P(B_i{=}b_k|A_i)$ 可整理为式（4-18）用于计算和比较：

$$P(B_i{=}b_k|A_i) = c \cdot P(B_i=b_k) \prod_{j=1}^{M} P(a_i^{(j)}|B_i=b_k) \tag{4-18}$$

其中，c 为常数。

$P(B_i{=}b_k)$ 比较容易统计求解，实际上就是训练集中分类类别为 b_k 的记录所占百分比，其极大似然法估计的概率为：

$$P(B_i=b_k) = \frac{\sum_{i=1}^{N} I(B_i=b_k)}{N} \tag{4-19}$$

其中，$I(\text{x})$ 为指示函数，即当括号中的内容成立时，函数值取 1，否则为 0。

而为了计算 $\prod_{j=1}^{M} P(a_i^{(j)}|B_i=b_k)$，先设 A_i 的 M 维特征向量 $(a_i^{(1)}, a_i^{(2)}, \cdots\cdots, a_i^{(M)})$ 中，

第 j 维 $a_i^{(j)}$ 共有 L 个可能的取值 a_{j1}，a_{j2}，……，a_{jL}，则 $a_i^{(j)}$ 的某个取值（$a_{jl}=1,2,……,$ L），在给定分类为 b_k 的情况下，其极大似然法估计的概率为：

$$P(a_i^{(j)}=a_{jl}\mid B=b_k)=\frac{\sum_{i=1}^{N}I\left(a_i^{(j)}=a_{jl},B_i=b_k\right)}{\sum_{i=1}^{N}I\left(B_i=b_k\right)} \tag{4-20}$$

$\prod_{j=1}^{M}P(a_i^{(j)}\mid B_i=b_k)$ 是 $P(a_i^{(j)}=a_{jl}\mid B_i=b_k)$ 在 $j=（1,2,……,M）$ 上的连乘计算结果。

计算机程序可以帮助完成上述的统计与计算，同时，计算机也获得了模型的基本概率，也就是完成了"学习"的任务。当输入新的未分类的房间名称样本 X 时，可以同理使用式（4-18）计算 $P（B=b_k|X）$，再通过

$$y=\arg\max_{b_k}P（B=b_k|X） \tag{4-21}$$

找到对应的 b_k，便得到了新样本的分类预测结果，也即实现了通过（朴素）贝叶斯机器学习来进行房间名称的分类。

示例 4-5：

为了方便说明，本示例虚构了 13 个简单的房间名称作为训练数据，并仅设了两个分类类别（如表 4-8）。将其输入一个朴素贝叶斯分类器进行机器学习，目标是要求取新的房间名称"科研用房"的"类标签" y，也即样本 $X=（'$ 科研$'$，$'$ 用房$'$）最大"隶属概率"对应的 b_k。表中 $a^{(1)}$、$a^{(2)}$ 分别是各个房间名称样本在第 1 维和第 2 维上的特征词，取值集合分别为 {'馆长','修复','文物','科研'} 和 {'办公室','用房','展厅','储藏室'}，B 为"类标签"，取值集合为 {'内部','外部'}。

不少计算机程序语言都已经内置了包括贝叶斯在内的成型的机器学习算法，可以直接调用，帮助快速计算出新样本的分类结果，并返回其在各个类别的概率。在本示例中，通过手动计算的过程，来说明贝叶斯方法的原理和求解的具体内容。

训练数据　　　　表 4-8

	A_1	A_2	A_3	A_4	A_5	A_6	A_7	A_8	A_9	A_{10}	A_{11}	A_{12}	A_{13}
$a^{(1)}$	馆长	修复	修复	修复	文物	文物	文物	文物	文物	文物	科研	科研	科研
$a^{(2)}$	办公室	办公室	用房	展厅	展厅	展厅	储藏室	储藏室	用房	办公室	办公室	储藏室
B	内部	内部	外部	外部	外部	外部	外部	内部	内部	外部	外部	内部	内部

首先，根据式（4-19）得：

$P（A='$内部$'）=6/13$，$P（B='$外部$'）=7/13$；

根据式（4-21）得：

$P（a^{(1)}='$馆长$'|B='$内部$'）=1/6$，$P（a^{(1)}='$修复$'|B='$内部$'）=1/6$，

$P（a^{(1)}='$文物$'|B='$内部$'）=2/6$，$P（a^{(1)}='$科研$'|B='$内部$'）=2/6$；

$P（a^{(2)}='$办公室$'|B='$内部$'）=3/6$，$P（a^{(2)}='$用房$'|B='$内部$'）=1/6$，

$P（a^{(2)}='$展厅$'|B='$内部$'）=0/6$，$P（a^{(2)}='$储藏室$'|B='$内部$'）=2/6$；

$P（a^{(1)}='$馆长$'|B='$外部$'）=0/7$，$P（a^{(1)}='$修复$'|B='$外部$'）=1/7$，

$P（a^{(1)}='$文物$'|B='$外部$'）=4/7$，$P（a^{(1)}='$科研$'|B='$外部$'）=1/7$；

$P（a^{(2)}='$办公室$'|B='$外部$'）=2/7$，$P（a^{(2)}='$用房$'|B='$外部$'）=1/7$，

$P（a^{(2)}='$展厅$'|B='$外部$'）=3/7$，$P（a^{(2)}='$储藏室$'|B='$外部$'）=1/7$；

有了上述统计结果，根据式（4-18），对于给定的 $X=（'$科研$','$用房$'）$，则：

样本 X 属于分类类别"内部"的概率：

$P（B='$内部$'|X）=c \times P（B='$内部$'）\times P（a^{(1)}='$科研$'|B='$内部$'）\times P（a^{(2)}='$用房$'|B='$内部$'）$

$$=c \times \frac{6}{13} \times \frac{2}{6} \times \frac{1}{6}=\frac{1}{39}c$$

样本 X 属于分类类别"外部"的概率：

$P（B='$外部$'|X）=c \times P（B='$外部$'）\times P（a^{(1)}='$科研$'|B='$外部$'）\times P（a^{(2)}='$用房$'|B='$外部$'）$

$$=c \times \frac{7}{13} \times \frac{1}{7} \times \frac{1}{7}=\frac{1}{91}c$$

由此：$P（B='$内部$'|X）=\frac{1}{39}c > \frac{1}{91}c=P（B='$外部$'|X）$

$$y=\arg \max_{b_k} P（B=b_k|X）='$内部$'$$

所以，贝叶斯机器学习的计算结果为：新房间"科研用房"属于"内部"分类。

值得说明的是，使用一些计算机程序中封装好的贝叶斯机器学习算法，其得到的样本在各类别"隶属概率"数值，与通过手工计算的概率数值可能有所不同，这是由于计算机算法中，往往还加入了"拉普拉斯平滑因子"，用于避免概率等于"0"的特殊情况。虽然数值上有细微的差别，但整体上，分类的结果应是一致的。

机器学习除了用于房间名称的分类以外，还可以有多种其他应用：

例如，对于任务书大段存在的文本数据，不光可以使用 TF-IDF 等基于简单词频统计的方法进行主题分类，也可以使用机器学习算法，只是增加了用于学习和预测的语料文本的长度而已。当然，随之而来的是，在标准化表达和分类器计算上，需要消耗更多的计算机运算时间。

再如，前面阐述过的 K 均值聚类分析法，能够对面积向量求取质心、分析相似度等；而相对应的，机器学习法也可以对大量面积向量的数据进行学习，进而分类，只需将上述样本的特征向量中，各维的特征词 $a_i^{(j)}$ 替换为面积数值即可。

事实上，机器学习更为常见的就是对数值型数据进行学习，上面阐述的对于房间名称（中短文本）的学习，是一种特殊的、更难的情况，需首先对文本进行分词等标准化（向量化）处理，得到各个特征维，并在计算机内部建立起词库系统，也即特征词"可能的取值 a^{j1}"的语料集合，而后才是经典的机器学习操作。应该说，机器学习是一类强大的计算机数据分析方法，有着许多具体应用的可能，对任务书样本具有一定的适用性，上面对其主要思想进行了阐述，并做了移植应用的探索。

当然，机器学习这一算法也具有不能忽视的局限性：

第一，上述机器学习的原理和操作方法，其实属于"有监督机器学习"，也就是说，这里用于学习的数据样本是已经通过人工方式进行了分类标注的样本，对于大量样本的标注在研究的早期必定消耗一定的工作量。所幸的是，任务书样本中的表格数据其实本身已经具有了一定程度的标注，如房间名称的多级目录，可以说是一种"半标注"的数据，参考高层级的分区名称，可以对低层级的房间名称较快的进行标注。而完全不需要标注的"无监督机器学习"，虽然看似是更便捷、更智能的解决方法，但从技术角度，其难度大大增加，分类效果也欠佳，发展的程度还远不如"有监督机器学习"。

第二，机器学习高度依赖于用于学习的"语料"，对超出"语料"范围，或与"语料"相差较大的新样本进行预测时，机器学习的分类器便会失灵。例如，使用文化建筑的任务书训练得到的房间名称分类器，应用于体育建筑的房间分类，效果肯定是不尽如人意的。这是由于不同类型的建筑项目，其房间名称在文本层面上具有较大的差异性。

机器学习的局限性一方面体现了现阶段研究的短板和可能改进的方向；另一方面也强调了建立完善的任务书样本库，或搭建共享型任务书资源平台的必要性，只有基于足够大量、足够丰富的任务书样本，才能充实、细化样本子库，发挥出大数据的优势，做到更为准确的预测。

3. 图像数据

对于图像数据的挖掘，主要是对图像数据内的对象和内容进行识别。计算机可以辅助进行图像处理和自动识别，但考虑到计算机图像识别的操作复杂性，相较下任务书中含有的图像数据数量较少，若采用计算机进行深度挖掘，则事倍功半[148-149]，本书因此选择了更合情理的人工方式，进行图像数据的辨别和推理。

本书4.2.1～4.2.3的3个小节详细介绍了将任务书样本作为数据源进行处理和挖掘的方法。具体地应用这些方法，实现任务书的拆解，得到阶段结论性的内容，则将在下面两个小节进行阐述。此外，需要强调的是，这些方法其实不仅仅在本章中用于科学的拆解、分析任务书样本，更是建立任务书评价体系的数据挖掘方法。

4.2.4 任务书的生成机制

在完成了前面提到的对于任务书的初步记录与归档后，根据文档本身的资料来源、建设项目性质这两方面信息，可以将任务书的生成机制概括为两个重要部分，操作主体和方法路径。操作主体是指主导和参与编制任务书的人员，这可能是少数的几个人，也可能是许多团队的集合；方法路径指的是任务书文本报告从无到有所采取的生成方式，这可能是逐步推演，也有可能是借用修改。

1. 操作主体

按照任务书的编制操作主体来分类，包括但不限于以下几种类型：①业主个人草拟，②业主的内部团队草拟，③业主委托招标代理机构拟定，④业主委托建筑师或与建筑师合作拟定，⑤业主或建筑师聘请专业的策划团队编制，如咨询公司或设计单位的咨询部门。

①类型常见于小型建筑项目，项目业主和使用业主很可能是相同的一群人，且业主构成较为简单，草拟任务书的个人有足够的代表力。②类型的业主具有一定专业能力的内部人员，如建设单位的基建部门，可以组建团队负责编制初步的任务书，并可以在后期协助业主与设计方进行沟通。③类型是现今备案制下，大型公共建设项目，特别是政府投资的项目最常采用的模式，结合招标活动，由招标代理机构负责，以可行性研究报告为基础，编制任务书。④类型相比③类型稍显不正式，共同协商决定或一方在另一方的基础上修改完善来制定任务书，操作较为灵活。⑤类型与④类型之间并没有完全割离的界线，建筑师一般都具有一定的自发性和专业能力，帮助业主制定任务书，但是我国比较缺乏具有全面策划业务能力的第三方机构或团队，建筑策划作为一种专门的，或者说单独的咨询服务实践较少。

对收集到的任务书样本库进行统计，由业主或业主内部团队出具的任务书有128份，占总数的约48.5%；由代理机构编制的任务书有90份，占约34.1%；建筑师受委托完成 4 份，占约 1.5%；业主与建筑师合作制定的任务书有 16 份，占约 6.0%；业主委托代理机构制定任务书制定并参与其中的有 25 份，占约 9.5%；还有 1 份是由代理机构首先编制了任务书，后又经过了建筑师的修改完善。

2. 方法路径

按照任务书生成的方法路径来分类，包括但不限于以下几种类型：①无任务书，②列出意向愿景与需求清单，③在可研报告上进行深化修改，④通过建筑策划编制任务书。

①类型属于最糟糕的情况，事实上在建设项目的前期计划过程中就没有形成可用的任务书文本报告，只是通过口头协商或通信函件进行交流，不涉及具体的设计条件与任务；②类型是通过规范的讨论或内部会议，形成了具有一定格式的报告，可以作为任务书的雏形，通过后期多方的参与，再不断发展完善；③类型是由代理团队在可行性报告的基础上，通过修改和完善相应的内容得到设计工作使用的任务书；④类型则是采用严谨的策划流程，在专业咨询团队的研究与探讨中总结出任务书。

对于收集到的任务书样本，准确探知每一份任务书的生成路径有一定难度，但通过编制任务书的操作主体可以推断，在备案制下③类型较为盛行。

4.2.5　任务书的结构与内容

经过对任务书样本的初步整理和预处理，排除了文件形式和文档格式等次要因素的干扰，得以剥离出并关注于任务书的实质性内容。任务书样本库中的 264 份任务书在相同的条件状态下仍呈现出长短不一、良莠不齐的状态，篇幅从一页至上百页不等，文档的形式和内容也多种多样。下面从文档的结构框架、内容条目、表现形式、偏要缺失和差异性 5 个方面，对任务书样本的特征特点进行拆解、概括和描述。

1. 结构框架

对于篇幅较短，内容简单的任务书，一般采用平铺直叙的方式展开叙述。所谓平铺直叙，就是指任务书文本的段落和条目之间采用平级的方式罗列，段落之间没有过多的纵向分级。平铺直叙的结构形式适用于设计要求描述简洁，条目个数在 20 个以内，且没有过多技术数据或资料的情况，常见于任务书编制的初始阶段，如客户自行拟定的需求清单；而对于大多数政府投资的公共类建设项目，由于工程量大，功能复杂等原因，一般情况下不适宜采用这种任务书文档的结构形式。

相较平铺直叙式更为成熟一些的结构形式是总分结构，适用于较复杂的建设项目。在总述部分，任务书对建设项目的背景概况、设计目的、设计原则、工作范围及成果要求等宏观性内容进行阐述；在分述部分则细致地逐项展开设计的具体条件与要求，包括总体规划、场地情况、地块周边、市政设施等设计条件，以及功能区域的活动需求、房间明细、尺寸数量、工程细部和专业技术等设计要求。总分结构的任务书在建设项目的实践中应用较为广泛。

上述两种结构都是单一文档的任务书，此外，任务书还可以通过多个文档关联组成。在大多数建设项目的设计招标中和建筑设计概念的方案征集、竞赛中，任务书是嵌套于招标文件或竞赛文件中的，招标文件或竞赛文件主要负责叙述总分结构中的总述部分内容，而阐明设计条件与要求部分的任务书，被单独列为一个大部分（或章节）；也有在招标文件或竞赛文件中先简要给出设计条件与要求，在文件以外再以单独一份文件的形式另附详细任务书的结构。这种任务书被单独列为一个部分或文件，并与其他文件组合在一起使用的情况，常见于项目背景复杂、规划体系宏大、事务流程严苛的建设项目，由于在交代项目基本情况、相关内容和招标投标、评审事宜上需要着以大量文字，因此有必要将这些内容与相对专业的任务书内容做明确的区隔，避免单一的任务书文档过于臃肿，同时也方便不同功用的查阅。

此外，还有以任务书文档作为主体部分，而以房间面积参考表格、研究资料等作为附件部分的主附结构，这样的结构形式适用于特别复杂的建设项目，往往由于面积表格详尽冗长，研究资料细致入微，导致其不适宜直接归入任务书文档中，以免造成各章节篇幅比例失调，因此单独列出一个甚至多个文件，以附件的形式与任务书主体部分共同组成一份多文档的任务书。

2. 内容条目

对任务书样本库的各级标题进行关键词统计分析，可以帮助搜索并确定行业实践中任务书最为真实的内容构成，也是在本书第 5 章用于确定任务书待评要素的主要方法之一。

将任务书样本库统计得到的关键词与 ISO 文件、范本文件所建议的任务书条目分别进行对比，其匹配结果如表 4-9。

表 4-9 显示，对排名前 50 的关键词匹配命中率仅为 21%，不断增加选取的关键词个数为 100、150、200，可以观察到命中率不断上升，直至关键词范围扩大到 300 时，命中率超过 70%；而如果使用范本文件中的任务书条目进行比对，关键词数为 50 时命中率约为 46%，关键词数扩大到 150，命中率便已接近 80%，而取 300 个关键词时，命中率基本达到 85%。

任务书样本关键词与范本文件、ISO 文件的匹配情况统计　　　　　表 4-9

与 ISO 文件匹配情况				与范本文件匹配情况			
关键词数	命中个数	百分比	增长率	关键词数	命中个数	百分比	增长率
50	23/109	21.10%	-	50	36/78	46.15%	-
100	49/109	44.95%	23.85%	100	52/78	66.67%	20.51%
150	60/109	55.05%	10.09%	150	62/78	79.49%	12.82%
200	70/109	64.22%	9.17%	200	64/78	82.05%	2.56%
300	77/109	70.64%	6.42%	300	66/78	84.62%	2.56%

　　观察表 4-9 中关键词匹配重合的增长率变化情况，可以看出整体上呈快速衰减的趋势。当关键词选取的个数到达到 200 时，增长率已经较小（≤10%）且已经趋于低幅变化，而扩大至 300 个关键词时，增长率仍在继续缩小；可以认为，即使继续扩大关键词的选取范围，命中率的增长也将非常缓慢。考虑到在后续的研究中，每一轮次的工作量将随着关键词选取范围的扩大而迭代增加，因此需要一个有限并且有效的关键词集合作为研究基础；基于前面对于增长率的分析，有理由划定排名前 300 为截止范围，且可以认为使用这些关键词进行进一步的分析是足够的；表 4-10 与表 4-11 也正是对应排名前 300 的关键词进行了匹配标注。

　　增长率止步而命中率徘徊在 70%~80% 的情况则说明，实践中的任务书与规定、范本等建议性的文本所界定的内容还是存在一定的差距的，后者给出的是一种相对理想、全面的状态，而从个案组成整体的角度，实践中的任务书不可能实现完全覆盖理想状态。另外，规定和范本的时效性必然是不断递进成长的，其与实践中任务书的差异也正是规范修编的参考依据和行业发展的风向标。

　　而如果在任务书样本的统计中高频率出现，但与规定、范本所建议的内容条目并不匹配重合，可以想见，应是表征了实践发展的新趋势内容。对于这类情况，观察计算机统计结果和表 4-11 所概括的任务书内容，可以认为并未出现以往规定和范本文件完全不能涵盖的内容，也就是说，没有特别"新奇"的内容集体性地出现在用于实践的任务书中。

　　虽然没有绝对的新内容，但是，值得关注的是，有一些条目不论在篇幅比例，还是在重要程度上，显然都有所增加，如：绿色节能、可持续发展、建筑安全与安防无障碍设计、智能化管理、网络通信等，这些内容作为新兴的"高频条目"，并列于"规划条件""设计要求""功能面积"和"建、结、水、暖专业要求"等一些传统必备条目，成为当今建筑师在进行设计工作时不可忽视的重点甚至是难点问题。这体现出我国建筑设计行业更加人文化、精细化的工作模式，积极面向时代发展的设计理念，以及政府投资建设项目在丰富民众生活、提升建筑体验、应对环境问题和应用先进技术等方面所应起到的表率作用。

各省市招标文件范本与我国行业实践中的设计任务书内容项目对比　　　　表 4-10

A	项目概况		27	出入口设置 *	·	54	环保	·
1	项目名称	·	28	环境协调 *	·	55	消防	·
2	基本情况介绍	·	29	日照 *	·	56	安全与安防	·
3	项目地理位置	·	30	环保 *	·	57	电信通信 *	·
4	地段周边环境	·	31	容积率 *	·	58	材料与设备 *	·
5	使用性质	·	32	配套要求 *	·	59	装饰装修与陈设 *	·
6	道路交通情况	·				60	造价与投资预算 *	·
7	地形、地质地貌条件	·	D	项目功能与建筑设计要求		61	工期与分期建设 *	·
8	气候及气象条件	·	33	设计原则与指导思想	·			
9	抗震设防要求	·	34	功能定位	·	F	方案设计成果要求	
10	树木情况 *		35	工程及其细部的详细要求	·	62	设计说明	·
11	文物情况 *		36	房间分区、面积与数量	·	63	图纸	·
			37	其他具体工艺		64	方案图册或展板	·
B	设计目的、依据和任务		38	景观绿化设计 *	·	65	模型	·
12	项目设计的目的目标	·	39	流线组织 *	·	66	其他可选技术文件	·
13	设计相关的依据性文件	·	40	目标使用人群特征与需求 *	·	67	其他建筑工程要求 *	·
14	现行国家规范以外的标准 *		41	面积计算方法与浮动 *	·	68	交通工程 *	·
15	设计单位应承担的任务 *		42	层高与柱网 *		69	市政基础设施 *	
			43	无障碍设计要求	·			
C	规划设计条件与要求		44	绿色节能生态等级要求 *	·	G	其他设计有关资料（附件）	
16	建设用地与红线范围	·	45	智能化设计要求 *	·	70	规划意见书	·
17	建设规模	·	46	管理与运营 *	·	71	可研或项目建议书批复	·
18	建设高度限制	·				72	用地范围及红线图	·
19	建筑密度	·	E	各专业技术要求		73	现状地形图	·
20	绿地率	·	47	建筑	·	74	其他市政许可或意向书	·
21	退线要求	·	48	结构	·	75	控规、城市设计相关内容 *	·
22	停车要求	·	49	暖通空调	·	76	勘察报告 *	
23	交通规划条件与要求	·	50	给水排水	·	77	项目周边情况 *	
24	市政规划条件	·	51	电气	·	78	图片资料 *	
25	建筑风格风貌 *	·	52	人防	·			
26	总平面与体量布局 *	·	53	节能	·			

注：根据《北京市建设工程设计招标文件范本》（2004）、《上海市建设工程设计招标文件示范文本》（2012）、《广州市建设工程设计招标文件范本》（2004）、《深圳市建筑工程设计招标文件示范文本》（2010）、《苏州市建设工程设计招标文件范本》（2012）、《福建省建筑工程设计招标文件示范文本通用本》（2011）的相关内容整理。

共梳理出 7 个具有共性的板块，每一板块下首先列出了在各范本文件中几乎均出现的条目，而带有 * 标记的则表示出现频率次高的条目。

每一列最后一栏有 · 标记的，表示其包含了在任务书样本库的统计分析中位列前 300 的关键词，属于高频率出现的条目。

ISO 推荐的任务书表单与我国行业实践中的设计任务书内容项目对比　　表 4-11

A　项目概要

编号	项目	·	编号	项目	·	编号	项目	·
A.1	**项目概述**		A.3.4	项目时间表	·	**A.5**	**其他参与者概要**	
A.1.1	项目名称/编号	·	A.3.5	项目现阶段进度	·	A.5.1	中央行政主管部门	
A.1.2	项目地点/地址	·	A.3.6	可能的变更	·	A.5.2	国家/国际机构	
A.1.3	建筑物的用途/类型	·	**A.4**	**参与者概要**		A.5.3	地方政府	
A.2	**项目目标**		A.4.1	业主	·	A.5.4	规划管理部门	
A.2.1	项目主要目的	·	A.4.2	使用业主/使用者	·	A.5.5	投资方/财政部门	
A.2.2	项目主要目标·	·	A.4.3	项目经理/管理者		A.5.6	特殊利益相关者	
A.2.3	任务书的作用		A.4.4	策划咨询机构		A.5.7	土地所有方	
A.3	**项目范围**		A.4.5	设计者		A.5.8	周边居民及其咨询机构	·
A.3.1	项目规模	·	A.4.6	其他咨询机构		A.5.9	媒体	
A.3.2	项目质量		A.4.7	施工单位		A.5.10	承保机构	
A.3.3	项目资金构架	·						

B　背景、目的以及资源

编号	项目	·	编号	项目	·	编号	项目	·
B.1	**项目管理**		B.3.4	时间节点安排	·	B.6.2	规模	·
B.1.1	项目参与者		B.3.5	使用年限		B.6.3	文脉	·
B.1.2	相关组织机构		B.3.6	资金/时间风险		B.6.4	可能的变更	·
B.1.3	设计评估方法程序	·	**B.4**	**背景与历史的影响**		**B.7**	**详细的使用计划**	
B.1.4	项目质量管理		B.4.1	项目背景	·	B.7.1	活动的时间特性	·
B.2	**法律、法规和规范**		B.4.2	现阶段情况	·	B.7.2	使用者	·
B.2.1	城市规划	·	B.4.3	现阶段举措的根据	·	B.7.3	关联关系	
B.2.2	场地/建筑相关法律限制	·	B.4.4	契约/合同关系	·	B.7.4	安装工程日程安排	
B.2.3	土地占有相关法律	·	**B.5**	**用地与周边环境的影响**		B.7.5	特殊的输入需求	·
B.2.4	资金方面的规定		B.5.1	土地获得/用地许可	·	B.7.6	副产品	
B.2.5	设计相关条例/规范	·	B.5.2	商业性/社会性	·	B.7.7	安全/健康风险	·
B.2.6	环境/污染相关条例	·	B.5.3	气候/环境数据	·	**B.8**	**项目预期效果**	
B.2.7	行政审批/政策意向	·	B.5.4	市政情况	·	B.8.1	对业主的影响	·
B.2.8	社会/文化方面的要求	·	B.5.5	地理地貌数据	·	B.8.2	对使用者/公众的影响	·
B.3	**资金与时间限制**		B.5.6	地质特性	·	B.8.3	对生态环境的影响	·
B.3.1	项目的资金运作	·	B.5.7	现存建筑情况	·	B.8.4	对不良影响的控制	·
B.3.2	项目预算	·	**B.6**	**业主的企事业计划**		B.8.5	优先事项	·
B.3.3	运营费用估算	·	B.6.1	目的	·			

C	设计及功能要求						
C.1	**用地与周边环境**		C.2.4	环境	·	C.4.2	空间的相互关系
C.1.1	与周边的关系	·	C.2.5	通信	·	C.4.3	物理特性	·
C.1.2	灾害应对		C.2.6	安防	·	**C.5**	**具体的空间功能要求**
C.1.3	可达性／交通	·	C.2.7	建筑外观	·	C.5.1	物理特性	·
C.1.4	安防管理		C.2.8	装饰陈设	·	C.5.2	用途／活动	·
C.1.5	用地分区／控规	·	C.2.9	运营维持管理	·	C.5.3	与其他空间的关系
C.1.6	环境应对	·	**C.3**	**建筑物理构件性能**		C.5.4	建筑设备
C.1.7	市政／公共服务需求	·	C.3.1	主体结构	·	**C.6**	**机械、设备与备件**
C.1.8	废弃物处理		C.3.2	建筑外围护结构	·	C.6.1	设备分类清单
C.1.9	维修与保养		C.3.3	建筑外部空间隔断		C.6.2	使用及设置的场所	·
C.2	**建筑物整体**		C.3.4	建筑内部空间隔断	·	C.6.3	设备	·
C.2.1	物理特性	·	C.3.5	设备系统	·	C.6.4	外观
C.2.2	交通／流线	·	**C.4**	**空间分区与组团**		C.6.5	维护
C.2.3	安全	·	C.4.1	空间分区	·		

注：每一列最后一栏有·标记的，表示其包含了在任务书样本库的统计分析中位列前 300 的关键词，属于高频率出现的条目。

3. 表现形式

　　任务书的正文以三级标题为最常见的形式深度，较简单的任务书则以两级标题完成，少量复杂的任务书会出现四级甚至五级标题的情况。

　　任务书正文的表述语言与形式具有多样性，从样本库整体的角度来说，以文字叙述居多；以表格进行信息罗列的形式也较为常见，特别是在功能房间大于两级的项目中，多用表格整理呈现房间面积需求，功能房间在两级及以下，则多用文字直接叙述；此外还有技术图纸、示意图、关系图、面积图、意象图等多种图像形式穿插在正文的文本和表格中，用于辅助说明。

　　任务书附件的表现形式相比任务书的正文部分，文字表述的内容比重有所下降，图形图像所占比例大大提升，并多以图册、演示文稿或文件包等混合的形式呈现。但是对于作为整体的任务书，还是以文字和表格为形式主角，通过图形来表述的内容比重远小于其他两种形式。

4. 偏重缺失

　　从任务书样本的各部分内容及其比重对应来分析，大部分任务书偏重于交代结论性的设计要求，对于依据性的设计条件也有一定的展开，但是特别缺少对条件与要求之间联系的说明。虽然任务书应该是设计问题的简练表达，但在任务书正文中加入必要的解释说明，或通过附件给出详尽的研究资料，仍具有极大的必要性，这一方面保证了设计的出发点切实通过了合理性的科学论证，另一方面也方便了后期的工作进行查阅和检验。对于现行的任务书，如建设规模、面积配比、风格意象、材质选取和工艺做法等内容的论证研究材料，普遍处于不够详尽，甚至缺失的状态，这说明各阶段工作、各方面人员之间的信息沟通机制可能还不够完善，也可能是设计前期的研究工作尚存在不够严谨的地方及主观臆断的成分。

除了具有共性地缺失大量的附属研究资料，关于使用业主的组织架构、人员构成等信息，以及表达功能空间关系或活动流程的示意图（气泡图），在研究收集到的任务书样本中也呈现出较为弱势单薄的状态。关于使用业主的信息紧密关乎需求，是建筑设计的本源，而空间关系和活动流程图是对需求象形化的研究成果，对于建筑设计排布功能和生成形体是不可或缺的，且具有直接的利用价值。它们都是建筑策划工作非常关注的内容，空间关系图和活动流程图还是策划研究的重要手段和成果形式；实践中的任务书中缺失这两部分内容，反映了任务书编制过程中的前期研究可能不够全面，编制人员可能缺乏建筑策划的基本知识和技术。

5. 差异性

任务书样本的差异性可以从条目和内容两个层级上来分析总结。

任务书样本在条目层级的差异主要体现在完整性不足上。由于相关规定、范本文件仅对任务书在条目层级的内容进行了建议性而非强制性的规定，因此落实到具体某一实践项目，任务书是否具备了所有给定的条目便无从保证。

从文档频率的统计值来看，"1. 项目基本情况""2. 设计原则与依据""3. 成果内容及格式要求""4. 功能定位、需求、分区与具体设计要求""5. 建设规模与面积分配""6. 规划条件与控制参数""7. 传统专业技术要求"和"9. 用地位置、场地条件及地块周边"这几个大类条目的关键词文档频率累计超过 100%，即这些条目出现在了所有的任务书文档中，属于跨样本无差类条目；从真实情况来看，这里面除了"7. 传统专业技术要求"在一些通过非专业渠道编制的任务书中没有出现，几乎每个任务书样本都一定具备这 8 个条目。

累计文档频率在 33% ~ 100% 之间的大类条目有："8. 设计工作任务与范围""10. 交通规划条件及交通组织要求""11. 节能环保、绿色生态与可持续发展""12. 投资、造价估算与控制""13. 市政供应与配套要求""14. 相关法律、规定、规范、标准和条例""15. 设计参考研究资料""16. 总平面布局""17. 建筑安全与安防""19. 时间进度安排与分期建设""26. 项目招投标、方案竞赛或征集事务性规定"和"28. 建筑风格、造型与特色"。这些条目在任务书中不具有绝对稳固的地位，是否会出现在任务书中因建设项目而异，但还是被大多数的任务书样本所兼顾的。

其余的条目虽然属于高频关键词条目，但是在跨任务书样本之间的差异性很大，也就是说，这些条目的内容对于设计来说是具有较重要意义的，但是具体到某一份任务书，它们却经常性的缺失。一般情况下，建设项目越复杂，前期研究越充分，才能保证这些条目被细致入微的列入任务书中。

任务书样本在具体的内容层级的差异又可以归结为语言和语义两方面。任务书语言的差异性在于用语的专业程度和语言风格，以及行文段落的精炼程度和详尽程度。关于设计条件的描述性语言在跨任务书样本间的差异性不大，但关于设计要求的描述性语言则呈现两极化，有的任务书采用启发性、建议性的语言进行陈述，而另外一些则倾向于使用限制性、指定性的语言来说明。经典的建筑策划理论研究认为，任务书作为策划的成果报告需阐明设计所要解决的问题，语言应在保证内容完整的情况下尽可能的简练，引导设计解决问题，但不应限制设计的创造性。

任务书语义的特异性识别具有一定的困难，常规方法是通过人工的方式进行查找，但是对于拥有大量任务书样本的情况而言，单纯依靠人工识别显然是不可行的。但如果可以给予计算机一部分引导词，借助计算机的运算和搜索能力筛选出一定范围内的相关内容，将可以大大缩减特异性判断的工作量。在本书中，可以将逆向文档频率高的词视为特异（特征）词，并将其作为引导词在任务书样本库中进行全文搜索，进而得到任务书样本之间具体的差异性内容。

通过特异词搜索得到的内容，与任务书所对应的建设项目的唯一性特征条件联系最为紧密，如项目地点，建设单位等；除此之外，具有差异性的内容大量分布于零散而具体的工程工艺要求中。计算机搜索得到的特异性内容虽然语义分散于方方面面，但通过人工后期的分析，概括来说，相同项目类型的任务书在一些特异性内容上具有一定的相似性，而同时又有别于其他项目类型任务书的特征特点，这往往与建筑类型和使用性质紧密相关，如博物馆类建设项目特别会提出文化要素、光学设计、特殊藏品的要求；剧院类建设项目在前后台分区、机械工艺、声学设计上会有针对性的要求；图书馆类建设项目会单独列出书架排列方式、区域流线控制要求等；档案馆类建设项目会在任务中涉及开放性、温湿度相关内容；教育类建设项目会在校园文化、片区特色、多元活动等方面有特殊需求；办公类建设项目不可避免地会探讨单位模块和分区级别；体育类建设项目则对于赛场工艺和赛后使用的详细事项特别关注；交通类建设项目的流线排布、安检工艺和地域特色需要特别说明；会展类建设项目的设计重点落在结构形式塑造和多功能转换策划上；医院类建设项目特征性地会有洁污分区的相关要求。

4.3　建设项目任务书评价活动的现实基础

4.3.1　任务书评价的法律与实践基础

1. 招标文件的质疑、澄清或修改

在我国，《中华人民共和国招标投标法》《中华人民共和国招标投标法实施条例》和《建筑工程设计招标投标管理办法》等法律、法规，对建设项目设计招标文件的质疑、澄清或修改有着明确的规定。如前文"4.2.1 任务书样本的整理方法"中对任务书的界定所述，在正式的、标准的建设项目设计招标中，任务书往往是招标文件的一部分，以题为"技术条件与设计要求（设计任务书）"的章节形象示人。因此可以认为，对招标文件进行的质询和修正，一部分便是对于任务书的质询和修正。

1999 年 8 月 30 日经第九届全国人民代表大会常务委员会第十一次会议通过的《中华人民共和国招标投标法》（自 2000 年 1 月 1 日起施行）第二十三条规定："招标人对已发出的招标文件进行必要的澄清或者修改的，应当在招标文件要求提交投标文件截止时间至少 15 日前，以书面形式通知所有招标文件收受人。该澄清或者修改的内容为招标文件的组成部分。"[150]

2000 年 10 月 8 日经建设部第 31 次部常务会议通过并发布的《建筑工程设计招标投标管理办法》第九条指出，招标文件应当包括十一项内容，其中第七项为"招标文件答疑、踏勘现场的时间和地点"。[129]

2011 年 11 月 30 日经国务院第 183 次常务会议通过的《中华人民共和国招标投标法实施条例》（自 2012 年 2 月 1 日起施行）中，第二十一条相关内容指出："招标人可以对已发出的招标文件进行必要的澄清或者修改。澄清或者修改的内容可能影响投标文件编制的，招标人应当在投标截止时间至少 15 日前，以书面形式通知所有获取招标文件的潜在投标人……"；第二十二条也明确指出："潜在投标人或者其他利害关系人……对招标文件有异议的，应当在投标截止时间 10 日前提出。招标人应当自收到异议之日起 3 日内做出答复；做出答复前，应当暂停招标投标活动。"[151]

这就是说，在招标文件发布之后，招标文件和任务书的内容仍有发生变动的可能。其中任务书的修改或补充，一方面可能是招标人主动做出的，另一方面也可能是为解答投标人要求澄清的问题而做出的。在这一时间节点，招标投标双方对于任务书的具体格式形式、条款内容，具有一定的评价审查和修正完善的权利。

　　尽管本书第 3 章中的 3.2.1 节剖析了招标文件备案行政机关对招标文件的审查，认为其未能探及对建筑设计条件进行审查的深度。但是，值得注意的是，上述法律、法规所指明的对于设计招标文件的质疑、澄清或修改，是针对已经发出的招标文件而言的；也就是说，质疑行为的发出者，是对建设项目进行投标的设计单位、建筑师团队或相关专业技术人员，他们对于投标文件的关注重点，必定更多的是集中在建筑设计的条件和要求——通常所说的设计任务书——之上。而相对应地，建设项目的招标人或招标代理机构也需要及时做出回应，针对投标人提出的质疑，对招标文件和任务书进行澄清，甚至是修改。因此有理由相信，这种对于招标文件的质疑、澄清或修改，是任务书评价活动的现实基础。

　　本书搜集到的 264 个任务书样本中，有 106 个是内嵌于建设项目工程设计招标文件、设计方案征集文件或概念方案竞赛文件中的。其中，有据可考的 53 个项目均针对包括任务书在内的文件，进行了质疑、澄清或修改的活动安排。招标文件中"质疑和澄清""修改和补充"相关条款的常见表述包含但不限于以下几个方面的信息：

　　（1）投标人（应征人、参赛人）在获得招标文件（征集或竞赛文件）后应仔细研读，如有疑问可以书面的形式向招标人（征集人、主办单位）提出质疑请求。

　　（2）质疑文件通过××方式传递给招标人（征集人、主办单位），质疑要求的提出于××××年××月××日×时截止（不以书面形式提出质疑的，于××××年××月××日×时在××地点召开答疑会进行澄清）。

　　（3）招标人（征集人、主办单位）将于××××年××月××日×时之前，以××形式通过××方式将澄清文件传递给所有投标人（应征人、参赛人）。

　　（4）招标人（征集人、主办单位）可以在投标截止时间前不少于15日对招标文件（征集或竞赛文件）进行修改和补充，并向所有投标人（应征人、参赛人）发出补充或修改文件。

　　（5）补充、修改或澄清文件与原招标文件（征集或竞赛文件）具有同等法律效力，如有冲突，以日期在后者为准。

　　（6）投标人（应征人、参赛人）需在××时间以内，以××方式向招标人（征集人、主办单位）确认收到补充、修改或澄清文件。

　　综上所述，结合法律法规的相关规定和调研采集的任务书来看，在正式的、标准的建设项目设计招标、征集和竞赛活动中，对任务书进行质疑、澄清或修改，已经成为较为成熟、广泛的做法，且具有较好的保证，为本书关于"任务书评价落实成为设计前期的一个固定环节"的设想，奠定了良好的执行基础，同时也说明了任务书评价环节现阶段的必要性和可行性。

2. 基于资质的选择程序

美国早在 1972 年颁布的公共法（*Public Law* 92-582；又称"布鲁克斯法案"，*Brooks Selection Bill*），其中便包含了建设项目选择建筑师或工程师的相关内容，并规定了基于资质的选择程序或方法（qualifications-based selection，QBS），涉及了任务书评价的概念。

QBS 的目的是满足公众使用者（public user）的知情权，并使他们能够在一个逻辑的、客观的和公平环境中，将纳税人的钱使用在最好的可选专业服务上。在美国联邦政府推行和使用多年之后，其各州政府也相继编制了 QBS 的有关州法，给出了详细分步程序和评估所用表格。这一部分内容在中、美、英、日四国政府投资建设项目设计前期的审批程序的对比表格中已经出现过，属于招标环节。此外，国际咨询工程师联合会（International Federation of Consulting Engineers，FIDIC）等行业组织，也颁布了相应的 QBS 规范。

QBS 是一套协助选择专业咨询服务（professional consultant），在此法案中代表了所有与设计专业相关的服务，包括建筑、工程、景观、勘查和地理等相关支持性服务的理性流程。具体而言，首先 QBS 顾问筛选得到一定范围的专业咨询人员或机构，然后通过提交材料（qualification submittals）和面试考核（interview）两个环节的评审，选择最终的咨询团队。选择程序的主要依据是"资质"，包括专业咨询人员或机构的基本资质（qualifications），以及在特定建设项目工作范畴中的能力（competence in relation to the scope and needs of the particular project）两大方面。这其中的后者，除了考量建筑师等专业咨询人员在类似项目的经验、能力，还要求他们在考核环节中，针对项目的设计任务，讨论对于项目需求的理解，陈述应对方法，提出优化建议；图4-10 截取了美国加利福尼亚州的《基于资质的选择：公共业主选择专业咨询服务的指南》（*Qualifications Based Selection：A Guide for the Selection of Professional Consultant Services for Public Owners*）相关内容[152]，从中可以看出，确实具有对应任务书评价概念的这些条目，且这一部分所占的分值比重还相对较大。

事实上，在建设项目的前期，这样的一个过程不仅帮助项目业主更好的选择专业咨询人员或机构，也同时可以尽早的让双方进行沟通，相互了解学习，尽快进入到具体项目的讨论氛围中，及时地调整项目的具体需求和应对策略。虽然，从狭义上讲，这是一个选择建筑师的过程，但是有时，建筑师反过来甚至会帮助项目业主重新完善设计任务书；毕竟，建筑师在受到邀请后需要通读设计任务书，了解项目情况，并对任务书进

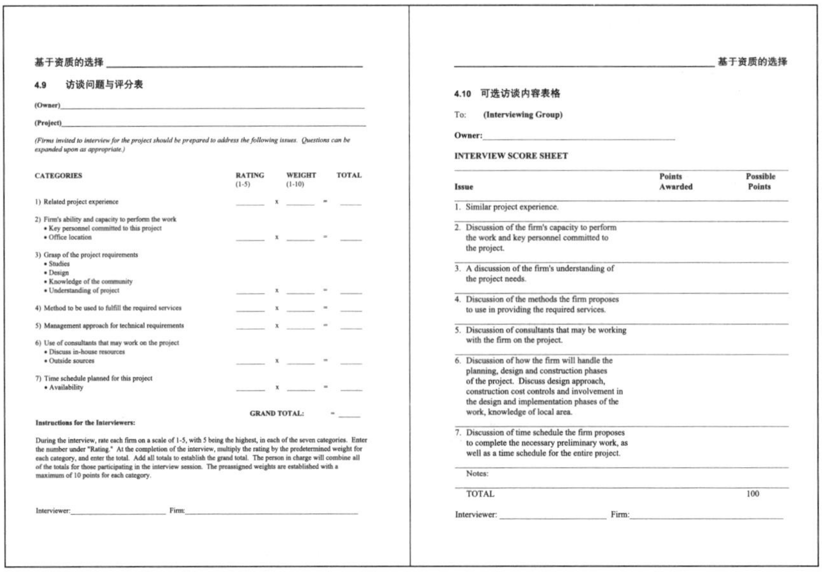

基于资质的选择

4.9 访谈问题与评分表

(Owner)

(Project)

(Firms invited to interview for the project should be prepared to address the following issues. Questions can be expanded upon as appropriate.)

CATEGORIES	RATING (1-5)		WEIGHT (1-10)		TOTAL
1) Related project experience	____	x	____	=	____
2) Firm's ability and capacity to perform the work • Key personnel committed to this project • Office location	____	x	____	=	____
3) Grasp of the project requirements • Studies • Design • Knowledge of the community • Understanding of project	____	x	____	=	____
4) Method to be used to fulfill the required services	____	x	____	=	____
5) Management approach for technical requirements	____	x	____	=	____
6) Use of consultants that may work on the project • Discuss in-house resources • Outside sources	____	x	____	=	____
7) Time schedule planned for this project • Availability	____	x	____	=	____
			GRAND TOTAL:	=	____

Instructions for the Interviewers:

During the interview, rate each firm on a scale of 1-5, with 5 being the highest, in each of the seven categories. Enter the number under "Rating." At the completion of the interview, multiply the rating by the predetermined weight for each category, and enter the total. Add all totals to establish the grand total. The person in charge will combine all of the totals for those participating in the interview session. The preassigned weights are established with a maximum of 10 points for each category.

Interviewer: Firm:

基于资质的选择

4.10 可选访谈内容表格

To: (Interviewing Group)

Owner:

INTERVIEW SCORE SHEET

Issue	Points Awarded	Possible Points
1. Similar project experience.		
2. Discussion of the firm's capacity to perform the work and key personnel committed to the project.		
3. A discussion of the firm's understanding of the project needs.		
4. Discussion of the methods the firm proposes to use in providing the required services.		
5. Discussion of consultants that may be working with the firm on the project.		
6. Discussion of how the firm will handle the planning, design and construction phases of the project. Discuss design approach, construction cost controls and involvement in the design and implementation phases of the work, knowledge of local area.		
7. Discussion of time schedule the firm proposes to complete the necessary preliminary work, as well as a time schedule for the entire project.		
Notes:		
TOTAL		100

Interviewer: Firm:

图 4-10 美国加利福尼亚州 QBS 导则中的评审表格示意 [152]

行初步的评价，从这个意义上讲，QBS 已经超越了一个标准化流程本身被赋予的内涵。

3. 建筑师完善任务书的自发性

除了上述国家法律法规层面，以及正式招标或选择建筑师的规程上，存在涉及建设项目设计任务书评价的实践空间，事实上，即便不是通过正式招标投标手续发布设计任务书，如委托项目，大量建筑师团队仍然保持着高度的自发性，进行着类似的任务书评价与质询活动。通过与业主、委托方和利益相关者保持沟通，不断明确、修改、补充和完善任务书的具体形式和内容，以便可以尽早地、及时地互通有无，达成项目设计目的的一致性，保证建筑设计工作的高效性。虽然建筑师们往往是出于本职工作的需要，下意识地发起或参与到任务书的完善工作中，但这样的活动，无疑也是一种对任务书的评价与反馈活动。虽然尚未形成“任务书评价”的特定专业术语或评价体系，仍可见任务书的评价在行业实践中，具有一定的现实基础。

本书采集到的任务书样本中，还有个别建设项目在发起之初，并没有给出足以支持设计工作开展的任务书；业主提出或委托建筑师团队编制任务书，这便需要建筑师具备一定建筑策划的知识和能力，能够构建一份初步的任务书，再通过反复的评价和修改，最终获得一个较高水准的任务书。还有一些设计任务书样本虽然具备整体框架，但存在重要条件缺失，具体需求不明，抽象要求跳脱等问题，需要建筑师首先评估已有任务书的可用性和不足所在，协调各方意愿和技术，完成任务书的深化和修正。这进一步表明，建筑师对于任务书需要有足够的了解和主动评价、完善的意愿。

4.3.2　建筑师对任务书的评价实践

上一节从法律规定与建筑师的自发性的角度阐述了任务书评价的现实基础，在本节中，将使用本书采集到的样本，具体说明目前行业实践中，建筑师所进行的与任务书评价、质询和完善相关的工作活动情况。

从本书掌握的任务书样本及其附属文件统计来看，共 26 个项目采集到质疑函、质疑回函、答疑文件、补充文件，以及其他形式的对设计任务书有影响的交流性文件。需要澄清的是，这并不代表没有采集到相应文件的其他 238 个项目没有进行质询、澄清或修改设计任务书的活动，而是限于本书采集任务书样本的途径和方法，获取相应的附属文件具有一定的难度；正如前文所述，本书采集到的全部任务书样本及其附属文件中，有 53 个项目在招标文件、征集文件或竞赛文件的条目中，明确提及文件的质疑、澄清或修改；除此之外，根据建设单位和建筑师团队提供的信息可以得知，还有 23 份虽然是以单纯设计任务书形式呈现的样本，但是有据可查，是由建筑师主导，或是在业主与建筑师的合作下，经过不断的修改而编制完成的。

26 个采集到质疑函、答疑文件或补充文件等相关附属文件的项目，本书样本总体的各项目类型基本均有所涉及，每类数量在 1～3 个左右，项目时间主要集中在 2015 年以后，具有较好的时效性。

下面，对任务书质疑的主要问题形式、任务书质疑内容的信息与格式两方面进行剖析，并以一个具体案例，展示在建筑师的协助下，建设项目任务书的修改与完善。

1. 任务书质疑的主要问题形式

就上述 26 个项目而言，通过统计分析与总结归纳，可以将建筑师对任务书的评价关注点和质疑问题概括为主要的 3 种情况：①审阅发现明显有误的内容，请求核实；②评估可能造成歧义的限制条件，要求补充说明；③给出一些具体的构想判断，征询可行性。

具体而言，情况①大多源于文本编辑或数字核算过程中产生的错误，表现为内容前后不一致、数值加和不相等、要求超出常规做法或不可实现等形式；例如，在某体育建筑设计项目中，其设计任务书第 56 页的部分内容如表 4-12 所示，关于热身场地用房面积参考表格，建筑师提出，"陆上训练房总面积为 450m^2，与其包含的几项面积总和不符：力量训练室 350m^2，拉伸适应室 150m^2，请予以解释。"在这一实例中，明显是给出的总面积出现了问题，在后来的答疑澄清文件中，将健身区（力量训练室与拉伸适应室）的总面积调整为了 500m^2。一份合格的任务书应该杜绝这种情况，避免反复校验调整，浪费各方参与者的精力和时间，或者造成更严重的累积错误；在任务书的评价活动中，这种情况应属于硬性核检项目。

速滑馆项目设计任务书片段   表 4-12

2. 热身场地用房		使用面积 /m²	数量	总面积 /m²	备注
陆上训练房				450	
	塑胶地面	V	1		1 ~ 2 道 200m 环形塑胶跑道，或 4 ~ 5 道 110m 田径塑胶跑道
	力量训练室	350	1	70×50	
	拉伸适应室	150	1	50×30	
	运动员更衣室	100	2		
	存衣柜室	40	1		
	卫生间	5	1		
	淋浴	5	1		

注：表中 V 表示可按需求自定数量

情况②的出现，一般是由于文本存在语义上的歧义，或是由于缺少明确的解释及足够的资料支持给出的限制条件，造成建筑师解读的困惑。例如：在某博物馆建筑设计项目中，建筑师请求进一步明确建设用地范围："针对设计任务书所附'图 3-1 征地范围'（图 4-11a），显示东侧的 3.07hm² 在地范围内，而在'图 3-2 总用地规划图'（图 4-11b）中显示东侧均为代征绿地；需要询问是否可以理解为，东侧征得的土地均为代征绿地而不能用于建设。"在这里，由于不同的图纸很可能来源于不同的时间段或部门，造成了表义不同而又没有彼此兼顾，也没有加以足够的解释说明。一份合理的任务书应该尽量避免这种情况；然而，由于不同团队、人员的行文风格和专业背景不同等因素，类似的情况不可能完全消除，因此，任务书评价质询的一个重要任务，就是将这些问题尽快地识别出来，并促进建筑师与业主、其他利益相关者之间积极地沟通，最终明晰所有设计条件和要求的科学依据，有的放矢地进行设计工作。

情况③是在建筑师通读并评价了任务书之后，开始对设计条件产生综合性的决策

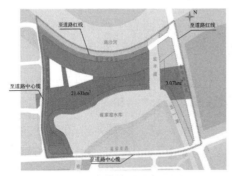 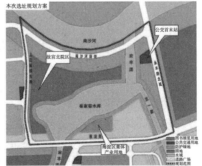

（a）图 3-1　征地范围　　　　　　（b）图 3-2　总用地规划图

图 4-11　某博物馆北院区项目任务书图示

资料来源：清华大学建筑设计研究院提供

时，针对解决方案的一些具体构想，甚至是可能超出任务书限制条件的一些臆想，希望了解业主或其他利益相关者的态度，如果需要，甚至获得修改任务书的许可。例如，在某剧院建筑设计项目中，针对竞赛文件附件中规划设计条件要求的"主体建筑北退红线 20m"，建筑师提出："在满足基底退红线的情况下，上部挑出建筑红线是否可以？"一份好的任务书在明确了底线条件的基础上，不会过多地限制建筑师团队的创造性。情况③的问题是任务书评价与反馈中最具灵活性的一部分，使得经过质询与完善后的任务书，能够为建筑设计活动提供更加张弛有度的指导和支持。

事实上，3 种情况的问题没有明确的界限，混合出现或互为因果的情况时有发生。例如，在某科研办公建筑项目中，建筑师针对设计任务书中"5.5 采暖及空调通风设计要求"考虑采用地源热泵的条目提出："根据初步推算，采用地源热泵空调方式需利用约 12 万 m^2 绿地，这在科研用地范围内无法实现，故能否利用公共绿地或考虑其他能源形势？"建筑师通过初步尝试判断出任务书中不合理的设计要求，同时大胆地提出替代解决方案商询设计条件的变更。又例如，在前述体育建筑设计项目中，其设计任务书的"5.6.1 建筑空间净高"给出："赛道冰面上方净空超过 20m 时，对场馆内温度、湿度、能耗的控制带来困难。"对此建筑师提出："鉴于现今国外类似高水平设施的冰场净空往往更高，主办方是否可以提供该数据的依据，如调研了哪些场馆？如果参赛人能够提供可靠的技术方案以保证建筑内的环境控制，是否可自行确定冰面上净空？"在这一实例中，建筑师首先指明了任务书中不符常规的限制要求；其次，要求主办方提供这一限制条件相应的数据来源与研究依据以确保任务书设计条件的合理性；最后，又提出了合理范围内的设想，征求有关方面的态度意见。

根据本书的样本统计，如图 4-12 所示，上述三种情况出现频率以情况②为最高，约占任务书评价与质询问题的 61%；情况③次之，约占 31%；情况①最少，仅占约 8%。据此可以推知，大多数任务书样本处于一个相对良好的物理状态，很少有低级错误，但在详尽程度和合理性上显得薄弱，指导建筑设计的工作能力还有一定的提升空间。

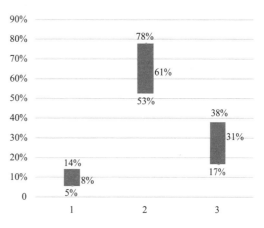

图 4-12　任务书质疑内容 3 种情况的频率分布

2. 任务书质疑的主要内容信息与格式

如果按照建筑师对任务书评价和质疑的具体内容信息来分类分析，表 4-13

建筑师对任务书的评价和质疑具体内容统计　　　　表 4-13

质疑内容 ＼ 项目编号		1	2	3	4	5	6	7	8	9	10	11	12	13	14	15	16	17	18	19	20	21	22	23	24	25	26	
A	**项目概况**																											**36**
1	项目名称																											0
2	基本情况介绍														×						×					×		3
3	项目地理位置																				×							1
4	地段周边环境	×		×	×			×	×											×	×				×			8
5	使用性质			×																				×				2
6	道路交通情况	×		×	×			×		×					×					×	×	×						9
7	地形、地质地貌条件				×			×			×									×	×							5
8	气候及气象条件					×														×								2
9	抗震设防要求																				×		×					2
10	树木情况	×									×											×						3
11	文物情况	×																										1
B	**设计目的、依据和任务**																											**17**
12	项目设计的目的目标														×		×					×						3
13	设计相关的依据性文件	×		×				×				×		×	×	×					×				×			9
14	现行国家规范以外的标准														×						×							2
15	设计单位应承担的任务											×		×	×													3
C	**规划设计条件与要求**																											**94**
16	建设用地与红线范围	×		×	×			×												×			×					6
17	建设规模														×						×				×	×		4
18	建设高度限制	×		×				×	×	×										×	×				×			8
19	建筑密度						×	×	×									×										4
20	绿地率			×				×									×	×	×						×			6
21	退线要求			×	×			×			×						×	×		×				×				9
22	停车要求	×		×		×		×									×	×		×	×			×	×	×	×	14
23	交通规划条件与要求	×			×			×									×	×		×	×				×			10
24	市政规划条件							×						×						×								3
25	建筑风格风貌							×				×		×			×			×		×				×		7
26	总平面与体量布局											×	×				×	×		×	×							7
27	出入口设置	×		×				×	×		×	×					×			×	×							9
28	环境协调	×						×				×																3
29	日照																×											1
30	环保																											0
31	容积率			×													×											2
32	配套要求																								×			1

续表

质疑内容 \ 项目编号		1	2	3	4	5	6	7	8	9	10	11	12	13	14	15	16	17	18	19	20	21	22	23	24	25	26	
D	**项目功能与建筑设计要求**																											**108**
33	设计原则与指导思想							×				×			×						×		×					5
34	功能定位			×					×		×			×	×					×		×			×	×		10
35	工程及其细部的详细要求	×		×				×		×		×		×	×	×	×			×		×			×	×		13
36	房间分区、面积与数量			×			×	×	×	×	×		×		×	×	×	×	×	×	×			×		×		17
37	其他具体工艺			×				×	×				×	×	×			×					×					10
38	景观绿化设计	×		×			×								×					×			×		×			7
39	流线组织			×			×	×	×												×							5
40	目标使用人群特征与需求			×			×	×		×				×						×	×	×	×		×			11
41	面积计算方法与浮动	×						×		×			×				×		×		×				×			8
42	层高与柱网			×						×					×								×	×				5
43	无障碍设计要求											×																1
44	绿色节能生态等级要求									×					×			×			×	×						5
45	智能化设计要求											×			×													2
46	管理与运营			×				×							×			×			×			×	×	×	×	9
E	**各专业技术要求**																											**75**
47	建筑			×											×													2
48	结构								×			×			×	×		×										5
49	暖通空调							×				×		×	×					×	×							6
50	给水排水							×				×		×							×							5
51	电气											×		×			×				×							5
52	人防	×					×	×							×	×												5
53	节能											×			×													2
54	环保											×																1
55	消防	×						×				×		×			×	×										7
56	安防			×				×				×		×			×			×	×	×						9
57	电信通信													×						×								2
58	材料与设备							×						×	×		×				×							5
59	装饰装修与陈设			×				×				×		×			×											5
60	造价与投资预算		×					×							×					×				×		×		8
61	工期与分期建设	×												×			×	×		×		×	×					8
F	**方案设计成果要求**																											**30**
62	设计说明							×												×					×			3
63	图纸							×	×																			2
64	方案图册或展板	×						×	×	×			×		×					×					×			9
65	模型		×							×					×							×		×				6

续表

	质疑内容 \ 项目编号	1	2	3	4	5	6	7	8	9	10	11	12	13	14	15	16	17	18	19	20	21	22	23	24	25	26	
66	其他可选技术文件	×	×				×						×		×						×							6
67	其他建筑工程要求			×					×																			2
68	交通工程															×												1
69	市政基础设施								×																			1
G	**其他设计有关资料（附件）**																											31
70	规划意见书								×																			1
71	可研或项目建议书批复								×																			1
72	用地范围及红线图							×																				1
73	现状地形图				×			×	×							×												4
74	其他市政许可或意向书								×	×																		2
75	控规、城市设计相关的内容			×			×		×													×						4
76	勘察报告							×												×	×				×		×	5
77	项目周边情况	×			×		×	×	×	×						×						×			×	×		10
78	图片资料				×										×							×						3

以本章 4.1.2 小节中根据各省市范本文件总结的任务书内容为参照，统计了本书的 26 个对任务书有评价与质询实践记录的项目。可以看出，建筑师团队的评价与质询范围几乎涵盖了任务书的方方面面，按照相关内容被质询的次数进行高低排序，其中又以以下几个方面的设计条件与要求为最突出的关注点：

（1）项目概况：地段周边环境、道路交通情况。

（2）设计目的、依据和任务：设计相关的依据性文件。

（3）规划设计条件与要求：建设用地与红线范围、建筑高度限制、绿地率、退线要求、停车要求、交通规划条件与要求、建筑风格风貌、总平面与体量布局、出入口设置。

（4）项目功能与建筑设计要求：功能定位、工程及细部的详细要求、房间分区、面积与数量、其他具体工艺、目标使用人群特征与需求、面积计算方法与浮动、管理与运营。

（5）各专业技术要求：暖通空调、消防、安全与安防、造价与投资预算、工期与分期建设。

（6）设计成果要求：方案图册和展板、模型、其他可选技术文件。

（7）其他设计有关资料（附件）：项目周边情况。

图 4-13 汇总了建筑师对于任务书评价与质询的重点关注信息条目，从比例分布可见，质疑最多集中在了"项目功能与建筑设计要求"这一类别上，这正是任务书最为重要且详尽的信息所在部分；建筑师通过阅读任务书，对设计要求的意义进行了解读，

对其合理性、详尽程度进行了初步筛查和检验，对于每一条影响核心设计的信息，都需要确保理解正确并能够实现，如若不能，则要在质询环节提出。另外，"规划设计条件与要求"和"各专业技术要求"作为紧密支撑设计工作的信息，也受到了高频率的询问；建筑师在试图对任务书中的设计要求开始做出综合决策之时，需要反复援引约束条件进行试错检查，如遇到不足量、不确定的约束条件，便需要通过质询申请补充。

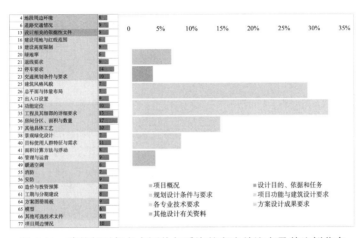

图 4-13　建筑师对任务书评价与质询的突出关注点及其比例分布

此外，"项目概况""设计目的、依据和任务""方案设计成果要求"以及"其他设计有关资料"，虽然较少被问津，但也不容忽视，作为最外围影响建筑设计工作的信息，有时具有一定的先决性和全局性，获得这方面准确无误且全面无虞的信息，是设计工作得以在正确的方向上持续运行的基础。

前面讨论了建筑师在对于任务书评价的实践中，按照任务书质疑内容的信息来分类的情况，而如果按照质疑内容的格式形式来分类，又可以划分出文字、数值、图表 3 个类型的任务书评价。文字形式的文本内容是任务书最常见的表现形式，也是任务书表义的主体，对于这一形式的评价和质询，主要是对叙述的含义和信息量的多少做进一步探讨；数值部分承担了任务书中建设规模、房间数量、面积等具体需求的表达，对于这一形式的评价和质询，则主要是复核具体的指标和定量条件的变化范围；图表往往结合前两种形式出现，目的是更加清晰、直观的解释文字和数值所表示的具体意义，表格和工程图纸在任务书中出现的频率较高，而图片、图解则相对较少，对于图表形式信息的评价和质询，多是检验表格的层级、套用关系，询问图像信息的数量、种类和内部信息。

总的来说，建筑师对于任务书评价的关注重点呈现出重核心、轻外围、多点兼顾的特征。具体来解读，图 4-13 中统计出的条目和一些特定形式、格式、类型的内容之所以备受关注，是因为它们中的一部分，具有一定的"风险性"，有的甚至是"高风险条目"。

举例来说，"规划设计条件与要求"中的"建筑风格风貌"，在任务书中往往以文字的形式陈述，常以"具有中国传统文化元素""体现地域特色""外观庄重典雅"或"现代感"等形容词性的词语作为核心，有的甚至限定了具体的风格和手法，如"以汉唐建筑风格为主""追求现代感而又不乏闽南文化神韵的建筑风格"等。首先，这些对于建筑风格风貌的要求缺乏相应的说明或论证，可能没有从总体规划或城市风貌的角度出发经过严谨的探讨，甚至是来源于决策层个人的主观授意，没有考虑特定功能性质的建筑是否适用相应的形式要求；其次，语言的描述具有一定的模糊性，对于某一种风格和意象的理解可能因人而异，最终的结果很有可能难于把控甚至被曲解；而对于具体手法的限定则很可能成为建筑师的束缚，为了追求特定的视觉效果，增加不必要的工程难度和造价。

又例如，"项目功能与建筑设计要求"中的"房间分区、面积与数量"，在任务书中多以表格的形式列出，分区简单、房间数量少的也有采用文字叙述的。表格形式的，由于房间列表过长或反复修改，经常出现细节上的出入；文字叙述的，则经常总述与分述前后不对应，只有分区的面积而缺少细节，这种情况可能是由于部分借用了其他相似项目的任务书，而没有根据本案的具体情况加以修改、完善，使得建筑设计不得不回到策划阶段进行面积分配的分析讨论，严重浪费了建设方和设计方的时间和精力。

再例如，"项目功能与建筑设计要求"中的"管理与运营"，大型公共建筑在设计时需要充分考虑后期的运营模式，预留相应的用房或空间变化的可能，不致造成"短命建筑"或"一次性建筑"，可以说管理与运营方式很大程度上影响着，甚至是决定着建筑设计的走向，但许多任务书在早期的研究中根本没有明确管理运营的主体和方式，最终导致任务书中缺少对于这一部分内容的说明，使得设计任务存疑，在这种情况下得出的设计方案可用性面临大打折扣的风险。

建筑策划评价，或者说任务书的评价就是要发现哪些条目和内容可能具有风险，具有怎样的风险，并确定其中风险的大小，划定风险的容忍界限，在项目的计划阶段实施对风险的干预与掌控。

当然，对于这些大大小小纷杂的潜在风险，也需要理性分析。任务书评价的首要任务固然是截断风险容忍线以外的风险条目和内容，但事实上，任务书中的风险仅有一小部分是超越了容忍线的"穷凶极恶"型，而除了"穷凶极恶"型的风险条目，还有两类情况也需要特别注意，它们构成了风险条目的大多数。

第一种情况，具有高发性，但在项目设计活动中被容错空间大，相对危害较小。如面积分项加和与总面积不等，几乎每份任务书都或多或少地存在这一问题，有的是由于项目总面积大，房间分级多且细而无法避免的疏漏，有的则是由于没有计算公共交通面积或面积计算方法不同，还有的是仅提供建议性的房间面积，各部分均可以再调整浮动。这种情况对应了前述任务书质疑问题形式的第一种，虽然广泛存在，但是建筑师对于这方面的质询相对较少，可以认为这种风险较多地处于可以容忍的范畴，但考虑到目前主要依靠人力校核，工作量巨大，还是需要提高这类风险识别的效率，向自动化识别转型。

第二种情况，虽然并不常出现，但是一旦被忽视并引发问题，后果影响巨大。如洪水退线资料缺失，标准不明确，并不是每一个项目地段都临近水体，而且根据水体情况的不同，洪水退线有 50 年一遇、百年一遇等多重标准，防洪要求也分规避和弹性应对等不同的措施。这种情况对应任务书质疑问题形式的第二种，虽然单个条目比较罕见，但逐个汇集成为建筑师主要的质询内容，可以认为这类风险更多地应归于不可容忍的范畴，特别是目前主要仰仗建筑师的专业素质、经验进行识别，急需更具普及意义和更高水准的方式，提高对这类风险识别的敏锐度和命中率。

如果以风险评估中最常用的"概率（可能性）—影响（后果）"评价基准作为二维标度绘制风险图谱的话（图 4-14），则落在坐标轴中的区域 I 中的风险条目，无疑是任务书评价中最关注的内容，即突破了设计底线的问题，必须做到准确识别并采取应对措施；区域 II 和区域 III 中的风险条目正是上一段中讨论的两种情况，也是需要任务书评价进行筛查的内容，其中又以区域 III 的意义更为重大，识别难度也较大，区域 II 则需要进一步分析是否可以被容忍；区域 IV 是相对安全的区域，大多数属于可以接受的风险，在任务书评价中有则改之，无则加勉。事实上，这样通过四个矩形区域划分风险的方式并不精确，在风险评估领域，有风险等位线的概念，即风险等级相同的风险所构成的线，在诸多风险等位线中，又有风险容忍线与风险接受线两条线具有较为重要的意义，是划分风险等级的常用参考标准。[①]

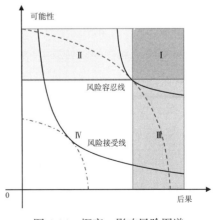

图 4-14　概率—影响风险图谱

---

① 以后果 C 和可能性 P 的等级数值相乘，得到风险等级 $R = C \times P$。

根据前面对于任务书中风险条目的分析，应将任务书评价最根本的风险评价范畴，从区域Ⅰ调整为风险容忍线右上方的区域，而考虑到对于区域Ⅱ和区域Ⅲ所对应的风险类型也有不同的关注需求，任务书评价指标区域的划分线应按照风险容忍线的趋势向两侧扩展，且向区域Ⅲ的扩展程度大于区域Ⅱ的，如图4-14中虚线所示；与此同时，风险接受线的趋势也进行相应的调整，如图4-14中点虚线所示。虽然经过调整后的两条风险划分线不再是风险等位线，但对于任务书评价来说更具现实意义。

综上所述，从针对招标文件和任务书的质疑函、答疑文件或补充文件，以及在建筑师的协助下演化出的新版本任务书来看，建筑师对任务书的质疑内容关注于任务书的实质性设计条件和设计要求，而对本文格式和契约条件等其他要素相对放松。应该说，相比于招标文件的审查，建筑师对任务书的质询，是一种基于风险的评估，更能触及建筑设计的根本底线问题，更加贴近本书所提出的任务书评价的概念，因此将是任务书评价体系的重要实践数据来源，也将是评价指标库的主要参照和构成。基于潜在的风险事件对任务书进行评价，是建立任务书评价体系的一条可行研究路径。

在第5章有关任务书评价体系建立的相关内容中，将就风险评估及其与任务书评价的关系进行阐述，并进一步将任务书评价聚焦锁定为一种关于建设项目任务书的风险评估，详细论述关于设计任务书条目的风险识别、风险分析和风险评价。

4.3.3　任务书评价活动现实基础的启示

综上所述，招标文件的质疑、澄清或修改，基于质量的选择程序等法律层面的支撑，以及建筑师完善任务书的自发性，体现了任务书评价的概念已经具有了一定的现实基础。而通过整理、分析招标文件和任务书样本的质疑函、答疑文件或补充文件，以及在建筑师的协助下演化出的新版本任务书，得到了其中对于任务书评价、质询、澄清、修改和补充的具体内容及其频率分布。一方面，这从一个侧面说明了建筑师的任务书评价实践与可行性研究审批、招标文件审查等评价是不同的，任务书评价实践更加细致入微，贴近建筑设计的核心问题，且任务书的澄清、修改和补充是与任务书的评价、质疑相互对应的，直接影响着建筑设计的质量，任务书评价具有其现实的作用意义并富有成效。另一方面，通过解读具有共性的任务书质询条目和内容，发现实践中已经存在的任务书评价活动是以错误、不足、以问题和风险等负面形式的信息为导向展开的，由此引出了可以从风险评估的角度进行任务书评价的研究路径，而总结得到的任务书质询关注点，也将为建立任务书评价体系提供实践数据支撑和指标体系参照。

第 5 章
建设项目任务书的评价体系建立

按照经典的评价学理论，一切评价活动都遵循一个大抵相同的流程。首先，明确评价的基本问题，包括评价对象、评价目标和评价操作主体等；其次，确定评价方案，对评价方法进行设计或选择，组合成熟成型的评价方法；然后，建立评价指标体系，主要包括筛选评价指标和生成指标权重；再后，收集评价所需的相关信息并分析，从而做出定性或定量的具体评价；最后，输出评价结果并检验其有效性，完成评价最终报告；此外，对于具有重复实验性质的评价体系，还应附加对于评价体系的信度、效度、灵敏度等后期长效检验机制。

第 5 章在本书前面 4 个章节的铺垫下，探讨如何依照这样一个评价学的基本流程，将适用于任务书的建筑策划理论基础、风险评估方法框架和数据挖掘技术手段组织在一起，建立起行之有效的任务书评价体系。

本章主要回答以下 5 个问题：

1. 任务书评价的基本问题如何界定？

2. 任务书的评价方案包含哪些具体的方法和技术？

3. 如何确定任务书的评价指标及其权重？评价指标的形式与内容是怎样的？

4. 本书可以给出什么样的评价应用工具？相对应的有哪些评价操作程序？

5. 本书建立的任务书评价体系及工具是否理论可行？

5.1　任务书评价问题的界定

5.1.1　评价对象与范围

本书是将建筑策划的评价聚焦于建设项目任务书评价的研究，那么正如第2章所述，如若使用系统评价学的解释来定义本书的评价对象，显然，任务书是评价活动的直接对象，也即是评价客体中的价值客体。被评价的任务书可以来自于各种类型的建设项目，而本书特别关注于政府投资建设的公共类项目的任务书。

具体而言，任务书作为评价对象，具有3个方面的客观属性，或者说是子评价对象：①素质条件，对应到任务书中，是指构成任务书文档主体的内容条目及其所包含的具体语义或数值信息；②运行过程，指的是任务书在建筑设计过程中所发挥的效用；③效益结果，是指在任务书的指导下，所完成的建筑设计方案或建成项目的品质。

第4章已经对任务书的素质条件做了拆解描述，确定了其在任务书中的客观存在性和主体性，并做了详尽的内容列举。以往的研究和实践虽然对这部分内容不无涉足，但多是停留在给出建议或客观描述的层面上，未有严谨的评价体系产生；而本书就是要将任务书的素质条件作为最主要的评价内容，尝试给出系统的评价方法。此外，任务书的生成机制和研究支撑材料两个方面，作为任务书素质条件的延伸，对任务书的价值具有较大的影响，甚至具有决定性的意义；考虑到在对实际的任务书样本群体分析时，发现了这两方面的表现状态参差不齐，因此也有必要将其纳入任务书的评价范畴内。

关于任务书的运行过程，也就是任务书指导建筑设计的活动，在以往的研究中比较罕见，也在本书探讨的评价范围内。实践活动中存在的一些自发性质的任务书评价，基本上都是集中于对任务书素质条件的评价，即从设计方案的角度来评判任务书的内容，而忽略了任务书对于人（建筑师、业主等）和设计活动这两方面的作用影响，不对任务书的操作性能优劣进行评判。本书把任务书在设计过程中的"表现"也作为一类评价对象，更加侧重了任务书的"使用性"，也对建筑策划提出了更高的要求。

任务书的效益结果涉及到建筑全生命周期的信息跟踪反馈，对于这方面，建筑性能评价、使用后评估、建筑信息模型等领域的研究持续不断地推进着。本书把任务书的效益结果纳入评价范围，实际上是将方案评估或各种形式后评估的评价，聚焦于与任务书相关的最终结果，特别是由任务书靶向导致的负反馈。本书可以结合这些已有评价的方法、数据和结果，简化这一类评价对象的具体评价。

任务书的评价无疑是关注于任务书的以上属性内容的，但实际上终究是关注于这些属性与评价主体的价值关系，毕竟属性本身并不具有价值的衡量标度。对于不同的评价活动操作主体而言，任务书的价值也会有所不同，因此不能一概而论。需要结合评价主体在建设活动中的主观需求，提出评价目标，以此为依据，判定任务书的价值，完成有效的评价。下面内容，便对任务书评价的目标和评价的操作主体进行展开。

5.1.2　评价目的与目标

任务书评价的目的是在建设项目的设计前期设置一道屏障，通过科学的手段找出任务书可能存在的问题，提供专业的反馈意见，使任务书可以有的放矢地得到修正和完善，从而保证任务书的合理性，杜绝任务书催生不理性的建筑设计，造成社会资源浪费的现象。

任务书评价的目标是实现任务书评价目的的具体执行标准，可以有两种解释：评价活动的目标和评价体系的目标。第一种评价活动的目标，针对每一次的任务书评价过程，是评价活动结束后所期望任务书达到的理想状态；第二种评价体系的目标，面向作为整体的所有评价过程，是经过一定案例积累后对评价体系所具备的能力期许。应该说这两种目标，前者落脚于作为评价对象的任务书，具有"立竿见影"的性质，而后者放眼于整个任务书评价体系，更具"循序渐进"的性质。

第一类任务书评价活动的目标，可以认为是判定任务书价值的基本目标，直接应用于上一小节所明确的评价对象。通过文献调研，结合本书第 3 章阐述的任务书评价环节缺失，本书总结出任务书评价的 3 个层次基本评价目标，每个层次目标下又有具体的解释内容，共计 10 个子目标，即通过任务书的评价，促成任务书的检验、反馈和修正，使得最终的任务书满足以下要求：

（1）保证一定不出"错题"

①符合建筑和其他相关行业的政策法规、技术标准等各级法律性约束条件。

②由适当人员规模和人员构成的团队进行编制。

③编制工作遵循科学合理的研究方法与流程。

（2）满足建筑设计的基本工作要求

④具有得当的格式、形式和篇幅，宏观、微观内容应合理配置。

⑤充分体现并正确表达业主或（和）使用者的需求。

⑥附加或能提供足够的研究资料，支持说明结论性的设计条件与设计要求。

⑦有动态调整的机制。

（3）能够高效指导建筑设计

⑧明确提出设计要点，节约时间与人力资源。

⑨文本措辞和具体所指，促进而非限制建筑师的设计创造。

⑩作为一种信息资料，具有行业互通性，并具备积累、类比和发展的价值。

任务书的第一类评价目标是评价活动的参照，也是评价指标的权重生成依据。

第二类评价体系的目标，具体的又可以分为短期目标、中期目标和长期目标。任务书评价体系的短期目标是探索适用于任务书的评价方法，在一定数量的案例任务书上进行试验，建立起具有操作性和可行性的初步评价体系框架。评价体系的中期目标是向研究机构、实践行业和资本市场开放本书得到的任务评价体系框架，进而在更多新的、真实的任务书上实施评价，积累评价数据，并以此为依据对评价体系进行调整，演进出一套成熟的任务书评价系统和工具。评价体系的长期目标是推广任务书评价系统和工具，在建筑职业教育和建筑行业立法上，加强对建筑策划的保障。

短期目标的实现是本书的主体内容；中期目标的实现方法会在本书第 6 章进行阐述，但限于本书的时间跨度和案例范围，不会展开时态操作；长期目标的实现则有待后续的研究和实践进行推进。

5.1.3　评价的操作主体

任务书评价活动的操作主体范围非常广泛，可以是一切接触建设项目任务书的人或组织。对任务书评价有需求的常见操作主体有：建筑策划团队、建筑师团队或设计单位、第三方专业咨询机构，以及相关审查或监察机构等；此外，建设项目的业主、广大建筑从业人员，以及有建筑职业教育需求者等，其在任务书评价活动中的主体地位常常被忽视，但实际上他们也有可能参与到任务书评价中去，甚至非常有必要具备自主主导任务书评价的能力。

建筑策划团队的本职工作便是为建设项目编制任务书进行科学研究，在经典的策划理论中，完成策划报告或任务书的之前或之后，对策划内容进行审视和预评价是不可或缺的一个步骤，因此，本书所提出的任务书评价则是提供了一种研究方法和工具，充分适用于建筑策划的自证需求，而策划团队是掌握任务书评价知识并付诸实践的不二主体。

建筑师团队或设计单位在现实的实践中，经常复合性地承担了建筑策划的工作，因此，他们往往也是任务书评价的执行者。即使是在一个具有相对独立策划团队和设计团队的项目中，设计团队仍然需要对任务书进行评价。在接触到一份全新的任务书之初，建筑师团队或设计单位通过实施任务书评价，一方面可以熟悉任务书的具体内容，对任务书的素质条件进行二次调整、完善；另一方面，由于此时可以结合设计活动的情景，因此还可以对任务书的运行过程形成评价。应该说，策划团队对于这部分的评价是没有发言权的，任务书的使用性能只有对其受众，也就是真正进行设计活动的建筑师，才构成可以评判的价值。对于任务书的系统评价不应只将素质条件作为评价对象，而忽视运行过程的评价，因此，建筑师是任务书评价的重要而独特的一方操作主体。

第三方专业咨询机构是一种行业发展成熟的存在。前述的策划团队和设计团队实施任务书评价，都是出于职业的需求和素养，然而从行业的规范性和操作的公正性角度来看，这两方在评价任务书时仍然具有徇私舞弊的动机与机会。因而，如果有第三方机构掌握任务书评价的技术，并由其来负责推动评价活动的展开，其他两方只提供相应的信息，则是非常理想的情况[11]。第三方机构更像是一个专业的平台，集成了评价工具、评价数据和教育资源，并管理着具有评价资质的专家库，其职能是督导各方在规定流程下进行项目申报，提交相应材料，做出评价判断，协调评分值争议，并最终授权相应的等级。此外，每个建设项目几乎都具有不同的策划团队和设计团队，完全相同的任务书评价操作主体重复出现的几率很小，这意味着此般"一次性"的评价活动结束后，在过程中所积累的经验和数据势必随着项目尘封；这是一种利己的社会劳动，却不利于项目间的横向比较和数据共享，造成了极大的信息资源浪费。而与此相对的，由于良好的独立性，第三方机构却极大可能被众多的项目所共享，因而其在积累评价数据上具有一定的优势；特别是一些涉密的建设项目，也可以通过这样的方式，加入到任务书数据库中，通过后台整体分析的方式，在不泄漏具体内容的情况下贡献其信息价值，发挥任务书评价体系所设想的反馈和前馈作用。

审查或监察机构是第三方机构的变体，或者说是进阶版本。当任务书评价作为一种专业业务得到行业内的广泛认可时，便十分有必要将其上升到法律性、强制性的高度，由具有行政监察能力的政府机构来操作或特别监管。当然这两者其实是相辅相成的，有时也是需要政府机构的推行来带动行业的发展。在我国简政放权的大改革背景下，政府机构不会过多地参与建设项目如此细节性的管控，但任务书评价的必要性并不会缩减，这一点已经在本书第 3 章中论证过；因此政府部门与第三方机构进行合作，指定和委派达到相应资质的第三方机构完成具体的任务书评价，将是比较有希望的做法。

项目业主与任务书的评价活动看似相去甚远，但其也应具有一定的知识储备和操作能力。建设业主是项目的所有者，任务书是其与专业的设计团队进行沟通的纽带，双方都应对其具有充分的认知和主动性，如果将任务书评价的工作放任于一方，势必造成决策的偏颇和信息的阻塞，因此建设业主群体中至少应派出代表，与建筑师共同构成任务书评价的操作主体。对于使用业主而言，虽然在很多建设项目中使用业主与建设业主是统一体，但是本书所特别关注的政府投资建设的项目，还涉及大量社会公众作为使用业主的情况，在这种情况下，公众掌握一定的任务书评价手段，为其参与到建设项目的前期决策中提供了一条途径，对于提升建筑的合理性、透明性和社会性都大有助益。此外，业主还是任务书效益结果评价不可僭越的操作主体。事实上，业主往往不愿意投入更多的成本进行后评价，这与以往非专业的业主群体对建筑专业知识不甚了解不无关系，任务书评价将业主纳入操作主体，也是致力于从更早期介入，增强其专业性认同，为后评价埋下伏笔。

建筑专业的学生和有建筑职业教育需求者，虽然在平时的学习中较少会接触到实践型的任务书，但作为潜在从业人员，对任务书有自主分析、评价甚至提出质疑的能力却是十分重要的，因为在真实项目的前期沟通中，其将代表专业的一方，必须具有清晰而理性的判断能力。建筑策划的知识，特别是其中任务书评价的技能，应该作为基础内容纳入建筑师职业教育中，而不是留待参与设计实践时再进行摸索。因此不论是学生或初级的职业受训者还是广大的相关专业从业者，为了更好的专业交流和职业发展，都有可能成为任务书评价的操作主体。

5.2 任务书评价方案的设计

5.2.1 经典的评价方法

广义的评价方法包括选择评价指标的方法，生成指标权重的方法，收集评价信息的方法，分析方法，检验方法，等等，而上述的每个"方法"实则又是一个个复杂的方法系统，具有繁多的具体方法技术，如分析方法可以分为定性法、定量法与定性定量相结合的方法，不论是定性方法还是定量方法，又可以细分下去，如同行评议法、德尔菲法（匿名专家法）、案例调研法、计量法、层级分析法、多指标综合法等评价方法都是耳熟能详的。

评价学发展至今，已经形成各种"打包成型"的方法，它们在众多学科领域内都能够得到很好的迁移应用。对于各种应用领域层出不穷的评价体系，所谓评价方案的设计，并不是凭空地创造出一套全新的评价方法，而是对已有评价方法进行选择和组合，借鉴成熟的技术与做法，并结合具体的评价应用进行改良。任务书评价方案的选择也不例外。

第4章提到了风险评估在任务书评价问题上的应用，风险评估是评价学当中一条壮硕而成熟的理论分支。应该说，之前的理论研究和项目实践，在任务书评价上涉足风险评估的做法是无意识的、浅显的，但却是非常合理的，也是非常有潜力的，因为任务书的评价从本质上来讲，就是一种对设计底线的控制。因此本章将深入尝试借鉴风险评估的理论和方法，具体落实任务书的风险评价体系的建立。

风险评估或者说风险管理，研究的是具有不确定性的事物，试图以理性的方式对其进行分析和管理，以面向未来进行更好的决策。理论的学术研究对风险管理的流程多有探讨，操作步骤的划分环节数从 3 ~ 11 不等，较为常见的是分为 5 或 6 个主要环节，分别是组织计划、风险识别、风险分析、风险评价、风险控制以及跟踪评审，各个环节在连续的沟通、咨询和建档整体环境中，串联构成了一个循环的通路；各个环节在微观层面上又有各自的展开内容，如图 5-1 所示。其中风险识别、风险分析和风险评价是风险评估的 3 大核心板块，也是风险管理的重要内容。从这个意义上来讲，风险评估较风险管理的概念更窄，主要是指确定并分析风险，而向后延伸，则有风险的控制和检测，等等，合在一起的整体构成风险管理。[153]

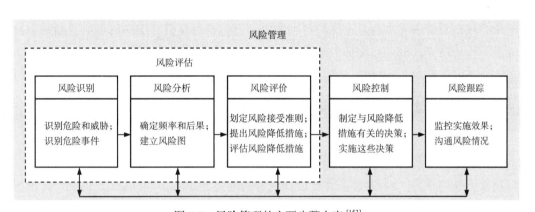

图 5-1　风险管理的主要步骤内容[153]

ISO 也给出了风险管理的相应解释和规定，通过 ISO Guide 73：2009《风险管理：术语》（*Risk management: Vocabulary*）、ISO 31000：2009《风险管理：原则与实施指导准则》（*Risk management：Principles and guidelines*）和 ISO/IEC 31010：2009《风险管理：风险评估技术》（*Risk management: Risk assessment techniques*）三个文件，分别定义和阐述了风险管理的术语、原则与实施指导准则和风险评估技术，其中的风险管理过程与理论研究给出的步骤大同小异，也是强调了一个动态的评价体系框架。这样的风险评价框架，为任务书评价提供了一个基础的操作规程。[154-156]

言至于此，已经将任务书的评价指向了任务书的风险评估，上一节对于评价对象、评价目标和评价主体的定义，也都转向了风险管理的第一阶段——组织和计划，成为风险评估前的准备工作,明确了任务书风险评估的范围、目标和研究团队。而从风险评估的理论出发,任务书评价方法方案的设计围绕 3 个基本问题展开:"任务书可能有什么样的问题?""任务书发生问题的可能性有多大?"以及"任务书发生问题的后果是什么?"这其中,第一个问题对应了风险评估过程中的风险识别,而后两个问题则属于风险分析,最后的风险评价是对所有问题的综合阶段,对风险是否要被接受或容忍做出判断,输出给风险控制环节。对应到广义评价学的方法体系,风险识别的方法是生成评价指标的指导方法,风险分析的方法是评价指标赋权的计算方法,而风险评价方法则是评价信息收集与分析的判定方法。

对于本书可用的风险识别、风险分析和风险评价具体方法,如果从与建筑学相近的建设管理学科领域来审视,关于建设项目的风险评估方法早已有了大量的研究;但是在建筑策划阶段,也就是项目的前期计划阶段,更多的还是从经济和成本的角度对项目整体进行风险分析,对设计进行风险管控的分析则较少 [157-160]。特别是针对任务书,更具体地说是基于一种报告性质的文本文档,进行设计条件与设计要求的风险评估,则具有相当大的研究空白。虽然任务书的风险评估缺乏研究,但同时也应看到一定的理论可移植性。在第 2 章理论回顾中介绍过的卡姆林的策划清单,就是基于建筑策划错误的一种评价工具,可以算作是一种早期的任务书风险评估方法。

显然,如建筑策划等建筑学领域的研究比建设管理领域的研究,更加关注于设计方面的风险评估,但是需要注意的是,任务书评价与建筑设计评价具有不同的风险域。如上文所述,任务书风险评估的第一问题是"任务书可能有什么样的问题",这一风险问题具体应解释为"××设计条件或设计任务的陈述会不会引起问题",而设计评价的风险问题则是"××样的设计是不是好"。举例来说,针对"恶劣的地质条件"这一风险要素,对于设计评价,其风险事件可能体现为采用了惯常的结构形式设计,但实际上这一设计并不满足该地质条件下的抗震级别要求,即设计得不够"好";而对于任务书评价而言,遗漏、回避或错误地阐述地质条件的情况,导致设计人员不明或低估地质条件带来的设计难点,即任务书陈述可能"引起问题",才是任务书评价中这一因素对应的风险事件。因此,具体应用于任务书的风险评估方法,需要针对任务书的风险问题进行调整。

除了关注于方向性的风险问题,任务书风险评估方案设计还应掌握风险评估方法体系的特征或者说方法的原理框架,以便做出适当的选择。风险评估方法的科学机理传统主义是基于经验而非科学的,如对潜在的风险事件进行识别时,由于缺少系统的数据记录或错误日志,更多的是依赖于专家的知识库,常用的检查表法、专家调查法、

文献搜索法等，或多或少都是属于此类；又如在回答风险事件所造成后果有多严重的
问题时，会大量地使用人工评级（评分 rating 或排序 ranking）的方式，来衡量无法直
接进行物理测量的后果，或比较难于用同一标准描述的不同指标，使用最为广泛的层
次分析法就是非常经典的定性指标定量化方法。

　　在前面的多个章节中，本书均提出了利用大数据的思想，通过一种更为"非主观"
的方式来识别和分析任务书的风险内容。反观风险评估的方法体系（图 5-2），如果想
要"避开"主观方法的不利干扰，采用更为数据化和科学化的方法进行评价探索，则需
要选择基于客观存在的方法，如失效模式与影响分析（failure mode and effects analysis，
FMEA）（图 5-3）、危险与可操作性分析（hazard and operability，HAZOP）等系统
方法，贝叶斯网络（bayesian statistics and bayes network）、FN 曲线（FN curves）等统计
方法，以及因果分析（cause and consequence / effect analysis）、情景分析（scenario
analysis）、事件树分析（event tree analysis，ETA）、故障树分析（failure tree analysis，
FTA）等逻辑方法，还有马尔可夫法（markov analysis）、佩特里网（petri net）等综合
的风险评估方法[161]，在如图 5-2 的斜线阴影区域中，找到一条方法方案的路径。事实
上，风险评估领域本身目前也面临着向数据化和自动化的转变，正试图摆脱过分依赖
经验这一方法途径可能带来的主观问题；以任务书作为真实而具体的研究对象，尝试
在风险评估方法中加入大数据的理论和技术，对于广义的风险评估研究领域是一种开
拓，对于发展策划评价理论应该说机遇与挑战并存。

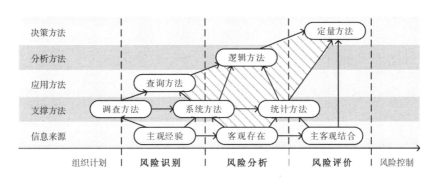

图 5-2　风险评估的方法体系与结构走向

　　以上，本书明确了在风险评估中加入数据技术的任务书评价研究路径，为了严谨
的设计评价方案，首先观察其他学科领域，找寻是否存在可以借鉴的成功案例。通过
文献调研发现，融合了这两方面进行评价方法研究，较为成熟的是生物医药领域。一
个典型的问题是对致病的风险因素进行识别，研究人员常常借助逻辑回归模型对大量

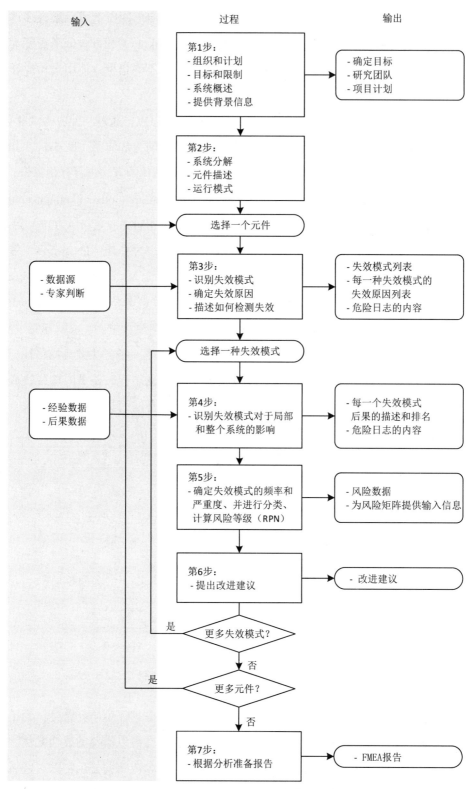

图 5-3 FMEA 法工作流程 [152]

医疗数据进行机器学习，找出不同因素的组合和所导致最终结果之间的关联关系，进而求得各因素的风险系数；这实际上是一举两得，既可实现风险因素的识别和风险评价指标权重的求解，又可获得对于发病与否的概率预测。

如表 5-1 所示，致病因素的风险识别是一个多属性（多指标）综合评价的问题，该问题一般被转化为多维向量的拟合问题，也就是已知大量的变量 x_i（$i = 1, 2, \cdots\cdots n$）取值组合及其对应的解 y，对多元一次方程：

$$y = ax_1 + bx_2 + cx_3 + \cdots\cdots + kx_n$$

求取系数 a，b，c，$\cdots\cdots$；系数越大，表示其对应的因素在导致发病这一结果中的作用越大，也即是致病高风险指标。求得系数便获得了一个致病因素的数学模型，对于新的数据组，可以求得对应的发病概率 y 值。

致病因素风险识别数据表（示意）　　　　　表 5-1

病人编号	是否发病	年龄（岁）	生活习惯	身高（cm）	体重（kg）	血压（mmhg）	……
1	0	35	3	178	70	70/110	……
2	0	40	1	190	85	90/120	……
3	1	66	2	169	75	80/130	……
……	……	……	……	……	……	……	……
	y	ax_1	bx_2	cx_3	……	kx_n	

由于参与计算的数据量巨大，所以这部分工作由计算机来完成。计算机实际上并不需要真的将这些系数求解出来，对于实践型的研究，这里的最终目的是得到 y 的结果，为了实现这一目的，使用的是逻辑回归的数学原理，其主要思想是在保留变量和解取值对应关系的前提下，通过 sigmoid 函数的变换：

$$y = F(x) = \frac{1}{1 + e^{-x}}$$

将形态未知的原函数"压缩"至一个理想的取值区间内，并"迫使"其呈现出一定的规律。如图 5-4 所示，由于 Sigmoid 函数具有逻辑判断的优良特性，即能够直接表达具有特征 x 的样本被分入某类的概率 $F(x)$：当 $F(x) > 0.5$ 时 x 被分入正类，当 $F(x) < 0.5$ 时 x 被分入反类。因此，逻辑回归机器学习法可

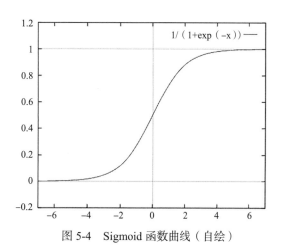

图 5-4　Sigmoid 函数曲线（自绘）

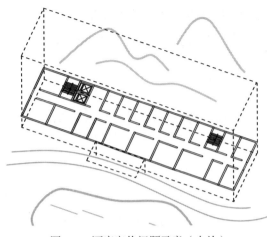

图 5-5　酒店定价问题示意（自绘）

以通过 y 在区间 [0，1] 上的概率分布来实现 y 的分类预测（是否发病）。当然，这里计算机也能够帮助计算出并返回系数的求解结果。

同样的方法原理已经被应用到建筑学领域内，如酒店房间定价问题就可以用逻辑回归进行计算和解释。如表 5-2 和图 5-5 所示，在一个虚拟的"前水后山"酒店案例中，各个房间具有不同的条件要素，面积大小，是否

是山景房、湖景房，距离电梯和楼梯的距离，以及私密性程度，都可能成为决定其价格高低的因素。一般来说，酒店房间的价格是一个商品性质的结果，具有良好的概括性，且可以直接从市场获得，只要拥有足够多的案例房间数据，使用逻辑回归进行计算，便可以得到房间定价的数学模型，剖析决定价格的主要因素，并进行新的定价操作。

酒店定价问题数据表（示意）　　　　　　　　　　　　　　　　表 5-2

房间编号	价格（元）	面积（m²）	……	湖景	山景	楼梯	电梯	尽头
1	2000	30	……	1	0	5	5	1
2	1500	20	……	1	0	7	5	0
3	1200	20	……	0	1	7	25	1
……	……	……	……	……	……	……	……	……

从以上两例可以看出，逻辑回归机器学习方法具有一个重要的特点，即大量需求数值型变量的数据。虽然该方法可以容忍一定分类变量的存在[①]，但是过多的分类变量会影响机器学习模型的精度效果，造成计算结果的质量严重下降。另外一方面，建筑问题往往具有复杂性和模糊性，任务书的评价结果远非 [0，1] 概率分布所能表达概括。因此，对于以文本数据为主的任务书而言，逻辑回归机器学习法显然并不适合直接、全面的应用；而对于任务书中的数值型数据，如面积列表，基于大数据的逻辑回归机器学习思想是具有一定可用性的，通过对机器学习数学原理的变换和具体算法的改造，有可能实现这部分数据的风险评估的。

---

① 只有属性而没有量值的因素变量，难以用数值度量表示其大小，使用虚拟变量（dummy variables）的方式，通过"Yes：D=0"或"No：D=1"的规则来表示是否属于某一类条件，从而实现对定性数据的定量化表达。

对于上述在综合了风险评估与大数据的研究上有应用困难的任务书文本数据，可以首先退而求其一，观察有关文本数据的（风险）评价方法研究，再伺机寻找大数据技术可能的切入点。对于文本数据进行评价，最为成熟的研究和广泛的应用当属文献计量。文献计量是定量评价科研文献成果的方法，以整个文献体系和具体某篇文献的计量特征为研究对象，通过统计和数学计算，研究文献体系的分布结构和变化规律，以及某一主题文献的数量、引证关系等。文献计量主要的评价指标分为描述性指标和关联性指标两大类；描述性指标有如论文（数）量、引文（数）量、年代时间、影响因子、词频分布等，关联性指标有如合作著文的作者、引文关系、引文机构、共词和共引、学科（主题）关联度等。[70, 162]

从文献计量的评价指标不难看出，文献计量学的评价方法是将整篇文档作为研究单位来对待的，侧重的主要是文献体系整体的量和相互之间的引用关系，这与本书想要针对任务书文档的文本内容和作用效果进行评价的需求大相径庭；且这样的评价与"风险"无甚联系。若论及文献计量中可以被称为"风险"的事件，只有查重率过高（涉嫌抄袭）的概念比较相近，而相应的文献查重正是一种深入到文本数据内部，从词频分布、结构和内容特征角度来分析、审查和评价的方法。

然而"查重"并不是任务书风险评估所期望的落脚点，毕竟任务书之间有相同的文本段落并不是一种致命的错误，而文本具体内容的谬误才是风险。同样是基于词频分布、结构和内容特征的研究还有科学知识图谱，这是一种综合评价方法，可以通过可视化方式表征科学知识的结构关系、热点所在和发展规律等信息，对于定位具体内容的相关知识体系，找寻引文和佐证材料，衡量相似度和偏离度，具有多维度的评价能力[163]。这对于任务书评价来说，如果任务书的某些文本内容无法在已有的知识体系内找到定位，或是缺乏引证，再或是偏离了知识图谱的核心区域，便可以认为是潜在的风险内容。

知识图谱的核心思想可以理解为"数据抽取—聚类或网络分析—可视化"的 3 步曲。第一步，数据抽取首先对样本库中的文本数据进行分词、去停用词、去重、勘误等预处理，然后对关键词、共词等"知识单元"通过词频、共引关系等描述方式进行标准化表达。第二步，以抽取到的标准化"知识单元"数据为因子，进行因子分析、多维尺度分析、聚类分析等，或构建网络关系。在第三步可视化操作中，以几何图、主题河图、星团图、冲积图、地形图等形式绘制知识图谱，然后从结构、分布、突变等角度对图谱进行解读，或通过进行放大缩小、浏览查询、过滤关联等对其进行解读。

当然还需要看到，知识图谱的相关研究目前尚不够成熟，更像是各种数据挖掘方法的拼凑合体，各个技术步骤之间的衔接依靠人工手动切换和调试，且若要实现对任务书知识图谱的绘制，需要将研究的数据基础从整个文献体系切换为任务书样本库，现有的知识图谱相关工具还不具备这样的功能设定。虽然不能将知识图谱整体移植作为任务书评价的方法，但仿照其思路，一些评价统计指标在任务书文本数据上仍然具有借鉴意义，各个步骤的文本挖掘方法也均可以尝试套用。

在这里大数据的概念和技术也有较好的接入点。像任务书文档这样平均字数（中文）在10000字左右的超长文本，涉及内容复杂多样，信息含量巨大，加之目前已经收集到200多个任务书样本，随着样本库的积累完善，参与评价分析的文本数据量还会不断快速增加。虽然大数据的概念不能与海量数据库画等号，本书所拥有的文本数据量可能也只能称为"小数据"，但对于这样数量级的文本数据进行分词等处理，进而抽取关键词进行词频、相似度等数据挖掘分析，已是人工方法所不能掌控的了，利用计算机甚至云计算的能力成为必然之势。而本书应用的任务书样本库也仅仅是一个探索性质的开始，任务书的文本数据虽为主体但却远非全部，因此，任务书评价的方法绝不应局限于满足现阶段的计算需求，而是应该放眼于大数据的技术进行设定，预留长期、多维度跟进研究的可能。

5.2.2　适用于任务书评价的方法方案

经过上一小节的梳理，本书已经有了一个大致的任务书评价方法取向，即以文本数据为基础的关键词抽取、聚类及索引，以及数值数据为基础的机器学习及分类预测，融合了建筑策划、风险评估和数据科学等多种理论概念。在确定使用于任务书的评价方案之前，本书还应该将目光收敛回到建筑学领域内部，观察已经成形的一些其他评价工具；毕竟其他领域的评价方法可能更多地体现一般评价体系的特征，而同为建筑学领域的评价则能兼顾建筑专业评价的特殊性，两方面对于任务书评价都有借鉴意义，缺一不可，需要共同来支撑任务书评价体系的建立。

建筑学领域的绿色建筑评价在世界范围内都得到了较好的发展，美国有著名的LEED绿色建筑评价体系，英国有BREEAM绿色建筑评价体系，德国、法国、加拿大、澳大利亚、日本等国也都有自己的绿色建筑评价体系，我国也有相应的《绿色建筑评价标准》GB/T50378—2014，都是非常具有代表性的建筑相关评价体系，同时也是成熟的评价工具，可以作为任务书评价体系学习的对象。

美国的LEED绿色建筑评价体系由会员制的美国绿色建筑学会（U.S.Green Building Council，USGBC）制定，具体的评价指标大类开发与维护工作，是由学会核心专业委员会之一的 LEED 指导委员会（LEED Steering Committee，LSC）下设技术分委会，领导其下属的 6 个工作组（Tag）进行的 [①]。工作组通过收集和分析 14 类会员单位意见和建议的方法 [②]，在基本共识、利益诉求和专家经验的基础上，完成了评价指标的确定；此外，USGBC 还会定期进行工作总结回顾，以不断修订评价体系的细则。评价体系指标权重则是借用、组合了多种研究成果和其他评价工具 [③]，通过组建专家小组进行文献调研的方法 [④]，确定绿色建筑评价所要探讨的环境影响类别或评价目标，使用 AHP 层次分析法从多个角度给出各环境影响类别或评价目标的相对重要性，选取在建筑能耗、用水和交通三方面接近于美国国内公共建筑平均水平，在材料方面接近于最高水平的建筑场景（building scenario）作为"原型"（prototype），交由关联工作志愿团队来计算"原型"在各个评价指标下的表现与影响类别或评价目标的"关联度" [⑤]，结合相对重要度分值作为权重系数。[164-167]

本书整理了 LEED 绿色建筑评价体系用于建成环境（existing building）的评价指标体系，表 5-3 给出了部分整理结果。可以看出其使用了"2.5 级"评价框架，大部分评价内容采用了两级指标，少量分出了第三级指标。第一级按照评价内容划分为 7 大类，第二级给出具体评价指标，共 43 项，第三级对部分二级项进行了具体情况拆分，总共累计 67 个评价指标。整个评价体系采用隐性权重，通过可选分值的不同区分不同评价指标的重要程度，大多数评价指标为单一分值"1 分"，即只有得分与不得分两种情况，一些评价指标有多个梯度值可以选择。评价体系包含了加分项，并为最终得分设置了奖励性的等级认证门槛。

我国的《绿色建筑评价标准》由中国建筑科学研究院和上海市建筑科学研究院领衔编制。该标准内的评价体系是在总结国内绿色建筑方面多年实践经验和研究成果的基础上，借鉴了国际上的先进经验，从而确定了多目标、多层次的综合评价方法。通

① 材料与资源工作组、水资源工作组、室内环境质量工作组、可持续场地工作组、选址与交通工作组，以及能源与大气工作组。

② 建筑产品或部品制造企业、建筑施工企业、商业公司及零售业企业、教育研究机构、符合 501（c）（3）的环境组织和非盈利性组织、联邦政府、金融保险业机构、专业公司、专业社团、行业公会及其他非盈利性组织、房地产开发商及房地产服务提供商、州及地方政府、能源管理公司、能源服务提供商、各 USGBC 地方分会、国际绿色建筑委员会。

③ 美国环境保护署（EPA）开发的消减与评估化学物质及其他环境影响的工具（tool for the reduction and assessment of chemical and other environmental impacts，TRACI），美国国家标准协会（NIST）开发的全生命周期环境与经济可持续评价工具（building for environmental and economic sustainability，BEES）和全生命周期分析方法（life cycle assessment，LCA）。

④ 专家小组人员构成多样，共 19 人，来自 3 个领域：建筑材料、建筑部品、设备系统、服务相关的生产和销售代表 7 人；购买或使用建筑材料、建筑部品、设备系统和服务的用户 7 人；富于 LCA 经验的专家 5 人。

⑤ 由熟悉 LEED 评价体系和影响类别的 USGB 会员、绿色建筑领域的部分专家共同组成。

表 5-3

LEED 绿色建筑评价体系（EB 2009）（部分）

一级分类	名称	权重	二级指标	名称（二级指标）	权重	三级指标	名称（三级指标）	可选分值
1	SUSTAINABLE SITES	100%	1.1	LEED Certified Design and Construction				4
			1.2	Building Exterior and Hardscape Management Plan				1
			1.3	Integrated Pest Mgmt, Erosion Control, and Landscape Mgmt Pl				1
			1.4	Alternative Commuting Transportation				3 4 5 6 7 8 9 10 11 12 13 14 15
			1.5	Site Development—Protect or Restore Open Habitat				1
			1.6	Stormwater Quantity Control				1
			1.7	Heat Island Reduction		1.7.1	Nonroof	1
						1.7.2	Roof	1
			1.8	Light Pollution Reduction				1
2	WATER EFFICIENCY	100%	2.1	Minimum Indoor Plumbing Fixture and Fitting Efficiency	/			
			2.2	Water Performance Measurement				1 2
			2.3	Additional Indoor Plumbing Fixture and Fitting Efficiency				1 2 3 4 5
			2.4	Water Efficient Landscaping				1 2 3 4 5
			2.5	Cooling Tower Water Managemen		2.5.1	Chemical Management	1
						2.5.2	Nonpotable Water Source Use	2
3	ENERGY & ATMOSPHERE	100%	3.1	Energy Efficiency Best Management Practices				
			3.2	Minimum Energy Efficiency Performance	/			
			3.3	Fundamental Refrigerant Management				
			3.4	Optimize Energy Efficiency Performance				1 2 3 4 5 6 7 8 9 10 11 12 13 14 15 16 17 18
			3.5	Existing Building Commissioning		3.5.1	Investigation and Analysis	2
						3.5.2	Implementation	2
						3.5.3	Ongoing Commissioning	2
			3.6	Performance Measuremen		3.6.1	Building Automation System	1
						3.6.2	System-Level Metering	1 2
			3.7	On-site and Off-site Renewable Energy				1 2 3 4 5 6
			3.8	Enhanced Refrigerant Management				1
			3.9	Emissions Reduction Reporting				1
4	MATERIALS & RESOURCES	100%	4.1	Sustainable Purchasing Policy	/			
			4.2	Sustainable Purchasing Policy				
			4.3	Sustainable Purchasing—Ongoing Consumables				1
			4.4	Sustainable Purchasing		4.4.1	Electric-Powered Equipment	1
						4.4.2	Furniture	1
			4.5	Sustainable Purchasing—Facility Alterations and Additions				1
			4.6	Sustainable Purchasing—Reduced Mercury in Lamps				1
			4.7	Sustainable Purchasing—Food				1
			4.8	Solid Waste Management—Waste Stream Audit				1
			4.9	Solid Waste Management—Ongoing Consumables				1
			4.10	Solid Waste Management—Durable Goods				1
			4.11	Solid Waste Management—Facility Alterations and Additions				1

注：二级指标中权重为"/"的是评价的前提条件（prereq）

过征询专业人士和有关方面意见的方法[①]，对如何开展评价活动和需要评价的问题进行了专题论证，对具体的评价指标、指标要求、指标权重等内容进行了反复讨论、协调和修改，最终经过审查，确立了一套完整的评价体系。[168-169]

本书整理了我国《绿色建筑评价标准》用于公共建筑设计环节的评价指标体系，表 5-4 给出了部分整理结果。可以看出其使用了三级评价框架，第一级区分评价内容为 6 大类，具有独立的权重系统；第二级根据评价内容的性质，共 26 项，分为控制项（必评项）和评分项，采用了绝对权重（不设权重或权重为 100%）；第三级共 108 个评价指标，不设单项权重和评分等级，不同评价指标根据具体要求可选的评分值不同。与 LEED 相同，我国的评价体系也包含了创新加分项，并为最终得分设置了奖励性的星级标准。

此外，本书还与美国哈佛大学设计研究生院的 Zofnass 项目组展开了合作，系统地学习、借鉴了其主导开发的"基础设施可持续性评价体系及评价工具"（Envision Rating System for Sustainable Infrastructure，Envision[TM]）。Envision[TM] 的开发历程、整体模式与著名的 LEED 极为相似，它是由 Spiro Pollalis 教授所引领的 Zofnass 项目组，联合美国的可持续性基础设施协会（Institute for Sustainable Infrastructure，ISI）[②] 开发的，双方分别汇聚了研究领域与实践行业的人士，集合了专业的研究力量和真实的案例数据，对基础设施可持续评价的必要性、目的目标、需要评价的内容和评价体系的形式进行了反复磋商，最终形成了现行的评价指标体系。评价指标的权重确定方法则是由开发人员进行会议讨论，根据指标各等级被达到的难易程度，以及所需提交证明材料的多少而决定，这一点也与 LEED 的权重赋值法也有相似之处。[170]

本书整理了 Envision 的评价指标体系，表 5-5 给出了部分整理结果。可以看出 Envision 也使用了三级评价框架，第一级按照评价大类内容分为 6 个大类，类与类之间重要度相同；第二级开始对第一级内容进行细分，共展开为 14 个二级项，项与项之间也不区分重要程度；第三级是具体的评价指标，共 60 个，每个评价指标都有 5 个评分等级，虽然设置了相同的评分等级名称，但各评价指标在各等级却有不同的要求，视评价内容具体要求而保有不同的分值，相当于使用了隐性权重。评价体系在每个一级类内都设置了加分项，总得分达到一定的标准将会被授予相应的资质认证。

---

① 中国城市规划设计研究院、清华大学、中国建筑工程总公司、中国建筑材料科学研究院、国家给水排水工程技术中心、深圳市建筑科学研究院、城市建设研究院共同参与了标准的编制。

② 项目组受 Paul Zofnass 和 Joan Zofnass 的资助，对可持续性基础设施进行广泛的跨学科研究；Paul Zofnass 同时还是环境金融咨询集团（Environmental Financial and Consulting Group，EFCG）的创始人和主席。

《绿色建筑评价标准》（公共建筑设计，部分）　　　　表 5-4

一级分类	名称	权重	二级指标	名称	权重	三级指标	名称	可选分值							
1	节地与室外环境	16%	1.1	控制项	/	1.1.1	项目选址	/							
						1.1.2	无自然灾害威胁								
						1.1.3	无超标污染源								
						1.1.4	负荷日照标准								
			1.2	土地利用	100%	1.2.1	节约集约利用土地	5	10	15	19				
						1.2.2	场地内绿化	2	4	7	9				
						1.2.3	开发利用地下空间	3	6						
			1.3	室外环境		1.3.1	建筑及照明的光污染	2	4						
						1.3.2	场地内环境噪声	4							
						1.3.3	场地内风环境	1	2	3	4	5	6		
						1.3.4	降低热岛强度	2	4						
			1.4	交通设施与公共服务		1.4.1	场地与公共交通的联系	3	6	9					
						1.4.2	场地内人行无障碍设计	3							
						1.4.3	停车场所	3	6						
						1.4.4	公共服务	3	6						
			1.5	场地设计与场地生态		1.5.1	场地设计与建筑布局	3							
						1.5.2	绿色雨水基础设施	3	6	9					
						1.5.3	地表与屋面雨水径流	3	6						
						1.5.4	绿化方式与配置植物	3	6						
2	节能与能源利用	28%	2.1	控制项	/	2.1.1	节能设计标准强制规定	/							
						2.1.2	供暖热源与加湿热源								
						2.1.3	能耗分项计量								
						2.1.4	建筑照明设计标准								
			2.2	建筑与维护结构		2.2.1	建筑结合自然条件优化	6							
						2.2.2	外窗及玻璃幕墙通风	4	5	6					
						2.2.3	围护结构热工性能	5	10						
			2.3	供暖、通风与空调	100%	2.3.1	冷热源级能效	6							
						2.3.2	耗电输冷热功率	6							
						2.3.3	供暖通风空调能耗	3	7	10					
						2.3.4	过度季节能耗	6							
						2.3.5	部分空间能耗减少	3	6	9					
			2.4	照明与电气		2.4.1	分区定时感应节能	5							
						2.4.2	建筑照明设计标准	4	8						
						2.4.3	电梯节能措施	3							
						2.4.4	节能型电气设备	2	3	5					
			2.5	能量综合利用		2.5.1	排风能量回收系统设计	3							
						2.5.2	蓄冷蓄热系统	3							
						2.5.3	利用余热废热	4							
						2.5.4	利用可再生能源	2	3	4	5	6	7	8	9

注：二级指标中权重为"/"的是评价的前提条件（prereq）

表 5-5

Envision 基础设施可持续评价体系（部分）

一级分类	名称	权重	二级指标	名称	权重	三级指标	名称	IMPROVED	ENHANCED	SUPERIOR	CONSERVING	RESTORATIVE
1	QUALITY OF LIFE	100%	1.1	PURPOSE		1.1.1	Improve Community Quality of Life	2	5	10	20	25
						1.1.2	Stimulate Sustainable Growth & Development	1	2	5	13	16
						1.1.3	Develop Local Skills & Capabilities	1	2	5	12	15
			1.2	WELLBEING	100%	1.2.1	Enhance Public Health & Safety	2	/	/	16	/
						1.2.2	Minimize Noise and Vibration	1	/	/	8	11
						1.2.3	Minimize Light Pollution	1	2	4	8	11
						1.2.4	Improve Community Mobility & Access	1	4	7	14	/
						1.2.5	Encourage Alternative Modes of Transportation	1	3	6	12	15
						1.2.6	Improve Site Accessibility, Safety & Wayfinding	/	3	6	12	15
			1.3	COMMUNITY		1.3.1	Preserve Historic & Cultural Resources	1	/	7	13	16
						1.3.2	Preserve Views & Local Character	1	3	6	11	14
						1.3.3	Enhance Public Space	1	3	6	11	13
			1.0		+		Innovate or Exceed Credit Requirements					8
2	LEADERSHIP	100%	2.1	COLLABORA/TION	100%	2.1.1	Provide Effective Leadership & Commitment	2	4	9	17	/
						2.1.2	Establish A Sustainability Management System	1	4	7	14	/
						2.1.3	Foster Collaboration & Teamwork	1	4	8	15	/
						2.1.4	Provide for Stakeholder Involvement	1	5	9	14	/
			2.2	MANAGEMENT		2.2.1	Pursue By/Product Synergy Opportunities	1	3	6	12	15
						2.2.2	Improve Infrastructure Integration	1	3	7	13	16

续表

一级分类	名称	权重	二级指标	名称	权重	三级指标	名称	IMPROVED	ENHANCED	SUPERIOR	CONSERVING	RESTORATIVE
2	LEADERSHIP	100%	2.3	PLANNING	100%	2.3.1	Plan For Long/Term Monitoring & Maintenance	1	3	/	10	/
						2.3.2	Address Conflicting Regulations & Policies	1	2	4	8	/
						2.3.3	Extend Useful Life	1	3	6	12	/
			2.0		+		Innovate or Exceed Credit Requirements					6
3	RESOURCE ALLOCATION	100%	3.1	MATERIALS	100%	3.1.1	Reduce Net Embodied Energy	2	6	12	18	/
						3.1.2	Support Sustainable Procurement Practice	2	3	6	9	/
						3.1.3	Use Recycled Materials	2	5	11	14	/
						3.1.4	Use Regional Materials	3	6	9	10	/
						3.1.5	Divert Waste From Landfills	3	6	8	11	/
						3.1.6	Reduce Excavated Materials Taken Off Site	2	4	5	6	/
						3.1.7	Provide For Deconstruction & Recycling	1	4	8	12	/
			3.2	ENERGY		3.2.1	Reduce Energy Consumption	3	7	12	18	/
						3.2.2	Use Renewable Energy	4	6	13	16	20
						3.2.3	Commission & Monitor Energy Systems	/	3	/	11	/
			3.3	WATER		3.3.1	Protect Fresh Water Availability	2	4	9	17	21
						3.3.2	Reduce Potable Water Consumption	4	9	13	17	21
						3.3.3	Monitor Water Systems	1	3	6	11	/
			3.0		+		Innovate or Exceed Credit Requirements					8

注：二级指标中权重为"+"的是评价的附加分项

应该说，本书考察的这几个建筑学领域的评价体系，都遵循了非常传统的评价学方法路线，即建立评价体系的主要方法是由"专家"给出指标，通过自证，或是文献调研、相互参考等方法，对评价指标进行权重赋值，并最终整合成为评分制的评价工具。与一般意义上的评价方法所不同的是，在建筑学领域评价并不使用常见的 5 级（或 3 级、7 级）评分等级（rating level），即使设定了评分等级也只是起到格式统一的作用，但并不框定每个等级具体的分值，而分值的设置是因指标而异的，选项非常灵活，对应了极为详尽的要求描述，需要逐条对应提交证明材料方可进行评价；这使得整个评价体系更像是一本百科手册而非一纸打分表，这也正是体现了建筑专业评价特殊性（即复杂性与模糊性）的地方。

结合上一小节的分析，对于建筑学领域内其他评价体系学习的结论是：依靠专家经验的评价方法具有深厚的基础，但是不完全可取，任务书评价的根本基调在于回避人为的不理性因素，因此在有样本数据和挖掘技术的情况下，亟须补充依循客观途径生成评价指标、制定指标权重的方法。此外，评分制是定量评价的落脚点，也是公信力比较高的评价工具形制，可以采用甚至是借用，并根据具体的评价问题而进行丰富的变化。

综上所述，根据对经典的评价方法和适用于任务书的方法进行的梳理，本书对任务书评价提出一套方法体系和方案流程，如图 5-6 所示。

总体来说，按照第 4 章对任务书的预处理和拆解，任务书的 3 种主要数据类型，即文本数据、数值数据和图像数据，其引导了任务评价方法体系与方案流程的三个纵向主支。文本数据是这三个主支中最大的一支，空间列表的数值数据次之，少量的图像数据则从简；文本数据导出的评价指标体系、权重体系，空间列表导出的面积向量库，以及经过预处理的图像，共同构成了任务书评价体系的框架基础，相应的内容将在本章下两小节和下一章中进行阐述。3 个纵向支路于第一代评价体系处汇合终结，合并为一支向后延伸。从评价方案流程的横向划分上来说，上述三个纵向支是在第二阶段内展开，在此之前是任务书的预处理阶段，在此之后，以第一代评价体系为起点，演变到第二代评价体系的过程是第三阶段。一套完整的任务书评价方案应历遍这三个阶段；在数据库运行良好的情况下，可以不断迭代第三阶段的程序，对评价体系形成动态的维护，这部分内容主要在本书第 6 章中进行阐述。

具体来看，对于任务书的文本数据来说，在条目层级一般按照大致相同的内容成分展开，会有很大一部分具体陈述内容的遣词造句，可以被一个通用的高频词库所覆盖；而一些低频词、特异词，则代表了项目的特殊性，也非常可能具有较高的风险[171-172]。

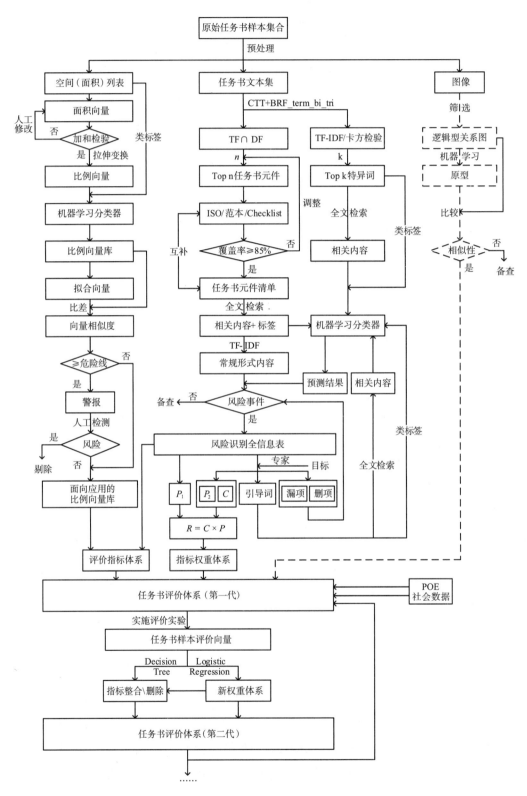

图 5-6 任务书风险评价方法体系与方案流程（自绘）

因此，对于任务书的文本数据评价，主要是要发现其文句词语层面的差异，甚至是语义层面的谬误。为了实现这一设想，本书选用的是 FMEA 法和 HAZOP 法相结合的风险评估基本框架，主要方法思路可以概括为：有什么——怎么样——是否危险——后果如何——是否 / 怎样应对。

文本数据的评价方法步骤设计为：①对任务书文本进行分词和向量化处理；②对得到分词的任务书文本数据进行文本挖掘，统计词频 TF、文档频率 DF，TFIDF 等参数信息；③以词频分析为依据，提取出关键词、特异词等等；④通过高频词、关键词确定任务书都有什么要素，即列出任务书所有可能的待评条目；⑤将得到的待评条目与已有研究做交叉对比，保证得到一份尽可能全面的任务书"元件"清单[①]；⑥通过对"元件"（关键词）的全文检索，整理出待评条目的具体内容，包括常见的形式和内容，有关联关系的条目，每一例任务书中的相关具体段落等；⑦针对特异词的全文检索内容，结合对应待评条目的具体内容，定位可能存在风险的地方，分析有可能出现什么问题（潜在风险事件），判定待评条目是否应进一步确定为风险评价指标；⑧对经过筛选确定为风险评价指标的条目，归纳其风险形态，衡量其重要程度。

对于任务书的空间列表来说，具体房间的面积数值可能千变万化，但相同类型的建设项目在分区的面积配比上，则具有相似性甚至是一致性，且认为实践中现存的任务书呈现出一定的群体正确性，因此如果偏离了大多数样本确定的"大方向"，则具有一定的风险。因此，对于空间列表的评价主要是针对面积的配比问题进行的检查。为实现这一评价设想，选用机器学习、聚类分析和相似度计算等方法，共同构成评价方案；主要方法思路可以概括为：①确定面积数值的分区归属，②形成等维面积向量，③确定向量集中心和边界，④判断某一向量偏离向量集中心的程度。

空间列表的评价方法步骤设计为：①将各任务书样本的房间名称列表抽取出来；②以房间的所在分区为分类标签，将房间名称输入计算机进行机器学习，建立分类预测模型；③对于每一个分类（分区），加和一个任务书样本中被分入该类的房间所对应的面积，对于通过加和检验的，输出分各区面积成为面积向量，历遍所有任务书样本构建面积向量库；④对面积向量库中的数据进行聚类；⑤计算每个任务书样本的面积向量与上一步中聚类中心的距离（相似度）；⑥对于偏离聚类中心超过一定程度的样本发出警报；⑦对收到警报的任务书样本进行人工核验，判断是否真的存在风险；⑧对于人工识别为风险的任务书进行剔除，或返给相应的人员进行修改，对于人工确认可以容

---

① 如 FMEA 法中的产品元件清单，HAZOP 法中的工业流程检查表。

忍风险的，放入任务书评价体系的面积向量基础数据库，留待后用。

对于任务书图像数据这一支，暂采取直接放入任务书评价体系进行存档的做法。针对现阶段图像数据量较小，多图像而非图形信息，拟仅使用人工调取和查阅的方式进行评价。如未来有更多的逻辑型图形信息，可以考虑应用智能识别和机器学习等技术方法。

上述方案设计，除了借鉴了经典的评价学方法和风险评估方法，还尝试应用了大数据概念中的文本挖掘技术，包括分词、文本向量化、词频分析、TFIDF 法、关键词提取、全文搜索等，此外还有在文本数据和数值数据中通用一些数据挖掘方法，如回归分析、聚类分析、机器学习、数据可视化等。不难发现其中一些具体方法，事实上已经在本书第 4 章对于任务书样本的拆解分析中得到使用，它们一方面是分析方法，另一方面也是评价方法；本书第 4 章的分析操作和结果很好地印证了这些方法的适用性，并给出了任务书这种特殊"数据"的处理方法，完成了通用型方法的专业移植。本书的这一章，是对评价体系开发过程进行交代的一章，主要对方法之间的串联关系进行梳理，针对任务书这种特殊类型的"数据"解释相应数据挖掘方法的原理，并进行操作示例。最终对各种方法做出后台整合，将研究成果包装成一个人们熟悉的评分制框架，完成第一代任务书评价体系建立的任务。

最终得到的任务书评价体系会更多地呈现为一个评价工具的状态，具有很强的"上手性"，即使没有系统地学习过评价体系所使用方法的科学原理，也能通过简单的摸索，快速地使用评价工具进行实践。因此，任务书的评价工具选取了常用的评分制，设置结构化的评分等级，但是对应各个评价指标，配备详细的具体要求描述；将建立评价体系时通过数据挖掘得到的风险识别表，从后台的位置移至前台，使之成为评价工具的指导手册和数据参考。最终，评价通过提交评审材料，由机器结合人工的方式，参照评价体系指导手册的要求与数据库中的信息进行比对，判断任务书的性能达到何种等级，从而获取相应的评分。

在本节最后，关于任务书评价的方法方案设计，还有 3 点需要说明：

第一，在本书中，风险评估的概念需要根据建筑学问题的特征进行一定程度的转变，即任务书的风险评估不是要简单的给出一个非黑即白的结果，不是说判断出任务书是不是有风险，求解出风险概率有多大，便完成了评价，建筑问题是复杂的、模糊的，因此任务书的风险需要更为生动的解释。任务书的风险评估应该更多的是一种信息的交流和分析的过程，是一种教育的工具，让建设项目的各方利益相关者知晓如何发现任务书的问题，引导他们以正确的和专业的方式对待任务书。这样的评价方法也呼应了任务书缺乏关注、质量堪忧的行业现状。

　　第二，选择使用评分制来统筹评价体系，需要正确的加以理解。评分系统是为了增强操作的规范性和界面的整洁性，评价分数是一种辅助手段，分数本身是没有意义的；或许在其他评价领域，分数的高低表征了一个样本比另一个样本更"好"或更"坏"，但如果说一个任务书比另一个更"好"，却是没有多大实际意义的，因为，任务书评价的目的是保证任务书的合理性，每份任务书都需要回到建设项目的唯一性上，应对自己可能存在的风险，做出适当的调整。任务书评价不是评比性质的评价活动，而是一种自查。

　　以上这两点深深影响了任务书风险评估的方案设计，所有评价方法的选择都是从"全信息"的角度出发，试图构建一条完整而多样的信息链条，给出依据材料、相似例子和具体说明。也正是因此，准备评价证明材料，比对材料计算分值，提出异议和复审这样看似繁琐而不自动化的环节才至关重要。计算机的运算结果虽然具有相对的客观性，但机器更多的是帮做海量数据的整理工作，终其根本任务书评价是人类的活动，而人应该从评价活动中汲取信息，进而创造知识，掌握修正任务书的主动性，而不是由机器全盘代劳；计算机固然能够通过学习"拼凑"出一份合理的任务书，但说到底，任务书评价并不是致力于让机器变得更"聪明"，而是让人变得更"理性"。

　　此外，任务书评价的方法方案并不是一个静态、闭合的体系。随着样本和数据的积累，任务书评价体系应该具有动态演进的能力，从本书得出的第一代评价体系出发，结合积累的经验定期改进其指标体系、权重体系，实现良性的不断迭代。而本书尝试给出的任务书具体评价方法方案，也是基于现阶段的研究和所能获取得到的任务书样本的，许多步骤的做法都不是唯一解，只是选取了方便使用和性能优良的方法，原理相近或效用相同的方法都可以在未来的研究中尝试替换。随着样本的增多，数据可能出现奇点，势必会需要更多样的解决方案；而大数据的技术和能力日新月异，也势必对任务书评价方法有不小的改良甚至颠覆。

5.3　任务书评价的指标体系生成

　　按照经典的评价方法和流程，在界定了评价的目标、对象和人员等基本问题，确立了评价的方法方案之后，评价活动的准备工作便告一段落，正式进入建立评价体系的核心环节。按照既定的评价方案，最重要的任务便是构建评价的指标体系；评价指标体系具体地又可以细分为评价指标本身和指标权重两大子体系，将分别由本节和下一节来展开阐述。

5.3.1 待评要素清单

为了构建任务书评价的指标体系，从系统逻辑的角度出发，首先需要厘清任务书有哪些要素可以被评价，也即是找出任务书的所有待评要素，然后再行分析判断，甄别待评要素是否可以进一步构成评价指标。

在风险评估的操作中，待评要素清单也有对应的概念，在一些应用领域，也常称为元件清单。例如对飞机这种工业产品进行风险评估，流程的第一步就是要获得飞机全部机械零件、电子元器件等组成部品的元件清单，再对应一一考察这些元件是否存在特定的风险，若有，便将元件的功能描述、失效模式、风险事件后果形态与影响等相关信息详细记录在风险识别表中，成为风险评估中需要例行检查的项目，也即评价指标。事实上，如工业、金融等一些经常进行风险评估的应用领域，常常在经验和数据的积累下，已经形成了较为成熟的、定式的风险识别方法和风险识别表，具体的评价活动不必每次都从元件清单开始进行梳理。

表 5-6 和表 5-7 给出了失效模式与影响分析（FMEA）和危险与可操作性分析（HAZOP）两种方法的风险识别表样例，展现了典型的工业产品、系统和流程的风险识别方式。不同的风险评估方法在风险识别表的栏目设置上，具有一些共性的考虑，如风险源（元件）、潜在事件、风险原因、后果的性质、形态和影响范围，以及风险的控制手段等信息无不在列。而观察不同风险识别方法各自的特征，相较之下，FMEA法更关注于风险的模式和后果，对"元件"的运行模式、失效模式、失效检测，以及失效对于系统各个层级的影响，都提出了明确的拷问；HAZOP 法则是标志性的设置了"引导词"，以一种更为靶向性的、结构化的方式探索风险事件的模式。两者以不同的方式体现出对于被评对象系统的高度掌控，印证了系统拆解应先于风险识别的逻辑。

对应到本书关注的任务书评价，应该说，工业等领域元件清单和风险识别表提供了很生动的操作思路和方法；建筑领域的一些子问题也有过归纳风险识别表的尝试[173-174]；但显然，针对任务书的评价还没有可以直接拿来使用的风险识别表，因此还需要从任务书的"元件"清单这一步开始入手，再行改造经典的风险识别表，给出适用于任务书的待评要素清单及风险识别表。

在本书前面的诸多论述中，已经给出了任务书评价指标的 3 个可能来源：策划理论、相关规范和任务书样本。前两个来源对于评价指标的贡献，已经分别在第 2 章、第 4 章进行了梳理；关于从任务书样本中所能获得的评价指标，在第 4 章已有所铺垫，本小节则是结合具体的数据挖掘和风险识别方法，对可能成为任务书评价指标的待评要素进行剖析。

失效模式与影响分析（FMEA）风险识别表示例[152]

表 5-6

索引编号	单位描述			失效描述			失效影响		风险				风险降低措施	信息来源	备注
	元件名称	功能	运行模式	失效模式	失效原因	失效检测	对子系统的影响	对系统功能的影响	失效速率	严重程度	检测难度	RPN			
A	B	C	D	E	F	G	H	I	J	K	L	M	N	O	P
1.1	阀门	切断气流	运行中	阀门在需要的时候没有关闭	弹簧损坏 阀门中含水 执行元件磨损	周期性功能测试中发现	关闭功能失效	生产必须停止	2	4	4	10			
				阀门泄漏	阀门底座腐蚀 底座和阀门之间有沙粒		关闭功能退化	系统必须要在一个月内修复	2	3	5	10			
……	……			……											……

危险与可操作性分析（HAZOP）风险识别表示例[152]

表 5-7

序号	研究节点	流程参数	引导词	偏差	可能原因	可能后果	现有安全栅	风险			改善建议	信息来源	备注
								频率	严重度	RPN			
A	B	C	D	E	F	G	H	I	J	K	L	M	N
1.1	水龙头	流量	没有	没有流量	水龙头关闭	水桶中没有水	无	1	1	2			
			过多	流量过多	水龙头打开得太多或者太快	水桶装满速度过快，有水溅到桶外的风险	目测	2	2	4	在装桶的时候更加注意		
			过少	流量过少	水龙头没有充分打开	水桶装满的速度太慢	目测	2	1	3	用手指检查		
			部分	部分分流量	水龙头有故障，如冷水或水龙头无法流出	水桶中的水太凉或者太热	周期性控制维护	3	2	5			
			不是	不是液流	水中的空气形成冲压	水溅到桶外、装桶慢	无	1	3	4			
……	……			……									……

本书将以理论和规范两个途径提供的任务书内容为参考，以任务书样本的数据挖掘结果为主体，借鉴 FMEA 风险识别法的思想，对任务书的"元件"进行全面地考察，进而得出任务书待评要素清单；所有的待评要素最终以类似于风险识别表的形式，归纳为任务书风险评估的评价指标。

对任务书样本进行数据挖掘从而找出待评要素的方法，是以文本挖掘中的词频分析为出发点的，这部分的方法原理和操作步骤已经在本书第 4 章中详加阐述过，此处仅结合挖掘任务书待评要素这一具体目的，进行简单的示例。

示例 5-1：

由于一般任务书文档整篇的文本长度较大，不利于示例呈现，因此本示例尝试抽取了三份真实的任务书样本，再各截取出其中关于设计原则的一小句描述，如下所示，作为简化版的"任务书文本数据"样例，以此为基础展示文本分词、词频向量统计、TFIDF 计算、关键词和特异词抽取、关键词相似性计算和聚类等操作。

任务书 1："注重传统文化底蕴，在此基础上寻求实现创新"；

任务书 2："结合传统文化，并具有时代创新特征"；

任务书 3："既能展现地域文化特征，又能体现时代气息"；

对上述任务书 1、任务书 2 和任务书 3 的文本数据，在启用任务书用户词典和停用词（在第 4 章中 已经调试好）的条件下进行中文分词，得到的分词结果为：

任务书 1："注重 / 传统 / 文化 / 底蕴 / 基础 / 寻求 / 实现 / 创新 /"；

任务书 2："结合 / 传统 / 文化 / 时代 / 创新 / 特征 /"；

任务书 3："展现 / 地域 / 文化 / 特征 / 体现 / 时代 / 气息 /"；

由文本数据分词后得到的所有词单元构建词库，可以得到：

传统，体现，创新，地域，基础，实现，寻求，展现，底蕴，文化，时代，气息，注重，特征，结合。

借助计算机程序历遍每个经过分词的任务书样本，统计样本个数、样本长度，以及每个词的词频向量，以词库中的第一个词"传统"为例，可知：

$D = 3$，$N1 = 8$，$N2 = 6$，$N3 = 7$；

$tf_{传统, D_1} = 1$，$tf_{传统, D_2} = 1$，$tf_{传统, D_3} = 0$，$d_{传统} = 2$；

按照词频、文档频率和 TFIDF 值的定义及计算公式，可得：

$TF_{传统, D_1} = 1/8 = 0.1250$，$TF_{传统, D_2} = 1/6 = 0.1667$，$TF_{传统, D_3} = 0/7 = 0$；

$sum_{传统} TF = 0.1250 + 0.1667 + 0 = 0.2917$；

$DF_{传统} = 2/3 = 0.6667$；

$IDF_{传统} = \log 3/2 = 0.1761$；[①]

$TFIDF_{传统, D_1} = 0.1250 \times 0.1761 = 0.0220$，

$TFIDF_{传统, D_2} = 0.1667 \times 0.1761 = 0.0293$，

$TFIDF_{传统, D_3} = 0 \times 0.1761 = 0$；

$sum_{传统} TFIDF = 0.0220 + 0.0293 + 0 = 0.0514$

同理可以计算得到词库中每个词的各种词频分析参数，如表 5-8 所示。

词频分析计算结果　　　　　　　　　　表 5-8

分词/Terms	tf_i			TF_i							TFIDF			
	D_1	D_2	D_3	D_1	D_2	D_3	sum_i	d_i	DF_i	IDF_i	D_1	D_2	D_3	sum_i
传统	1	1	0	0.13	0.17	0.00	0.29	2	0.67	0.18	0.02	0.03	0.00	0.05
体现	0	0	1	0.00	0.00	0.14	0.14	1	0.33	0.48	0.00	0.00	0.07	0.07
创新	1	1	0	0.13	0.17	0.00	0.29	2	0.67	0.18	0.02	0.03	0.00	0.05
地域	0	0	1	0.00	0.00	0.14	0.14	1	0.33	0.48	0.00	0.00	0.07	0.07
基础	1	0	0	0.13	0.00	0.00	0.13	1	0.33	0.48	0.06	0.00	0.00	0.06
实现	1	0	0	0.13	0.00	0.00	0.13	1	0.33	0.48	0.06	0.00	0.00	0.06
寻求	1	0	0	0.13	0.00	0.00	0.13	1	0.33	0.48	0.06	0.00	0.00	0.06
展现	0	0	1	0.00	0.00	0.14	0.14	1	0.33	0.48	0.00	0.00	0.07	0.07
底蕴	1	0	0	0.13	0.00	0.00	0.13	1	0.33	0.48	0.06	0.00	0.00	0.06
文化	1	1	1	0.13	0.17	0.14	0.43	3	1.00	0	0.00	0.00	0.00	0.00
时代	0	1	1	0.00	0.17	0.14	0.31	2	0.67	0.18	0.00	0.03	0.03	0.05
气息	0	0	1	0.00	0.00	0.14	0.14	1	0.33	0.48	0.00	0.00	0.07	0.07
注重	1	0	0	0.13	0.00	0.00	0.13	1	0.33	0.48	0.06	0.00	0.00	0.06
特征	0	1	1	0.00	0.17	0.14	0.31	2	0.67	0.18	0.00	0.03	0.03	0.05
结合	0	1	0	0.00	0.17	0.00	0.17	1	0.33	0.48	0.00	0.08	0.00	0.08

注：Terms 代表分词后的词单元，D_j 代表编号为 j 的任务书文档，sum_i 代表词 i 的某一参数求和。

结合词频分析各种参数的定义进行解读，从词频 TF 的累计来看，排名靠前的依次为"文化""特征""时代""创新""传统"，表征了所选取任务书样

[①] 本示例不涉及所选取任务书样本以外新的任务书，因此不会出现词库以外的词，也即是说，IDF 求解公式的分母不存在为 0 的情况，故为简化计算及更好的展示说明，此处未做"+1"处理。

本中最热门的词汇；从文档频率 DF 来看，排名靠前的依次为"文化""特征""创新""传统""时代"，表征了所选取任务书样本最共性常见的词汇；从 TFIDF 的累计来看，排名靠前的依次为"结合""体现""地域""展现""气息"，表征了所选取任务书样本间区别于彼此的比较特殊的词汇。

通过对任务书样本库应用如示例 5-1 的词频分析方法，可以获得这些任务书所涉及全部词汇的词频、文档频率和 TFIDF 值，以及任务书的各种文本向量化结果。这些是进行任务书文本挖掘的实质性数据基础。

从词频和文档频率的定义来看，这两者可以指示出不同意义下的"高频词"，表征了任务书的主要内容分布；因此本书分别抽取了累计词频和文档频率排名前 300 的词，并取两者的交集，定义为任务书的"关键词"集合，共计 235 个，如表 5-9。这些从整个任务书样本库抽取得到的关键词，可以认为构成了一种最初级的任务书"元件"清单，也是本小节生成任务书评价待评要素清单的核心载体。

任务书关键词
表 5-9

No.	TF	DF	分词	No.	TF	DF	分词	No.	TF	DF	分词	No.	TF	DF	分词
1	14.33	0.97	功能	20	5.07	0.78	服务	39	3.51	0.73	管理	58	3.10	0.59	地上
2	13.00	0.93	面积	21	4.83	0.79	根据	40	3.51	0.74	同时	59	3.08	0.46	中国
3	10.75	0.79	系统	22	4.69	0.61	文件	41	3.50	0.61	活动	60	3.08	0.76	符合
4	9.97	0.85	中心	23	4.60	0.79	发展	42	3.43	0.70	位置	61	3.07	0.45	地块
5	9.91	0.89	规划	24	4.44	0.72	办公	43	3.41	0.75	体现	62	3.06	0.60	空调
6	9.46	0.89	用房	25	4.21	0.78	综合	44	3.36	0.79	原则	63	3.06	0.50	国际
7	8.60	0.86	空间	26	4.21	0.65	城市	45	3.32	0.45	库房	64	3.03	0.66	安全
8	8.60	0.83	使用	27	4.15	0.80	环境	46	3.30	0.66	范围	65	3.01	0.64	布置
9	7.40	0.75	用地	28	4.13	0.72	结构	47	3.28	0.55	说明	66	2.95	0.59	出入口
10	7.21	0.91	建筑面积	29	4.00	0.45	展览	48	3.26	0.56	单位	67	2.92	0.64	会议室
11	7.18	0.76	文化	30	3.98	0.60	图纸	49	3.26	0.76	结合	68	2.90	0.55	200
12	7.05	0.81	区域	31	3.90	0.79	合理	50	3.20	0.52	分析	69	2.87	0.60	道路
13	6.26	0.80	设备	32	3.89	0.66	成果	51	3.19	0.55	展示	70	2.85	0.73	组织
14	6.22	0.79	标准	33	3.88	0.74	规范	52	3.18	0.61	100	71	2.80	0.39	艺术
15	6.09	0.83	设施	34	3.87	0.69	需求	53	3.14	0.62	室外	72	2.75	0.51	单体
16	6.02	0.72	地下	35	3.85	0.70	公共	54	3.14	0.69	布局	73	2.72	0.79	位于
17	5.85	0.62	办公室	36	3.81	0.68	配套	55	3.13	0.55	场地	74	2.72	0.60	资料
18	5.84	0.82	技术	37	3.77	0.75	控制	56	3.12	0.66	国家	75	2.71	0.58	人员
19	5.47	0.79	交通	38	3.55	0.82	规模	57	3.11	0.69	消防	76	2.68	0.63	专业

续表

No.	TF	DF	分词	No.	TF	DF	分词	No.	TF	DF	分词	No.	TF	DF	分词
77	2.64	0.51	卫生间	117	2.03	0.53	研究	157	1.68	0.45	设计说明	197	1.34	0.44	休息室
78	2.62	0.64	材料	118	2.03	0.52	确定	158	1.68	0.48	左右	198	1.33	0.47	西侧
79	2.62	0.60	景观	119	2.03	0.50	可以	159	1.68	0.55	成为	199	1.33	0.47	智能化
80	2.60	0.74	整体	120	2.03	0.57	通过	160	1.66	0.45	立面	200	1.32	0.50	问题
81	2.58	0.64	室内	121	2.03	0.52	停车场	161	1.65	0.40	办公区	201	1.32	0.55	自然
82	2.58	0.69	规定	122	2.01	0.64	重要	162	1.65	0.44	尺寸	202	1.32	0.49	理念
83	2.55	0.60	节能	123	2.00	0.61	各种	163	1.64	0.38	提交	203	1.31	0.49	如下
84	2.55	0.61	大型	124	1.99	0.63	协调	164	1.64	0.52	方便	204	1.30	0.41	措施
85	2.54	0.51	附件	125	1.99	0.61	绿化	165	1.63	0.55	方面	205	1.30	0.43	接待
86	2.54	0.56	会议	126	1.99	0.49	流线	166	1.62	0.52	关系	206	1.30	0.55	相对
87	2.48	0.50	机房	127	1.98	0.55	充分考虑	167	1.61	0.38	150	207	1.30	0.45	专用
88	2.47	0.66	高度	128	1.98	0.53	300	168	1.61	0.47	1000	208	1.27	0.39	多功能
89	2.45	0.60	投资	129	1.98	0.53	深度	169	1.61	0.45	基地	209	1.27	0.41	比例
90	2.40	0.45	估算	130	1.97	0.53	时间	170	1.60	0.53	影响	210	1.26	0.40	容纳
91	2.37	0.51	通道	131	1.97	0.55	预留	171	1.59	0.55	各类	211	1.25	0.38	地区
92	2.36	0.58	必须	132	1.94	0.53	所有	172	1.59	0.50	规划设计	212	1.25	0.41	总体规划
93	2.35	0.69	经济	133	1.93	0.45	广场	173	1.59	0.44	小于	213	1.24	0.38	监控
94	2.34	0.59	独立	134	1.93	0.63	内部	174	1.59	0.49	场所	214	1.24	0.48	地点
95	2.26	0.62	分区	135	1.92	0.46	信息	175	1.56	0.58	适当	215	1.24	0.42	临时
96	2.26	0.58	基础	136	1.92	0.55	名称	176	1.56	0.49	重点	216	1.20	0.53	相应
97	2.24	0.56	平面图	137	1.90	0.55	按照	177	1.55	0.45	实现	217	1.20	0.46	容积率
98	2.24	0.50	效果图	138	1.88	0.50	2000	178	1.54	0.48	设计规范	218	1.19	0.47	风格
99	2.20	0.61	保证	139	1.88	0.52	未来	179	1.53	0.43	用于	219	1.17	0.40	一层
100	2.20	0.64	特点	140	1.87	0.56	总体	180	1.53	0.55	先进	220	1.15	0.42	其他
101	2.19	0.56	地面	141	1.87	0.53	建筑物	181	1.50	0.63	形式	221	1.15	0.42	普通
102	2.19	0.54	建议	142	1.84	0.60	方式	182	1.50	0.49	人流	222	1.14	0.39	造价
103	2.19	0.60	依据	143	1.80	0.56	不同	183	1.48	0.57	为主	223	1.14	0.45	调整
104	2.18	0.40	业务	144	1.80	0.55	数量	184	1.48	0.51	指标	224	1.14	0.46	配置
105	2.18	0.48	红线	145	1.79	0.42	400	185	1.48	0.41	车库	225	1.13	0.46	东侧
106	2.17	0.61	周边	146	1.78	0.52	通风	186	1.47	0.41	施工	226	1.12	0.47	南侧
107	2.15	0.57	辅助	147	1.77	0.42	电梯	187	1.46	0.50	入口	227	1.11	0.44	效果
108	2.15	0.63	作为	148	1.76	0.53	统一	188	1.45	0.46	提出	228	1.11	0.42	建筑风格
109	2.13	0.58	特色	149	1.75	0.50	大厅	189	1.41	0.45	防火	229	1.10	0.48	参考
110	2.12	0.54	500	150	1.73	0.71	概况	190	1.39	0.39	科学	230	1.10	0.45	具备
111	2.11	0.60	环保	151	1.72	0.56	达到	191	1.38	0.50	部门	231	1.09	0.38	计算
112	2.10	0.54	停车	152	1.69	0.43	现代化	192	1.37	0.45	电子	232	1.09	0.39	安排
113	2.08	0.61	平面	153	1.69	0.42	绿色	193	1.37	0.47	资源	233	1.09	0.44	选择
114	2.07	0.55	利用	154	1.69	0.43	市政	194	1.37	0.40	现状	234	1.08	0.39	A3
115	2.06	0.50	行政	155	1.69	0.49	完成	195	1.36	0.55	生活	235	1.08	0.42	运行
116	2.05	0.42	照明	156	1.68	0.48	现代	196	1.36	0.45	北侧				

　　而从 TFIDF 值的意义来看，其可以指示出任务书文档区别于彼此的特征词，表征了少数任务书的特殊性内容；因此，本书抽取了 TFIDF 值排名前 300 的词，在使用词频、逆向文档频率、卡方值等多种参数进行词集调整后，定义为"特异词"，共计 135 个（表 5-10）。这些"特异词"是进行风险识别和搜索的引导词，具体将在下一小节中得到使用。

任务书特异词
表 5-10

No.	TFIDF	分词	No.	TFIDF	分词	No.	TFIDF	分词	No.	TFIDF	分词
1	4.60	将来	35	1.84	对内	69	1.28	交流信息	103	1.02	摔跤
2	4.33	参展商	36	1.81	旅费	70	1.28	配套工程	104	1.02	30000
3	3.58	进水	37	1.80	进港	71	1.27	文艺活动	105	1.02	后勤人员
4	3.42	低能耗	38	1.79	小品	72	1.24	常住人口	106	1.02	示范
5	3.20	预先	39	1.77	厂区	73	1.24	本科	107	1.01	型号
6	3.11	电器设备	40	1.76	质控	74	1.24	疏导	108	1.01	训练室
7	3.10	5t	41	1.74	协会	75	1.24	设计概算	109	1.00	宽阔
8	2.83	检疫	42	1.73	外墙面	76	1.23	医疗保险	110	0.99	透光
9	2.82	雷雨	43	1.71	但须	77	1.19	预防	111	0.98	环状管网
10	2.77	全球性	44	1.70	大众	78	1.18	128	112	0.98	学生公寓
11	2.74	eps	45	1.65	多重	79	1.16	向南	113	0.98	无线网络
12	2.68	集中管理	46	1.64	影像	80	1.15	管理层	114	0.98	720
13	2.55	面临	47	1.64	温湿度	81	1.15	剖示	115	0.98	幻影
14	2.41	不留	48	1.62	中文	82	1.15	之前	116	0.97	口及
15	2.40	良性	49	1.57	包容性	83	1.14	运营	117	0.97	图书室
16	2.29	spect	50	1.54	通风井	84	1.13	旅客量	118	0.96	跑道
17	2.24	通透	51	1.51	鲜明个性	85	1.13	设计费	119	0.96	围护结构
18	2.21	oa	52	1.51	坡道	86	1.13	数字电视	120	0.96	保有
19	2.13	超大	53	1.49	缺失	87	1.12	史料	121	0.96	辅路
20	2.13	98	54	1.46	气象站	88	1.11	24h	122	0.95	国籍
21	2.13	天竺	55	1.41	主供	89	1.11	operation	123	0.95	功率密度
22	2.11	专区	56	1.39	本表	90	1.11	异味	124	0.95	人次
23	2.09	预估	57	1.38	有所	91	1.09	史馆	125	0.95	服务项目
24	2.08	经济区	58	1.37	学者	92	1.09	独有	126	0.94	清理
25	2.06	解剖	59	1.36	商业性	93	1.08	250m	127	0.93	130
26	2.04	误差	60	1.36	稳重	94	1.07	充分说明	128	0.93	利息
27	1.99	装具	61	1.33	中标人	95	1.07	旅馆	129	0.93	深南
28	1.96	自洁性	62	1.31	进修生	96	1.05	尽量减少	130	0.93	明确规定
29	1.92	陶瓷器	63	1.31	网线	97	1.04	科技馆	131	0.93	小区
30	1.91	2003	64	1.30	钢琴	98	1.04	负责	132	0.93	珍惜
31	1.89	警报	65	1.30	差异性	99	1.04	防雷设计	133	0.92	浮动
32	1.88	购买	66	1.30	契合	100	1.03	授人	134	0.92	宫廷
33	1.87	重唱	67	1.29	出租	101	1.02	空侧	135	0.92	尽享
34	1.84	温馨	68	1.28	限值	102	1.02	小商品			

　　以上是对任务书文本词频分析的阶段性成果，成功实现了通过计算机从大量的任务书样本中进行关键词、特异词的抽取，从整体上来看结果比较理想。但是，如表 5-9 的任务书"元件"清单是以单个的词为形式单位的，所显示的信息可以说非常零散混乱，大多数关键词单独不能完整表意，还有不少被分别统计的关键词，实际上属于同一个信息类别；这是文本挖掘中使用分词和向量化等处理不可避免的缺陷。这种过度拆解的缺陷导致了这份初级的任务书"元件"清单并不具有直接的可用性，细碎的关键词"元件"需要尽可能引申还原出其所代表的一类信息，并适当进行"合并同类项"的操作，才能成为用于风险识别的待评要素清单。

　　为了将任务书零散而繁多的关键词变成具有可用性的待评要素清单，本书采用了"先聚类、后拓展"的操作思路。首先，应用各种分类、聚类方法，计算关键词与关键词之间的相似性，得到一个初步的关键词整理和组合，并大致确定出一个合适的待评要素数量范围；然后，对关键词组进行双词、三词、相关词以及相关段落的拓展搜索，为关键词组"填骨加肉"，充实对关键词具有解释性的内容信息；最后，通过人工的方式解读各种信息，对关键词组的组合和数量做出进一步的调整，概括提炼为待评要素，结合有选择的具体内容说明，生成最终的任务书待评要素清单。具体的方法原理和操作示例如下：

　　考察关键词与关键词之间的相似性，一方面，可以依赖于人工的方式对词义加以理解，将同一信息属性的词合并；另一方面，还可以通过计算机的 K 均值聚类、层次聚类等聚类方法来实现。人工方式具有较高的理解力，但对于大量的任务书样本和上百的关键词，则体现出观察能力和工作效率的严重不足；且人工方式依靠的是人脑经验和知识进行判断，有主观臆断和个人偏好的问题，正是本书力图回避的。因此，在对任务书关键词的整理组合上，研究首先关注于计算机的聚类方法。

　　事实上，计算机并不是真的能够计算关键词语义层面的相关性，而是通过提取每个关键词的跨文档词频向量（图 4-4 中的横向向量）、位置索引向量，进行向量间距离或夹角的计算，从而实现聚类的效果，进而判断出关键词之间相似性大小的。这其中的原理并不难理解，如果两个关键词的相关性较大，那么它们在任务书中应该经常相伴出现，如同文献中的共现词[1]；因此，它们在文档中出现的频率和位置也会相似，而这正是关键词的词频向量和索引向量所包含的信息。

　　K 均值聚类算法的基本原理，已经在本书第 4 章关于面积向量的数据挖掘方法中介绍过，此处使用方法相同，只是将面积向量替换成了关键词词频向量而已。层次聚类

---

[1]　共现词（collocate）是指以一定频率共同出现于同一文档中的词。

（hierarchical clustering）的基本原理与 K 均值具有一定的相似性，同样是以欧氏距离为判断对象是否聚为一类的标准。与 K 均值聚类所不同的是，层次聚类不必在迭代计算开始前就预先设定聚类个数，也不用抽取初始质心，而是将 N 个数据样本每个都先视为一类，总共 N 类，再计算类与类两两之间的距离，这时类与类之间的距离就是它们所包含的对象之间的距离。在所有距离中选择距离最小的两个类合并成一类，总聚类个数变为 N–1（若有 s 对数据样本之间的距离相等且都满足最小，则第一次迭代计算后总聚类个数变为 N–s）；再重新计算上一步得到的 N–1（或 N–s）个类之间的距离，重复寻找最小距离、合并最近类的操作，直至最终所有数据样本被合并为一类。层次聚类的结果是连续递进的，在不同聚类级别上，聚类个数不同，且视具体的数据样本情况而定，预先不可控制；但是在完成全部的聚类后，则可以根据类簇的实际意义，截取某一层级别的聚类，或通过限定类簇大小（元素个数）的方法，确定最终的聚类类别情况。

不论是 K 均值还是层次聚类算法，都有多种计算机程序语言和成型的程序包可以帮助实现，而计算得到的向量间距离还可以用来可视化成果。对应到本书的任务书样本，可以将关键词的聚类情况，通过树状图、散点图等形式进行表现。树状图的绘制逻辑与层次聚类的操作步骤高度吻合，在每一次迭代中，根据向量距离判断出最相近的两类关键词，以树状分支的形式将其组合在一起，以此不断重复直至将所有关键词都被聚入同一个树形结构中。散点图的绘制需要首先将关键词词频向量间的距离，通过多维尺度变换（multidimensional scaling）转化为二维数组，以该二维数组为横纵坐标，便可以将任务书的关键词以点的形式表示于二维坐标体系，而点与点之间的距离远近，与关键词（词频向量）之间的距离成正比，再通过颜色来表示聚类类别，则可以直观的呈现众多关键词之间的聚拢或分散情况。

示例 5-2：

此处仍然使用示例 5-1 中的文本数据及其已经统计得出的词频向量，对向量间距的计算加以演示，从而说明关键词的聚类是如何实现的。

本例将文本数据分词得到的所有词，都作为关键词来进行 K 均值聚类分析，根据表 5-8 的统计与计算可知，对应每个关键词，在 TF_i 一栏下的 D1、D2 和 D3 数据所组成的三维数组，是该关键词在跨任务书样本下的词频向量，也正是用于聚类计算的数据。假设欲将 15 个关键词聚为两类（取 K=2），则首先需要在 15 个词频向量中随机选择两个作为初始中心，调用计算机程序随机抽取得到：

$$I: [0.00, 0.17, 0.14]$$

$$II: [0.00, 0.00, 0.14]$$

查表 5-8 可知，两个初始中心分别对应了"时代"和"体现"两词。第二步是计算各关键词的词频向量到这两个中心的距离，以判定各关键词的分类归属。以第一个词"传统"（词频向量 [0.13, 0.17, 0.00]）为例，根据欧氏距离的定义公式计算可得：

$$d\left(x_{传统}, x_{时代}\right) = \sqrt{\left(0.13 - 0.00\right)^2 + \left(0.17 - 0.17\right)^2 + \left(0.00 - 0.14\right)^2} = 0.1910$$

$$d\left(x_{传统}, x_{体现}\right) = \sqrt{\left(0.13 - 0.00\right)^2 + \left(0.17 - 0.00\right)^2 + \left(0.00 - 0.14\right)^2} = 0.2557$$

$$d\left(x_{传统}, x_{时代}\right) = 0.1910 < 0.2557 = d\left(x_{传统}, x_{体现}\right)$$

因此在第 1 次迭代中"传统"一词与第 I 类的质心更近，与"时代"归入一类。

同理，可以通过计算判断其他关键词的分类结果：

聚类 I："传统" [0.13, 0.17, 0.00]，"创新" [0.13, 0.17, 0.00]，

　　　　"文化" [0.13, 0.17, 0.14]，"特征" [0.00, 0.17, 0.14]，

　　　　"时代" [0.00, 0.17, 0.14]，"结合" [0.00, 0.17, 0.00]；

聚类 II："体现" [0.00, 0.00, 0.14]，"地域" [0.00, 0.00, 0.14]，

　　　　"基础" [0.13, 0.00, 0.00]，"实现" [0.13, 0.00, 0.00]，

　　　　"寻求" [0.13, 0.00, 0.00]，"展现" [0.00, 0.00, 0.14]，

　　　　"底蕴" [0.13, 0.00, 0.00]，"气息" [0.00, 0.00, 0.14]，

　　　　"注重" [0.13, 0.00, 0.00]；

对上述聚类结果重新求取质心（聚类中心），得到：

$$I: [0.0650, 0.1700, 0.0700]$$

$$II: [0.0722, 0.0000, 0.0622]$$

最后，根据平均误差公式计算，得到：

$$E_1 = \sum_{p=1}^{k} \sum_{x \in X_p} d\left(x, a_p\right)^2 = 1.6073$$

至此第 1 次迭代计算完成。以求得的新质心重复上述操作，开始进行第 2 次迭代计算，直至平均误差不再发生变化（收敛）。由于本例的数据非常简单，仅经过 3 次迭代，误差便稳定在 1.4223，关键词的聚类结果与第 1 次迭代计算相同。观察聚类结果，第 I 类关键词大多是任务书文本句子的名词核心，而第 II 类关键词则主要是动词等辅助词。

同样依赖于欧式距离的层次聚类也可以应用于本示例的样本，通过计算所有关键词词频向量两两间的距离，可以得到如表 5-11 所示的距离矩阵。依照矩阵中的数据数值越小，则其所对应的横纵关键词在树状图中越优先聚为一个树状分支，或在散点图上相对距离越小的原则，可以绘制出关键词聚类的树状图（图 5-7）和散点图（图 5-8），其中散点图通过颜色区分了 K 均值的聚类类别结果。

示例关键词词频向量间的欧氏距离　　　　　　　　　　　　表 5-11

	传统	体现	创新	地域	基础	实现	寻求	展现	底蕴	文化	时代	气息	注重	特征	结合
传统	/	0.26	0.00	0.26	0.17	0.17	0.17	0.26	0.17	0.14	0.19	0.26	0.17	0.19	0.13
体现	0.26	/	0.26	0.00	0.19	0.19	0.19	0.00	0.19	0.21	0.17	0.00	0.19	0.17	0.22
创新	0.00	0.26	/	0.26	0.17	0.17	0.17	0.26	0.17	0.14	0.19	0.26	0.17	0.17	0.13
地域	0.26	0.00	0.26	/	0.19	0.19	0.19	0.00	0.19	0.21	0.17	0.00	0.19	0.17	0.22
基础	0.17	0.19	0.17	0.19	/	0.00	0.00	0.19	0.00	0.22	0.26	0.19	0.00	0.26	0.21
实现	0.17	0.19	0.17	0.19	0.00	/	0.00	0.19	0.00	0.22	0.26	0.19	0.00	0.26	0.21
寻求	0.17	0.19	0.17	0.19	0.00	0.00	/	0.19	0.00	0.22	0.26	0.19	0.00	0.26	0.21
展现	0.26	0.00	0.26	0.00	0.19	0.19	0.19	/	0.19	0.21	0.17	0.00	0.19	0.17	0.22
底蕴	0.17	0.19	0.17	0.19	0.00	0.00	0.00	0.19	/	0.22	0.26	0.19	0.00	0.26	0.21
文化	0.14	0.21	0.14	0.21	0.22	0.22	0.22	0.21	0.22	/	0.13	0.21	0.22	0.13	0.19
时代	0.19	0.17	0.19	0.17	0.26	0.26	0.26	0.17	0.26	0.13	/	0.17	0.26	0.00	0.14
气息	0.26	0.00	0.26	0.00	0.19	0.19	0.19	0.00	0.19	0.21	0.17	/	0.19	0.17	0.22
注重	0.17	0.19	0.17	0.19	0.00	0.00	0.00	0.19	0.00	0.22	0.26	0.19	/	0.26	0.21
特征	0.19	0.17	0.19	0.17	0.26	0.26	0.26	0.17	0.26	0.13	0.00	0.17	0.26	/	0.14
结合	0.13	0.22	0.13	0.22	0.21	0.21	0.21	0.22	0.21	0.19	0.14	0.22	0.21	0.14	/

注：灰色填充的单元格表示其所对应的横纵关键词距离最近，在层次聚类中最先两两组合。

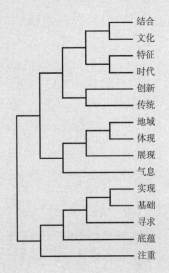

图 5-7　示例关键词层次聚类

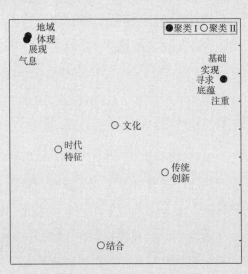

图 5-8　示例关键词 K 均值聚类

以上是使用聚类方法对关键词进行组合的简单示例，当使用完整的任务书样本，抽取大量的关键词进行聚类时，词频向量的维度和数据量都将大大增加，聚类结果则会更为理想。

对于上文中基于任务书样本库抽取确定的所有关键词（表 5-9），仿照示例 5-2 的操作方法，借助计算机程序统计关键词跨任务书样本的词频向量，计算向量间的距离和相似性，得到的层次聚类结果如图 5-12，K 均值聚类结果如图 5-10 与表 5-12。限于

关键词 K 均值聚类类别结果（K = 30）　　　　　　　　表 5-12

1	根据 效果图	概况 地点	平面 提出	基础 立面	总体 总体规划	平面图	确定	单体	附件	规划设计
2	发展	文化	体现	城市						
3	规模	高度	名称	数量	指标	容积率	小于	计算		
4	原则	经济	特色	先进	国际	理念	中国	绿色		
5	规定	国家	投资	依据	单位	说明	深度	设计说明	估算	提交
6	形式 比例	专业 施工	资料 A3	达到 造价	按照	所有	时间	完成	电子	尺寸
7	成果	文件	图纸							
8	位于	建筑物	西侧	南侧	东侧	北侧	基地	市政	现状	
9	规划	用地	范围	红线	地块					
10	功能	空间	设施	区域	公共	需求	配套	活动	展览	
11	环境	合理	交通	组织	布局	景观	分析	人流	流线	
12	控制	位置	布置	室外	出入口	地面				
13	整体 风格	特点 现代化	重要 建筑风格	作为 科学	协调 地区	充分考虑	成为	未来	现代	资源
14	室内 建议 其他	内部 相应 一层	分区 部门 安排	各种 入口	适当 可以	为主 如下	不同 参考	预留 配置	相对 调整	各类 具备
15	面积	建筑面积	地上							
16	会议室	办公室	100	200						
17	办公 150	辅助	卫生间	行政	库房	休息室	业务	办公区	400	300
18	标准	符合	规范	结构	材料	必须	设计规范	防火		
19	管理	安全	通风	智能化	照明	监控				
20	设备	机房	电梯							
21	节能	环保								
22	结合	绿化	周边	道路	场地	关系	广场			
23	中心	综合	服务	大型	生活	展示	研究	场所	信息	艺术
24	同时 问题	保证 重点	方式 实现	通过 效果	自然 选择	利用 运行	方面 措施	影响	统一	方便
25	地下	停车	停车场	车库						
26	用房									
27	使用	左右	容纳	1000	500	2000				
28	独立 多功能	人员	会议	通道	大厅	专用	接待	用于	临时	普通
29	技术									
30	系统	消防	空调							

正文篇幅，此处仅给出了任务书关键词层次聚类树状图以及 K=30 条件下（效果最佳）的 K 均值聚类散点图的局部示意。

层次聚类法将所有关键词归纳为 3 大部分共 55 个低层级关键词类簇，应该说 3 大部分确实对应了不同方面的内容，第一大部分（图 5-9 中青色系的分支）多为宏观层面的控制条件及技术层面的专业要求，第二大部分（图 5-9 中红色系的分支）可以解释为场地条件和布局要求，第三大部分（图 5-9 中绿色系的分支）则主要为关乎功能的一些具体指标、数值和要求。每个类簇平均包含了 3-6 个关键词，关键词之间具有较强的关联性，绝大多数类簇的构成符合专业知识结构，类簇之间的树状结构关系也较为合理。

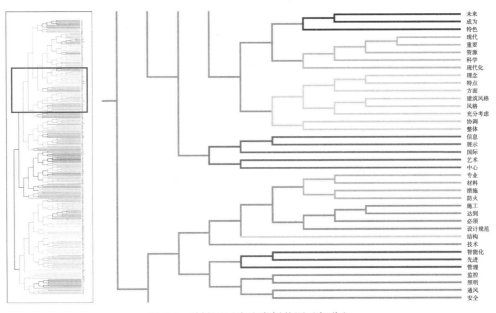

图 5-9　关键词层次聚类树状图（部分）

K 均值聚类的结果亦比较理想（图 5-10），对任务书语境下相近词义的关键词能做到较为智能的类别划分，在聚类个数取 50 与 60 时，与层次聚类的结果有着高度的相似性。观察聚类个数 K 在不同取值下的结果，可以发现当 K 取 30～40 时，已经呈现出较为得当的分类效果，仅有个别关键词类簇的聚类结果不够理想，主要体现为类簇过大，关键词组在一起的意义不够明朗，可进一步细分，如 K = 30 时的聚类 1、6、13 和 14；当然，也有一小部分类簇过小，甚至仅有一个关键词，可能需要通过人工的方式加以分析解读、综合归纳，进一步合并或剔除。

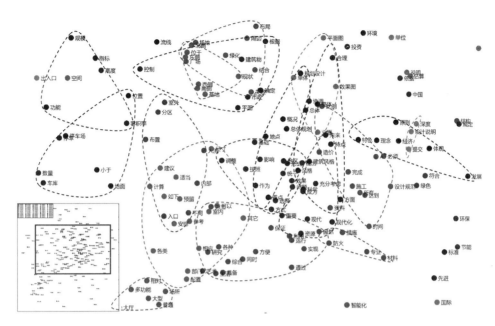

图 5-10　关键词相似性及 K 均值聚类散点图（部分）

至此，对不同聚类方法得到的关键词聚类结果进行初步摘选与整合，可以得出一份较为合理的任务书关键词组列表，并根据关键词组中的关键词，进行待评要素名称概括，而这份列表可以认为是进阶版的任务书"元件"清单，共计 22 项（类），如表 5-13 所示。

任务书关键词组列表及待评要素名称　　　　　　　　　　表 5-13

1	项目概况 / 城市文脉及规划情况							
	文化	城市	概况	总体	规划设计	重点	地点	总体规划	地区
2	建设规模与控制参数							
	规模	高度	指标	容积率	控制	小于		
3	设计原则与理念							
	发展	原则	体现	经济	特色	理念	先进	国际	重要	成为
	未来	现代	资源	现代化	科学	中国		
4	相关法律法规							
	必须	达到	设计规范	规范	规定	标准		
5	成果内容及格式							
	时间	完成	比例	施工	A3	造价	成果	图纸	分析	单位
	深度	设计说明	提交	文件	电子	平面图	效果图	立面	说明	估算
6	用地区位 / 范围及周边							
	位于	西侧	南侧	东侧	地块	北侧	基地	现状	建筑物	周边
	场地	道路	红线	用地	规划	范围		

续表

序号										
7	**场地市政供应与配套要求**									
	设施	配套	市政	区域	公共					
8	**交通规划条件及流线组织要求**									
	出入口	位置	室外	交通	独立	人员	通道	专用	电梯	布置
	内部	分区	不同	入口	人流	组织	流线			
9	**总平面布局构想**									
	根据	平面	确定	单体	合理	结合	布局	关系		
10	**建筑风格风貌与形式特点**									
	整体	特点	协调	充分考虑	风格	建筑风格				
11	**功能需求构成与分区**									
	大型	相对	大厅	场所	普通	多功能	办公	辅助	会议	行政
	接待	业务	办公区	中心	艺术	服务	功能	需求	用房	空间
	活动	展览	展示							
12	**房间数量／面积与具体设计要求**									
	会议室	办公室	建筑面积	地上	卫生间	库房	休息室	左右	用于	临时
	容纳	一层	使用	名称	数量	面积	100	150	200	300
	400	500	1000	2000						
13	**建筑结构专业技术要求**									
	结构	专业	技术							
14	**电气专业技术要求**									
	照明	监控	系统	设备	机房					
15	**暖通专业技术要求**									
	消防	空调	通风							
16	**景观／园林及绿化设计**									
	环境	景观	绿化	广场						
17	**建筑材料**									
	材料									
18	**建筑安全与安防**									
	安全	防火	措施							
19	**节能环保／绿色生态与可持续发展**									
	节能	环保	符合	绿色						
20	**停车场（位／库）／地下空间与人防**									
	地下	地面	停车	停车场	车库					
21	**管理与运营**									
	管理	信息	智能化							
22	**设计参考研究资料**									
	国家	投资	依据	附件	资料					

注：带下划线的关键词在各种聚类方法结果中共现频率较高，是待评要素的重点词。面积单位为 m²。

任务书样本的数据挖掘是本书任务书风险评价指标的第一来源，这主要是出于提升建筑问题评价客观性的考虑。但不可忽视的是，经验主义和人工知识领域亦可以提供非常具有价值的评价指标，并形成对计算机数据挖掘结果的验证和补充。通过总结本书第 2 ~ 4 章的理论和规范，以及向专家咨询意见等几种途径，本书对表 5-13 中的任务书待评要素全面性进行了检查，获得了一些候补项与补充意见，在对这些反馈进行了筛选与综合后，本书决定在表 5-13 给出的待评要素以外，再增加如下 12 个任务书待评要素：

1）设计工作任务与范围。

2）资金情况说明与造价控制。

3）场地自然条件（气候气象、水文地质）。

4）使用业主人员构成与组织框架。

5）流程与工艺要求。

6）给水排水专业技术要求。

7）室内环境及装饰装修。

8）无障碍设计。

9）空间成长与分期建设。

10）任务书编制人员与编制程序（利益相关者的参与和支持）。

11）任务书格式与内容。

12）其他特殊要求与机动内容。

最终确定的任务书待评要素总共 34 个，如表 5-14（重新编序）。

在完成任务书关键词的聚类，以及待评要素的补充之后，便需要开始进行生成任务书评价要素清单的另一项重要工作——"先聚类、后拓展"中的"拓展"——解释和描述这些待评要素。通过理论和经验途径补充进来的待评要素，比较容易被理解，且有相对成型的人工资料可以引用；而通过文本为挖掘得到的待评要素，则需要增强"元件"名称的可读性，还原关键词（组）所含有的丰富信息。

具象化任务书待评要素这部分工作，可以通过拓展关键词长度的方式来实现。具体的操作方法：①搜索统计含有给定关键词的双词、三词等；②同上述关键词聚类中的词频向量相似性计算，可以将取样范围扩大至整个任务书样本库的文本数据，在表 5-9 的关键词集合以外，找到更多与某一给定关键词相关性高的词；③关键词、双词、三词、相关词在必要时，可以作为引导词进行全文搜索，得到包含给定关键词，或与给定关键词高度相关的句子、段落，从而使关键词的语义信息得到极大的丰富。

任务书待评要素

表 5-14

1	项目概况 / 城市文脉及规划情况		18	建筑结构专业技术要求	
2	建设规模与控制参数		19	电气专业技术要求	
3	设计原则与理念		20	暖通专业技术要求	
4	相关法律法规		21	给水排水专业技术要求	*
5	设计工作任务与范围	*	22	景观 / 园林及绿化设计	
6	成果内容及格式		23	室内环境及装饰装修	*
7	资金情况说明与造价控制	*	24	建筑材料	
8	用地区位 / 范围及周边		25	建筑安全与安防	
9	场地市政供应与配套要求		26	节能环保、绿色生态与可持续发展	
10	场地自然条件	*	27	无障碍设计	*
11	交通规划条件及流线组织要求		28	停车场（位 / 库）/ 地下空间与人防	
12	总平面布局构想		29	空间成长与分期建设	*
13	建筑风格风貌与形式特点		30	管理与运营	
14	使用业主人员构成与组织框架	*	31	设计参考研究资料	
15	功能定位 / 需求与分区		32	任务书编制人员与编制程序	*
16	房间数量 / 面积与具体设计要求		33	任务书格式与内容	*
17	流程与工艺要求	*	34	其他特殊要求与机动内容	*

注：未标注"*"的评价指标是经由任务书样本的文本挖掘而得到，注"*"的评价指标则是通过理论和经验途径得到的。

　　双词和三词的相关概念已经在本书第 4 章关于文本数据分词的内容中提及，用于此处，只需调整任务书文档数据初始的分词方式，便可以同理得到基于样本库的"关键双词""关键三词"等，将这部分结果与之前整理好的关键词组进行匹配，则可以达到扩展的效果。全文搜索的基本原理也在本书第 4 章中有过叙述，在根据引导词进行全文搜索结束之后，便会获得关于某一关键词组（待评要素）的专题材料。

　　对于这部分有针对性地从任务书样本库中抽取出来的内容，可以往复再次应用各种词频分析，进行关于专题材料的进一步剖析，通过统计和数据挖掘的方法，归纳出待评要素的常见形式与内容，用于支持之后的风险识别和判定。计算机辅助快速抽取和分析任务书指定专题内容的能力，也将极大地促成教程式材料的整理与累积，对于任务书评价操作主体及更广大的从业者，深入了解和学习任务书，更加理性的进行建筑设计活动，具有长远的助益。[175]

示例 5-3：

假设对表 5-13 中的第 10 项——"风格—建筑风格—特点—充分考虑—协调—整体"（以下统称"建筑风格风貌与形式特点"关键词组）——进行含义信息拓展，分析其内容特征并归纳出内容说明，使之实现从关键词组向待评要素的演化。

首先，在严格包含的规则下，搜索包含上述每一单个关键词的双词、三词，除"合理"搜索得到对应的双词"经济合理"外，其他各关键词都没有搜索得到高频双词，对所有关键词搜索相关的高频三词，结果均为空。

其次，扩大取词范围至整个任务书样本库的所有文本数据，对关键词组内的每个单一关键词进行相关词的搜索，取相似性排名前 20 的相关词。结果显示，在关键词组内的各关键词，相互之间构成了高度相关的交叉网络。在关键词组以外，具体与"风格"一词对应的相关词有：

"价值""融合""校园""和谐""注重""特征""塑造""风貌""生态""现代感""优美""创造""元素""共融""形象""标志性""气息""文化氛围""地域""造型"……依照此法，可以得到各个关键词的相关词，为节约篇幅，此处便不继续列举。

从相关词的搜索结果来看，使用关键词组中单个的关键词搜索得到的相关词结果，彼此之间有一定的重合比例，这意味着关键词组的聚类非常成功，且可以通过整体搜索的方法来凝聚最核心的相关词。因此，将"建筑风格风貌与形式特点"关键词组中的所有关键词作为整体进行搜索，并适当扩大相关词选取的数量，得到如表 5-15 的 56 个相关度在 96.35% 以上的相关词。

"建筑风格风貌与形式特点"关键词组的相关词及相关度　　　　表 5-15

0.99	和谐	0.98	持续	0.97	高效	0.97	合理性	0.97	价值	0.97	建筑造型	0.97	科技园区
0.99	注重	0.98	造型	0.97	景观规划	0.97	包容性	0.97	有机	0.97	校园	0.97	特色
0.99	生态	0.98	共融	0.97	坚持	0.97	宜人	0.97	生态景观	0.97	实用	0.97	塑造
0.98	美观	0.97	原则	0.97	生态园林	0.97	面貌	0.97	地域	0.97	创造	0.97	创新型
0.98	以人为本	0.97	温馨	0.97	优美	0.97	前瞻性	0.97	遵循	0.97	低碳	0.96	气息
0.98	科学	0.97	人与自然	0.97	贯彻	0.97	经济	0.97	完美	0.97	传统	0.96	未来
0.98	可操作性	0.97	通盘考虑	0.97	融合	0.97	文化氛围	0.97	目标	0.97	可持续性	0.96	特征
0.98	融入	0.97	独特性	0.97	外形	0.97	时代性	0.97	鲜明	0.97	时代特色	0.96	发展趋势

通过观察，可以将这些相关词分为三大类，概括出"建筑风格风貌与形式特点"关键词组所对应待评要素的内容特点：第一类是名词类，主要功能是为任务书中建筑风格的相关设计条件提供依据信息，如"目标""原则""价值""科技园区""校园""景观规划"等，或为建筑风格的相关设计要求指明作用对象，如"面貌""外形""建筑造型""生态园林"等；第二类是形容词或形容词性名词类，是建筑风格相关设计要求中宏观方向与具体做法的信息载体，如"和谐""美观""地域""传统""前瞻性""独特性"等，用来修饰前一类中的作用对象；第三类是动词类，在任务书中用来搭配第一类名词充当谓语，如"注重""遵循""贯彻""塑造""创造"等，起到串联文句的作用，同时可以表示出要求的强硬程度。

从上述相关词的词义构成来分析解读，任务书样本对"建筑风格风貌与形式特点"的具体要求有几个明显的大趋势：①建筑风格应和谐融入周边环境，追求片区或整体的协调；②建筑风格需体现出传统或地域的特色，使项目具有一定的文化价值；③建筑在形象表现上应不乏创新之举，体现出项目的时代特征与独特性，甚至是标志性；④对建筑造型建议应控制在科学、合理、经济的范畴内，如提出具体的做法要求，应具有充分的可操作性；⑤在强调美学追求的同时，应兼顾生态可持续性，提出以人为本而不是单纯地从形式主义出发的要求。

最后，对关键词组和双词、相关词进行全文搜索，得到每一例任务书中的相关段落。图 5-11 给出了以关键词"风格"为引导词，进行全文搜索的部分结果，可以看出计算机程序准确地提取了本书设想得到的专题内容，大多数任务书中提取的段落结构和成分内容，也呼应了前述相关词的搜索结果和分析结论。限于篇幅，本示例不再展开其他几个关键词、双词和相关词的全文搜索。

至此，关于关键词含义拓展的示例便完成了。如前文所述，如图 5-11 这样的专题材料，可以返回示例 5-1 的步骤，重新进行各种词频分析，进行关于具体某一待评要素的更为微观尺度的内容探讨。

……

Relevant paragraph in Brief 165:
(1) 整体以现代建筑风格为主，充分考虑通风、采光及景观需求，办公区空间流线简洁顺畅，工作衔接便捷。

Relevant paragraph in Brief 166:

Relevant paragraph in Brief 166_1:
（3）外立面及风格：端庄典雅，注重现代感与稳重感的结合，并体现金融业庄重大气的风格（注：不接受全玻璃幕墙）。

Relevant paragraph in Brief 167:

Relevant paragraph in Brief 168:
4.1 建筑应具备新颖、独特的个性，从功能布局、内部环境及外部特征等各个层面体现出本项目的个性；应综合考虑各区域相对独立，总体布局动静分区明确；15 号地、16 号地需具有各自风格但又能有机衔接。
4.3 建筑的新颖、一流应避免高新技术的罗列和高级材料的堆砌，而应突出设计层面的高品质，高品位的追求。在整体风格的塑造上，须做到建筑内部空间和外部形象的延续和统一；

Relevant paragraph in Brief 169:
(2) 夜景照明要与外立面表现的风格一致，使室外环境的夜景和日景都富有特点；
由应征人根据本项目五个建设地块的建筑风格，提出园林绿化、景观设计方案。

Relevant paragraph in Brief 170_V8:
* 建筑风格适度体现中国文化与亚洲元素
3.1 建筑风格及类型
前台及接待区的设计在保证安全设施到位的基础上，设计风格需要具有开放性，包容性，多功能性，展示性以及可持续性的综合体现。同时设计有礼宾服务柜台、等候区，为员工及各国客人提供必要的服务，各功能具体面积可在设计过程中根据设计条件确定。
景观设计包含建筑区域，为员工提供休闲及健康空间。景观设计包含红线内的全部非建筑区域，景观设计的风格建议以庄重，简朴，实用为原则。景观设计的目的是分隔建筑物和公共空间；对建筑物的主要，次要出入口有导向性；在主要出入口形成规模，形态不同的广场以满足人员出入和疏散的需求；创造优美的空向和环境供员工休息，互动交流。
"装修/装饰"是大楼内部的组成部分，包括大堂、地板、天花板和墙壁装饰等，未来整体装修风格应以暖色为主。

……

图 5-11 以"风格"为引导词的任务书样本库全文搜索结果（部分）（自绘）

本书中任务书评价待评要素清单的生成，便是使表 5-13 中的关键词组仿照示例 5-3 的做法，一一进行相关信息内容的搜寻补充与分析归纳。最终的任务书待评要素清单应由关键词组及其说明性内容共同构成；正如表 5-6 与表 5-7 所示的风险识别表，对于"元件"会附有功能描述、流程参数等信息。然而，由于本书从任务书样本库中抽取出的关键词数量较大，即使经过合并整理有所减少，但若在正文中列出这些关键词的全部索引信息，可想篇幅仍然是冗长的。本章是对任务书评价体系建立方法进行阐述的一章，便不一一列举待评要素的具体内容。

5.3.2　风险识别与判定

如上一小节所述，得到任务书的待评要素清单之后，便可以开始进行任务书风险要素的识别与判定。本书对任务书的待评要素进行风险识别，是以 HAZOP 法中的引导词概念，结合文本挖掘中的全文搜索技术，最终通过逻辑推理来实现的。

HAZOP 法是经典的应用于工业流程和系统的风险识别方法，其核心思想是：首先将流程或系统分割为多个研究节点，对节点的设计意图和正常状态给出明确的定义，再采用头脑风暴的形式使用流程参数和引导词，提出节点可能出现的偏差（风险）。表 5-16 给出了 HAZOP 法一些常用的流程参数和引导词。

常用的 HAZOP 流程参数与引导词 [149]　　　　　　　　　　　　表 5-16

流程参数	引导词	偏差
流量压力	无 / 没有	没有实现任何设计意图 （比如，在应该有的时候没有流量，没有压力）
	过多 / 数量增加	实际情况超过设计意图，物理性参数比应有的情况要大 （比如流量过大、压力过大、温度过高）
温度	过少 / 数量减少	实际情况低于设计意图，物理性参数比应有的情况要小 （比如流量过小、压力过小、温度过低）
液位成分	伴随	设计意图实现，但是还有一些其他情况存在
	部分	只实现了一些设计意图，过程流的成分错误。某些元素可能丢失，或者所占的比例过高或过低但是还有一些其他情况存在
	反向	设计意图与实践情况相反
	不是 / 不同于	设计意图被其他情况所取代
	早	一些情况发生时间比预想得要早
	晚	一些情况发生时间比预想得要晚
	先	与工作次序有关，一些情况在预计次序之前发生
	后	与工作次序有关，一些情况在预计次序之后发生

HAZOP 法与前文提到的 FMEA 法具有一定的共同点。两种方法均是采用了系统分解的方法，首先确定评价的具体对象，FMEA 法称之为"元件"，而 HAZOP 法则是"节点"；然后，基于评价对象的常规功能模式或正常运行状态，搜索潜在风险的表征，FMEA 法称之为"失效模式"，而 HAZOP 法是"偏差"。

将上述两种方法的风险识别思想移植应用于本书的任务书评价，系统客观存在的"元件""节点"对于任务书而言，已经在上一小节中解释过，对应了待评要素清单生成中的关键词组（表 5-13）；FMEA 法中元件在常规模式下的"功能描述"，或 HAZOP 法中节点在正常状态下的"流程参数"，正是对应了任务书待评要素清单中关于关键词组的含义信息拓展，以及对于相关的专题材料，通过进一步分析提炼得到的结论；而可能出现在任务书内容中的"失效模式"或"偏差"，从词频分析各种参数的定义来看，应是与通过任务书样本库搜索得到的具有高 TFIDF 值的词，具有极大的正向相关性。

显然在本章前面的内容中，研究已经完成了对任务书"元件 / 节点"的抽取及"功能描述 / 流程参数"的定义；而关于任务书的"失效模式 / 偏差"，则可以尝试以前文得到的任务书"特异词"为引导词，再次应用全文搜索技术，并根据搜索得到具体内容进行判断。任务书风险识别的引导词，或者说特异词，前文已经在多处对其来源进行了说明：是由高 TFIDF 值的词，除去 TF 和 IDF 畸高的词，再加入卡方检验得到的信息含量丰富的词，而最终确定的（表 5-10）。这里有一个默认的设置，即越"新奇"、越"诡异"、越"不常见"的词，就越"危险"，可以认为其指示了风险内容，至少是有可能有风险的内容；这符合文本数据对象和任务书文档库的现实特征，因此有理由将"特异词"作为任务书搜索风险时的引导词。

关于全文搜索技术上一小节已经进行了说明，可以直接对包含给定词的段落进行精确搜索，也可以先对给定词进行相关词的搜索，再对包含这些相关词的段落进行模糊搜索，找到与给定词相关性高的段落。这两种具体的处理方法不仅可用于关键词的全文搜索，对引导词（特异词）也同样适用。通过引导词搜索得到的具体内容，是判断其与任务书"元件 / 节点"对应关系的根据，将通过特异词搜索到的相关内容逐一对应回上一小节得到的任务书待评要素清单，从而构建起有效的"引导词"特异内容与"关键词"常规内容的对比，判断这些特异内容是否真的是所对应任务书待评要素的风险事件，若是，则确定该待评要素是一个风险评价的指标。

在这里，通过任务书"特异词"引导搜索得到的内容，可以视为一种基于实践样本的"错误日志"，这为任务书评价领域由于缺乏成型的历史数据，以往只能依靠专家经验进行评判的问题，提供了一种新的解决思路。另外一方面，相较于经典的 FMEA 法和 HAZOP 法依赖于头脑风暴，本书采用的任务书数据挖掘方法，实际上更具客观性、智能性和高效性，在"建筑学问题 + 文本类对象 + 风险识别方法"这个交叉领域，进行了新的理论和实践探索。

示例 5-4：

以表 5-10 中编号为 134 的特异词"宫廷"为例，简要说明以特异词作为引导词进行全文搜索的操作方法，是如何实现任务书风险识别与判定的。

使用计算机的全文搜索程序以"宫廷"一词为输入值，在整个任务书样本库中搜索严格包含了给定词的段落。得到的非空输出来自编号为 005 和 112 的两份任务书文档，除此以外的其他任务书文档搜索结果为空，返回的具体相关内容为：

……

任务书 005 中"宫廷"一词的相关内容：

"该项目建设功能定位为：现有故宫博物院的空间拓展和功能完善，主要功能为提高故宫文物藏品的展陈与修复数量及比例；宫廷园林研究展示种植、传承与展示；数字故宫展示与普及历史知识；进行文化交流等现代博物馆功能。"

……

任务书 112 中"宫廷"一词的相关内容：

"作为中央级国家档案馆和北京南城的重要公共文化设施，新馆建筑应是北京古都的一道亮丽风景线。一史馆保管的是明清历史档案，故在建筑风格和特点上要体现明清宫廷和历史文化的基本元素和特征，与其他博物馆、图书馆等文化设施区别开来。同时，作为 21 世纪的建筑，在设计上也不应失为庄重、典雅、气派的现代化特点，以满足当今社会人们的视觉感受和心理需求。要在建筑内外构件、细部、装饰、材料、墙顶、空间等方面，找寻明清档案的文化特征，显露简洁清晰的现代生动，使人看后能迸发出历史与今天、传统与现代、古老与文明的心灵火花。"

……

以上计算机返回的段落经过人工鉴定可以确定：来自任务书 005 的相关内容是关于"功能定位"的陈述，来自任务书 112 的相关内容是关于"建筑风格风貌与形式特点"的设计要求。其中，关于功能的陈述属于客观性内容，基本可以排除存在风险；而关于建筑风格的要求，则显得相对较为主观，很可能是不合理的要求，需要进一步进行风险的识别和判定。

从前后文段来看，任务书仅仅以该建设项目用于"保管明清历史档案"这一建设目的作为依据提出关于建筑风格的设计要求，但却不足以说明为什么项目就一定要以宫廷作为风格；而具体的提出"体现明清宫廷和历史文化的基本元素和特征"实际上进行了颇为教条化的限定，阻止了建设设计探索更多可能适合的风格形式；同时，究竟什么是"明清宫廷的元素和特征"，又是一个具有模糊性和争议性的问题，不同设计人员对此理解的迥异可能导致不伦不类的设计结果。此外，不能提供足够的研究论证材料意味着自行指代的某种建筑风格，可能涉及到相关文化符号的知识产权和使用权争端。关于建筑风格这样的特异内容，无疑与"建筑风格风貌与形式特点"待评要素的分析中确定的"协调""传统""地域""创新""合理""生态"等"常规模式"，有着不小的出入，极有可能将建筑设计推入一个危险的境地。可以确定的是，"建筑风格风貌与形式特点"应纳入任务书评价时需要考量的风险评价指标，以使类似情况的再次出现时能够得到甄别和预警。

为进一步考察"宫廷"一词之于"建筑风格风貌与形式特点"这一待评要素可能存在的风险事件，找出与"宫廷"相关性高的词，得到有"文化遗产""民间""岩画""高层次""明清""艺术品""织绣"等；再对这些相关词进行全文搜索，检验它们是否也如同"宫廷"一样，对"建筑风格风貌与形式特点"可能引起风险事件；若有，则进一步确定"建筑风格风貌与形式特点"相关内容在任务书中的风险性，并汇总各种风险事件（表 5-17）。

同样依照以上的操作方法，对表 5-10 中其他所有特异词完成全文搜索，继续寻找与"建筑风格风貌与形式特点"相关联的风险事件。在搜寻风险事件完毕后，便需要概括各种风险事件的形态、原因和影响，按类别统计风险事件出现的频率，并通过访谈相关项目的建筑师、专家，归纳推理风险事件的严重程度，最终将上述这些信息总结记录在"建筑风格风貌与形式特点"的风险识别表中。表 5-17 延续了示例 5-3 中关于"建筑风格风貌与形式特点"这一待评要素的分析，以及本示例从"宫廷"这一特异词出发定位出的"建筑风格风貌与形式特点"相关风险事件，并加入了未在此详细展开的其他特异词搜索得到的风险内容，给出了"建筑风格风貌与形式特点"这一待评要素的风险识别表作为样例。

如此便完成了关于"建筑风格风貌与形式特点"这一待评要素向任务书风险评价指标的转变。限于篇幅，本示例不对其他任务书特异词和待评要素之间的风险搜索、关联、识别和判定再进行展开。

任务书待评要素"建筑风格风貌与形式特点"的风险识别表 表 5-17

待评要素描述				风险描述			风险分析			引导词备注
编号	要素名称	关键词	功能概述	风险事件	风险原因	风险后果形态	发生概率	严重程度	风险等级	
13	建筑风格风貌/形式特点	风格 建筑风格 特点 充分考虑 协调 整体	对建筑的风格风貌提出导向性的建议，在建筑整体造型/局部形态/细节装饰等方面提出相对具体的做法要求	没有进行有关要求表述	研究缺失/挖掘不足	需要设计团队投入额外时间精力进行研究	0.36	2	0.72	
				对某单一方向/临街面提出具体要求而疏于对其他几个界面的陈述	某一方向/临街面具有特殊的功能意义/视觉地位 前期研究着力不均匀	具体的设计要求不是从全局角度得出，设计要点有失偏颇	0.09	3	0.27	"面临"
				对建筑风格/造型特点的要求描述过于空泛	对列入任务书的建筑风格相关内容未进行深入的探讨	难于落实在具体的设计手法上，无法转化为具象建筑语言在方案中表达	0.26	4	1.04	"国籍""契合""稳重"
				对建筑风格或造型所提要求过于具象/独特	任务书编制受个人主观意见干预，先入为主又缺乏深入的研究	限制设计创作 造成不必要的工程难度/费用 不能得到舆论及民众的认可	0.32	5	1.6	"宫廷""鲜明个性"

仿照示例 5-4 的方法，对本书的所有引导词完成搜索，并与 34 个待评要素完成关联匹配，便可实现风险的识别、分析和判定。

其中，需要特殊说明的是待评要素中的第 16 项（表 5-14）——"房间数量、面积与具体设计要求"，该待评要素被单独确定为一项特殊而重要的任务书评价指标。之所以说特殊，是因为其风险不仅存在于文本层面，更存在于房间清单或空间列表（以下称"面积表格"）中，也就是面积数值的大小和分配比例问题，而这部分数据并不能够通过特异词搜索来进行风险识别和判定。之所以说重要，是因为表格数据在任务书中，不论是篇幅比重还是实践意义，都足以与文本数据抗衡。

而从理论和实践两方面来看，也应将"房间数量、面积与具体设计要求"确定为任务书风险评估的一个评价指标。理论方面，策划评价的经典理论大多对面积的指标有所涉及，如在卡姆林的策划检查表中，就提出了"总面积不足"的风险评价问题；实践方面，建筑师在自发性的任务书评价中，也确实针对任务书中的面积要求提出了大量质询。

对于"房间数量、面积与具体设计要求"这一任务书评价指标，在应用本小节前面所述的文本风险识别与判定方法进行评价以外，本书还特别提出，对面积表格中的数值型数据，也要进行科学的风险评估。面积表格相关内容的风险，将主要通过加和检验、向量聚类等几个方法来识别和评价，这部分设想的方法原理和操作技术，已经在本书第 4 章关于表格数据的处理方法中详细解释过，在实际的评价应用中，当检测出受评任务书的面积比例向量，与任务书样本库中的比例向量聚簇中心，彼此之间的距离超过一定的风险容忍范围时，即需要进行警报，返回人工进行具体的检查。

综上，应用本小节所阐述的风险识别与判定方法，最终确定的任务书评价指标结果为：经大量任务书样本的文本挖掘，共得到 22 个待评要素，并全部识别出风险内容，可以进行风险判定，并晋级成为任务书风险评价指标；通过梳理策划评价理论，咨询相关专家及一线建筑师，对文本挖掘得到的 22 个待评要素进行检查和补充，又增加了 12 个待评要素，其中 10 个被识别出风险内容，确定为任务书风险评价指标，"任务书编制人员与编制程序"和"任务书格式与内容"两个待评要素，虽然没有直接从任务书样本库中识别出风险事件，但与本研究所探讨的任务书评价理论高度相关，在再次垂询专家意见后，仍旧补充在任务书评价指标之列。此外，另设 1 个附加指标，用来保证任务书评价的灵活性和全面性。任务书评价体系最终 35 个指标项目的风险识别表形式与表 5-17 相同。

结合第 2 章的相关论述来看，本书从系统评价学的角度确定了"素质条件、活动过程、运行效果"三个方面的任务书的评价。以上确定的评价指标大多数实际上都应归结为关于"素质条件"的评价，而关于"活动过程"与"运行效果"的评价，在本书中并没有单独列出成为评价指标，而是选择了内嵌入每一个评价指标的方式，将任务书的使用性能以及建设项目的最终成果，作为评价指标的最高两个评分等级来考量。

5.3.3　评价指标总表与分类情况

如上一小节所述，通过研究确立的任务评价体系共有 35 个评价指标，其按照指标的含义，可以分为 8 个类别，分别是：

①项目相关评价指标（PRJ）。

②场地相关评价指标（SIT）。

③建筑相关评价指标（ARC）。

④专业技术评价指标（TEC）。

⑤附属事物评价指标（SUB）。

⑥长效管理评价指标（OPT）。

⑦整体性评价指标（GNL）。

⑧附加性评价指标（BNS）。

具体的指标分类情况如表 5-18 所示。

任务书评价指标分类情况

表 5-18

类别	代号	序号	评价指标名称
项目 PRJ	PRJ1.1	1	项目概况 / 城市文脉及规划情况
	PRJ1.2	2	建设规模与控制参数
	PRJ1.3	3	设计原则与理念
	PRJ1.4	4	相关法规与依据
	PRJ1.5	5	设计工作任务与范围
	PRJ1.6	6	成果内容及格式
	PRJ1.7	7	资金情况说明与造价控制
场地 SIT	SIT2.1	8	用地区位 / 范围及周边
	SIT2.2	9	场地市政供应与配套要求
	SIT2.3	10	场地自然条件
	SIT2.4	11	交通规划条件及流线组织要求
建筑 ARC	ARC3.1	12	总平面布局构想
	ARC3.2	13	建筑风格风貌与形式特点
	ARC3.3	14	使用业主人员构成与组织框架
	ARC3.4	15	功能需求构成与分区
	ARC3.5	16	房间数量 / 面积与具体设计要求
	ARC3.6	17	流程与工艺要求
专业 TEC	TEC4.1	18	建筑结构专业技术要求
	TEC4.2	19	电气专业技术要求
	TEC4.3	20	暖通专业技术要求
	TEC4.4	21	给水排水专业技术要求
附属 SUB	SUB5.1	22	景观 / 园林及绿化设计
	SUB5.2	23	室内环境及装饰装修
	SUB5.3	24	建筑材料
	SUB5.4	25	建筑安全与安防

续表

类别	代号	序号	评价指标名称
附属 SUB	SUB5.5	26	节能环保 / 绿色生态与可持续发展
	SUB5.6	27	无障碍设计
	SUB5.7	28	停车场（位 / 库）/地下空间与人防
管理 OPT	OPT6.1	29	空间成长与分期建设
	OPT6.2	30	管理与运营
整体 GNL	GNL7.1	31	设计参考研究资料
	GNL7.2	32	任务书编制人员与编制程序
	GNL7.3	33	任务书格式与内容
	GNL7.4	34	其他特殊要求与机动内容
附加 BNS	BNS8.0	35	附加分

5.3.4　评价指标的内容与评分等级

上两小节通过多种方法系统地生成了任务书评价的指标体系，共计 35 项，本小节则旨在对于这些评价指标的内容做出进一步的说明。

任务书的评价指标并不简单是指标的名称及其说明的罗列，而是更为丰富的一类信息的集合，包括：评价指标的简明定义、常见形式与内容、评分等级的要求与分值计算说明、指标权重值、权重风险图谱、指标间关联关系、评价内容样例（任务书样本的平均情况或底线）、相关规范与参考文献等。其中，评分等级的要求与计算说明是对评价指标的高度提炼，向前承袭了评价指标功能概述、常见形式与内容，向后则顺接了指标的权重值与风险图谱，这是任务书评价体系的重中之重。

具体而言，任务书评价的所有评价指标均采用 5 个等级来进行评分，根据评价指标的实际意义，不同指标在其五个等级上的具体要求和分值设置各自不同，但在总体上，每个级别的评价要求对应了相同的基本要求。第一级的基本要求是：某一评价指标所对应待评任务书的内容不为空，具备常见内容中的 1 ~ 2 条或等价信息；第二级的基本要求是：某一评价指标所对应待评任务书的内容较为全面，具备常见内容中的 2 条以上或等价信息，没有使用模糊性、歧义性、限定性的语言，或提出明显异于常规的不合理要求；第三级的基本要求是：某一评价指标所对应待评任务书的内容详细完备，对于具体的条件和要求能够给出足够的研究材料或来源依据；第四级的基本要求是：某一评价指标所对应待评任务书的内容，在设计环节的使用性能得到肯定的反馈；第五级的基本要求是：最终的建成项目取得了超乎寻常的成绩，且该成果是直接得益于待评任务书某一评价指标所对应内容的正确引导。

5 个评分等级之间是顺次递进的关系，在未达到低等级的全部要求的情况下，是不能跨级获得高等级的评分的。其中，第一至三级仅对任务书文档客观存在的内容进行考查，只要是具有一定规模的任务书文档，甚至是仍处于编制过程中的任务书草稿，都可以参照评分等级的要求来进行阶段性的自查，根据受评任务书的实际情况，获得相应等级的评分；第四和第五级则要求待评任务书进入实际的使用环节和建设环节，才有可能获得相应的评分，是呼应"全过程策划评价"概念，以及系统评价中"活动过程"和"运行效果"这两种评价的具体体现。

示例 5-5：

以"建筑风格风貌与形式特点"这一评价指标为例，其评分等级及具体要求如表 5-19 所示。

"建筑风格风貌与形式特点"评分等级及具体要求　　　　表 5-19

评分等级	具体要求
（7）第一级	任务书简单陈述了建设项目对建筑风格的期许；A
（-）第二级	（/）
（10）第三级	任务书编制团队经过了一定的前期研究，对建筑方案可能的风格风貌，以及适合采用的整体造型、局部形态和细节特点等进行了严谨的探讨，在任务书中对这些内容做出了较为详细的描述和要求，并能提供相应的研究资料以支撑说明；AB
（18）第四级	任务书对建筑风格风貌与形式特点的相关内容进行了充分而详细的阐述，对各方面的条件、要求或建议能够提供依据性的研究资料来佐证其科学性与合理性，并且没有使用过于空泛模糊的语言进行描述，能够较好的为设计团队采纳转化为建筑语言，指导产出设计方案；ABC
（32）第五级	任务书在充分的前期研究支撑下，对建设项目建筑设计方案所期望表现出的风格风貌和具体形式特点，做出了全面、明确且合理的表述，所提出的设计要点很好的激发了设计团队的工作，在其指导下生成的建筑方案付诸实践后，收到预期效果，得到广泛的社会认可或较高的专业评价；ABCD

在 5 个评分等级中，具有标志性的是第一、第四和第五级。第一级是任务书评价的初始级别，其设定参考是任务书的最低标准，凡是在某一评价指标下达到这一等级的要求，意味着待评任务书的相关内容略高于业界一般任务书的水平，可以获得相应的认可性评分，如若不能达到，则不能获得任何分值；第四级是评价的次优级，其设定参考是任务书理应达到的优良品质，满足这一等级的要求，意味着待评任务书在某一指标上的内容能够较好的指导建筑设计工作的展开，不会引导产生可能出现问题的设计方案，无过但也无功；第五级是

评价的最高级，其设定参考是理想型的任务书，达到这一等级意味着待评任务书不仅很好的胜任了其"本职工作"，还能在指导本项目的设计工作以外创造价值，为建筑设计行业贡献一些可以移植应用的经验或创新。

评分等级具体要求的描述有多种形式，大致可以分为 4 个类型。①二元型：是否具有某方面的内容；②程度型：在一定范围（如 25% 以上或以下）实现了某一目标；③成果型：达到了某一明确的标准或等价认定；④承诺型：有意识或有计划的进行了某种操作。

应该说，在本书探讨的意义下，任务书评价指标体系如果落实为出版物，对于专业人员而言是指导手册（guide/reference book，handbook）的概念，而对于非专业人士则具有教科书（textbook，tutorial，learning material）的功用；不同背景和目的的人们都可以在它的辅助下快捷的进行任务书评价，甚至是从零起步的任务书编制，也可以使用它对标准化的任务书信息进行查询，对阶段性的任务书草稿进行简单自查。

5.4　任务书评价指标的权重赋值

在上一节确定了任务书评价的评价指标之后，本节将根据评价指标的重要性、复杂度，以及评价指标对应风险事件的风险等级大小，着手构建评价指标的权重体系，给出评价指标的优先级解释，以及评分定量计算的具体数值。

5.4.1　指标权重的形式与来源

一般评价体系的指标权重多为实值型权重，可以采用显性权重或隐性权重两种不同的形式，当然也可以使用两者混合的权重形式；而对于非实值权重而言，权重的形式意义又可分为绝对权重、零权重和无权重等。

具体而言，显性权重指的是评价指标大类的或大类下各指标的独立权重体系，每个评价指标（类）在自己的评分值以外，还拥有一个百分数作为权重值，数值的大小表征评价指标（类）的重要性与评价要求被满足的难易度，各个指标（类）的权重数值之和为 1（100%），可分多个层级；代表性的实例是我国绿色建筑评价标准一级指标大类的权重（表 5-4），显性权重也是最常见的权重体系形式。

隐性权重指的是没有设置独立的权重值，而是通过每个评价指标可选评分值的不同，来体现指标之间相对重要性的权重体系；代表性的实例有我国绿色建筑评价标准、LEED 绿色建筑评价体系（表 5-3）和 Envision 基础设施可持续评价体系（表 5-5）的3 级指标的权重，隐性权重也是比较常见的权重体系形式，特别是在如建筑学问题的评价上，简单的指标权重值已不能概括含义复杂的指标的重要性，对应评价指标内部多样的具体要求，设置多个不同的可选分值显然更为合理。

　　显性权重和隐性权重是不同形式的实值型权重，与之相对的是非实值型权重这种特殊的权重形式。非实值权重中的绝对权重表示评价指标具有绝对的重要性，可理解为每个拥有绝对权重的指标权重值均为 "1"，这种权重多见于强制性必须评价的指标，如我国绿色建筑评价标准二级指标中的 "控制项"，LEED 绿色建筑评价体系二级指标中的 "前提条件"（prerequisite）。零权重表示评价指标的权重值为空但指标本身仍具有重要意义，这种权重多见于附加性评价指标，如我国绿色建筑评价标准中的第 8 大类 "提高与创新"，LEED 绿色建筑评价体系中的第 6 大类 "运营创新"（innovation in operations）和第 7 大类 "地域优先"（regional priority），以及 envision 基础设施可持续评价体系中各一级大类后的 "创新与卓越"（innovate or exceed credit）项。无权重是指评价指标不设置任何权重，指标之间也没有不同的可选分值，结构简单，但缺乏合理性，仅见于少量较为简单的评价体系。

　　各种形式的权重体系没有绝对的优劣之分。显性权重体系形式简单易懂，对于大多数使用受众而言，可以快速地掌握和推广；隐性权重则更为贴合评价指标具体要求的实际含义，对于有意通过评价体系进行专业学习的人来说，显现出更强的教育性。绝对权重和零权重在一套评价体系中不是必然的选择，但是它们的加入能明确评价指标的性质，划分出不同层级的指标，使评价目的和操作更为清晰有序。不少成型的评价体系均混合使用了多种形式的权重，以达到最大程度的精细化与专业化。任务书评价指标体系也可以效仿一些成熟的评价体系，同时采用多种权重形式，并结合建筑学问题的复杂性特点，在高层级的指标大类上，使用显性权重统筹整体的均衡，而在低层级的指标内部，采用隐性权重落实评分机制。

　　一般评价体系的指标权重可以通过多种方法生成。表 5-20 总结了包括线性加权法、一般数学建模（拟合）、典型样本建模、层位评价理论、多方案比较法、群决策、多属性决策、主客观结合法、AHP- 赋权法和主成分分析法在内的一些经典赋权法，以及建筑学领域的 LEED-NC4.0 评价体系所使用的网络结构赋权法，对各种赋权方法所需数据及所得结果的内容及形式、方法的数学原理及优缺点，进行了全面的梳理。[31, 176-187]

　　从一般权重生成所需的数据来源来分析，赋权法可以采用直接对指标的重要性进行比较判定的方式，如线性加权法、AHP 赋权法，也可以通过评价样本的优劣情况，依靠数学计算提取不同指标在其中的贡献，从而间接地判断出指标的重要程度，如典型样本建模法、多方案比较法、多属性决策法、主成分分析法等。

从另外一个角度来剖析赋权的依据，可以将权重生成所需的数据分为经验型和数据型两大类；表 5-20 中除了评价样本的实测值这一项以外，其余的均是通过人工的方式给出的数据。可以说所有的直接赋权方法，和几乎大多数间接赋权法，都或多或少的是从经验来源获取权重值生成的依据，其中不少赋权方法虽然采用了复杂严谨的数据换算方法，但本质上数据的来源仍然离不开经验主义。

虽然不能说主观的经验就一定存在问题，但至少经验不应该成为评价指标唯一的权重来源；特别是本书强调任务书评价的客观性、科学性及合理性的前提下，加入从客观"测量数据"中提取的信息，发挥大数据的优势，应该体现在任务书评价指标的权重体系中。如果能以客观数据为先导，以人工知识为后验，则会是一个比较理想的模式。

与应用客观数据进行赋权这一设想相对的现实是，涉及建筑学问题的评价研究，在数据积累这方面一直以来比较薄弱，具体到任务书的数据库几乎可以说未有建树。本书在前期虽然建立了一定容量的任务书样本库，但反观经典的赋权法，目前所掌握的任务书样本库并不能有效的提供全部所需数据。

明显缺少的数据是评价样本的总分值，也就是说，没有一个几乎等效的评价机制或考量标准，能够为样本库中的任务书提供一个直接观测结果。这与任务书评价研究领域的空白直接相关，也是本书的一个难点所在，即不能直接使用如典型样本建模法、多方案比较法等经典的赋权法，计算出任务书评价指标的权重。

对于不需要总分值这一数据的赋权法，如多属性决策法，由于其数学原理是计算让所有评价样本实现最高分的指标系数，这样得出的权重仅在为评价样本排序时有意义，而考虑到任务书评价是非评比性的评价，因此这样的赋权法对于计算任务书评价指标的权重，也是不适用的。

虽然大多数经典的赋权法不能直接为任务书评价指标体系所应用，但仍于本书具有借鉴意义。任务书评价是一种具体的应用评价，其评价指标体系的权重在参考一般指标权重的形式和来源的基础上，应兼顾体现出任务书自身的专业特点和评价活动的风险导向等既定研究前提；因此权重的生成过程可以结合任务书评价的评价目标和风险等级的概念来具体操作，有针对性的获取权重生成需要的相关信息数据，进而寻求一种创新型的组合方式，最终通过常见的权重形式来表达。

表 5-20

评价指标赋权的一般方法汇总

方法	所需数据						得到数据		数学原理	优点	缺点
	指标的		评价方案（样本）的			其他值	权重	其他			
	定性量化	测量实值	分项定性量化	分项测量值	总分值						
线性加权法	评价（价值）主体给出的各指标权重值[矩阵]						各指标的绝对主观权重[向量]				
一般数学建模拟合				一定数量方案的各指标+总分量值/测量值[矩阵]			各指标的数据生成权重[向量]		最小二乘法 多元一次方程求系数		
典型样本建模				少量特征方案的各指标+总分量化值/测量值[矩阵]			各指标的数据生成权重[向量]				
层位评价理论	评价（价值）主体给出的指标优先原则						无权重				
多方案比较法+群决策+多属性决策			专家给出的三角模糊数比较关系[矩阵]		专家给出的比值/比较关系[矩阵]	各专家本身的权重[向量] 决策者偏好值[实数 a]	各方案生成权重[向量]		互补型矩阵排序 行和归一法/最小方差法（多目标规划）		
多属性决策+主客观结合+多方案比较	专家给出的各指标权重值[向量]		一定数量方案的各指标量化值/测量值[矩阵]				各指标生成权重[向量] 混合生成权重[向量]	主观与客观配比值[两个实数]	最小距离法（多目标规划）	从数学意义上看，得到的权重是使评分普遍居高的评价指标实现最大的权重，让所有有参与计算的权重，让最高分的方案在其最高分的状态下进行公平比较	从物理意义上解释，实际上是使评分普遍居高的评价指标获得更大的权重，权重仅在通过对比方案时的计算中有意义，值排序有意义，对于评价指标本身并无意义

续表

方法	所需数据							得到数据		数学原理	优点	缺点
	指标的			评价方案（样本）的				权重	其他			
	定性评价	定性量化	测量实值	分项定性量化	分项测量值	总分值	其他值					
多属性决策 2 ＋群决策 ＋偏好消除	专家给出的各指标权重量化值（区间数/语言性描述）[混合矩阵]						各专家本身的权重值[向量]＋决策者偏好值[实数 a]	各指标的权决策权重[向量]	较好的决策者偏好值[实数 a]	同上	同上	从物理意义上理解，实际上是使评分普遍居高的评价指标获得更大的权重，体现的是评价者对不同指标打分的风险偏好，并未体现评价指标对于评价目标实际意义的重要性
AHP赋权法		专家给出的重要性比值[矩阵]						各指标的专家生成权重[向量]	一致性比率[实数]	互反型矩阵排序 最大特征值/特征向量求解		当评价指标过多（>10）时难于求解，矩阵一致性难以保证；着力于对比指标间重要性（指标间有时不具可比性，比较型打分多适用于方案间），而非体现总各指标对重要性目标的重要性
主成分分析法				一定数量方案各指标量化值/测量值[矩阵]				各指标的数据生成权重[向量]				当提供数据的评价方案个数小于评价指标数量时，指标数量越小，加权系数合理性大降低
LEED-NC4.0网络结构赋权		专家给出的重要性比值[矩阵]	各指标的信息量/可靠度[数值]					各指标的混合生成权重（分值）[矩阵]				

5.4.2 风险分析与权重求解

如上一小节的梳理和总结，任务书评价体系的权重求解应该基于任务书评价指标的特点来展开，同时从任务书评价指标的风险分析中汲取权重值的计算数据。具体权重值的求解，应融合数据型和经验型两种来源途径的数值进行计算；先通过指标的重要性在指标层级给出每个指标的最大评分值（隐性权重），再通过指标潜在风险事件的风险等级，在个体指标内部分配 5 个评分等级可选的分数。

为了在权重体系中体现出任务书评价指标的特点，本书首先提出对任务书评价指标自身"重要性"的量化定义，并以"重要性"的计量数值作为指标权重求解的一部分数据来源。具体而言，任务书评价指标的"重要性"定义包括两个方面。①评价指标对评价目标的"影响度"：每认定评价指标对于一个评价目标的实现有贡献，记 1 个"影响度"；②评价指标等级要求所具有的"信息量"：评价指标各个等级的每一条独立的要求、标准或条件，记为 1 个"信息量"。

匹配和确认全部任务书评价指标的"影响度"和"信息量"工作，是通过召集一小组对本书任务书评价体系具有一定了解的专家和志愿者来共同完成的，专家主要起到督导的作用，而志愿者则负责完成实质性的工作，得到的数据结果如表 5-21。

通过计量得到的这部分数据对于权重生成而言，属于逻辑型的依据，也可以理解为半数据半经验型的来源。从评价指标的客观属性出发，在经验知识的逻辑判断下得出结果，表征了任务书评价体系中的评价指标与评价目标的关联程度，以及评价指标的要求被满足的难易程度。"影响度"和"信息量"的大小将作为分配指标最大分值（指标层级隐性权重）的依据。

而为了落实风险评估性质的任务书评价，从评价指标的风险分析中获得权重求解的依据，本小节在任务书评价指标的"重要性"定义以外，进一步提出风险与权重之间的对应原则：评价指标所对应内容可能出现的风险越大，评价指标的等级要求就越难被达到，说明评价指标就越重要，评价指标的权重（最大可选分值）就应该获得越高的数值。

风险评估中的风险分析是判断风险大小的过程，经典的风险矩阵理论和技术方法定义使用风险等级 R（risk）来表征风险的大小，R 是关于风险事件出现的可能性 P（probability）与其后果的严重程度 C（consequence）的函数。R 值计算最常用的是乘

任务书评价指标的"影响度"和"信息量"　　　　　　　　　表 5-21

指标代号	影响度	信息量	权重（分值）	指标代号	影响度	信息量	权重（分值）
PRJ1.1	4	5	20	TEC4.2	6	3	18
PRJ1.2	5	4	20	TEC4.3	6	3	18
PRJ1.3	7	4	28	TEC4.4	6	3	18
PRJ1.4	5	3	15	SUB5.1	7	3	21
PRJ1.5	3	2	6	SUB5.2	5	3	15
PRJ1.6	4	2	8	SUB5.3	5	3	15
PRJ1.7	6	3	18	SUB5.4	7	3	21
SIT2.1	4	4	16	SUB5.5	6	4	24
SIT2.2	3	3	9	SUB5.6	5	2	10
SIT2.3	5	4	20	SUB5.7	5	3	15
SIT2.4	6	3	18	OPT6.1	8	3	24
ARC3.1	9	2	18	OPT6.2	7	3	21
ARC3.2	8	4	32	GNL7.1	8	3	24
ARC3.3	7	4	28	GNL7.2	7	3	21
ARC3.4	8	5	40	GNL7.3	5	3	15
ARC3.5	10	5	50	GNL7.4	6	2	12
ARC3.6	7	3	21	BNS8.0	-	-	20
TEC4.1	7	3	21				

法原则[①]，即 $R = f(P, C) = P \times C$。因此若要进行风险大小的判断，实际的工作就是要确定风险事件的 P 值和 C 值；其中，P 值在有历史数据的积累下，可以通过客观的统计数据得到；如果没有，则可以由相关专家根据经验给出。C 值一般较难进行直接的物理测量，即使可以度量，不同指标也很可能具有不同的单位，因此，常通过人工的方式对风险后果的严重程度进行定量化或标准化，可以说，C 值的主要来源是经验型的。

对应到任务书评价，在 5.3.2 小节中由特异词为引导词进行搜索，已经识别并判定出任务书评价指标的各种风险事件；与此同时不难理解，由于风险事件与特异词是相伴出现的，因此特异词的词频 TF 值、文档频率 DF 值和 TFIDF 值等，就是这些风险事件发生概率的等价参量，如表 5-17 的风险识别表中"发生概率"一栏，就是填写了经过整体标准化处理后的 TFIDF 值，作为风险事件的 P 值。而根据前文已经明确的对

---

① 一些理论对通过乘法原则计算风险等级 R 值提出了质疑，如 Borda 排序法，其可以认为是在加法原则上进行改进的一种做法；但总体上，乘法原则在风险评估领域的研究中还是得到了比较广泛的认可和应用。

应原则，评价指标的权重与风险的大小具有正相关关系，这意味着与评价指标对应的所有风险事件的 P 值（此处实际上对应了图 5-6 中的 P_1），在该评价指标的权重计算函数中为正向影响因子。

需要稍加说明的是，考虑到概率的数学定义，其数值取值在 0 到 1 之间，当多个特异词的概率数据需要叠加在一起作为一个风险事件考虑时，假设各特异词的出现相互独立，采用 $P = P(A)P(B) + P(A)P(\overline{B}) + P(\overline{A})P(B)$ 来计算总体的风险概率；这样一来，满足了"风险事件所可能呈现的形式越多，其概率也随之越高"的基本规律（而不是使用 $P = P(A)P(B)$ 计算，使得概率乘积变小），总体的风险概率仍然保持为权重的正向影响因子。

任务书评价指标风险事件的 C 值，在目前任务书评价体系建立的初期阶段，并不能从任务书样本的数据挖掘中直接得到。本书采取的方法是：将风险识别表和特异词搜索得到的全部资料，提供给前文已经提到过的"影响度"和"信息量"工作小组，由小组成员基于他们的专业知识和个人经验，在 1~5 递进严重的评价尺度上给出各自的判断；最终得到的各风险事件 C 值，则是对小组所有成员的打分进行权威性加权之后求得的平均结果[1]。如表 5-17 的风险识别表中"严重程度"一栏，就是填写了按照这种方法得到的 C 值。

至此，所有风险事件的 P 值和 C 值都可以被确定，评价指标各个评分等级的可选分值，便可以根据等级要求所对应的风险事件，按照风险等级的乘法原则公式求取分配。这其中，评价指标的风险频率，为权重求解提供给了数据型的来源依据，在前三个评分等级的可选分值上，起主要的支配作用。评价指标的风险后果，为权重求解提供了经验型的来源依据，在第四和第五评分等级的可选分值上，起主要的支配作用。

此外，评价指标的风险大小还要根据评价指标内所聚类的关键词个数和相关性进行修正。这是由于一些评价指标可能聚类了明显多于其他评价指标的关键词，关键词个数的增多很可能导致指标所囊括的风险事件也随之增多。从任务书评价体系的基本设定上来说，在同一评价指标内的诸多风险事件仅在处于不同评分等级时才加以区分；因此同一指标同一等级内的风险事件，可根据对应关键词之间的相似性进行合并，避免物理意义上等效的风险在数学意义上被重复累加，造成无效的风险等级跃升，给出错误的权重参考。

---

[1] 由专业背景、从业时间、是否是专家等因素决定。

示例 5-6：

此处仍以"建筑风格风貌与形式特点"这一评价指标为例，说明评价指标权重的生成过程。

评价指标"影响度"的计算：对应查看表 5-18 中的"建筑风格风貌与形式特点"这一评价指标的内容与 5.1.2 小节中的任务书评价目标，将"建筑风格风貌与形式特点"作为任务书评价的一个指标。首先，确保对任务书的设计条件和要求内容形成了有效的检验，检验其是否考虑了控制性和修建性，以及详细规划对于整体片区风貌的要求，以及是否有违"不要搞奇奇怪怪的建筑"等政策导向；其次，能够引导甄别建筑风格相关要求的决策者（群体），探究决策机制，审阅研究支撑材料；再次，这一指标还为考察设计团队对于任务书的使用满意度预留了空间，受评任务书中建筑风格相关内容的工作性能和建成效果，可以得到明确的跟踪记录。综上，"建筑风格风貌与形式特点"这一评价指标对于实现任务书评价目标中的第 2、3、4、5、6、8、9 和 10 项子目标有推动作用，因此其"影响度"判定为 8。

评价指标"信息量"的计算：深入查看表 5-18 中"建筑风格风貌与形式特点"这一评价指标各评分等级的具体要求的细则内容，所需提交的证明材料第一级中仅有 A，第二级为空，第三级在第一级的基础上增加了 B，第四级中又增加了 C，最高级第五级再次增加为 A、B、C 和 D，因此，5 个等级总计 4 个独立的要求、标准和条件，因此该评价指标的"信息量"判定为 4。

由以上"影响度"和"信息量"的结果，可以求得"建筑风格风貌与形式特点"这一评价指标的权重（总分值）为：$8×4 = 32$。

各个评分等级的可选分值，则是根据表 5-17 中"建筑风格风貌与形式特点"这一待评要素所识别出风险事件的发生概率和严重程度，计算得到对应的风险等级作为分配系数而确定。举例来说，第一级的评价要求对应了风险识别表中的第 1 个风险事件，其风险等级 $R_1 = P_1 × C_1 = 0.36 × 2 = 0.72$；第二级为空；第三级的评价要求对应了第 1 个和第 2 个风险事件，因此其风险等级 $R_2 = R_1 + P_2 × C_2 = 0.72 + 0.09 × 3 = 0.72 + 0.27 = 0.99$，其中 P_2 由第 2 个风险事件对应的特异词"面临"在本指标上的出现概率求得：$0.43/5 = 0.09$[1][2]；同理，第四级的

---

① 0.43 是"面临"一词的 TFIDF 值标准化处理后所得。

② 以"面临"为引导词在任务书样本库中进行全文搜索，共得到 5 条风险内容，其中 1 条是与本指标相关的。

评价要求对应了第1、2和3个风险事件，可求得其风险等级 $R_3 = R_1 + R_2 + P_3 \times C_3 = 0.72 + 0.27 + 0.26 \times 4 = 0.72 + 0.27 + 1.04 = 2.03$，其中 P_3 由第3个风险事件对应的特异词"国籍""契合"和"稳重"在本指标上的出现概率联合求得：$P(0.11 \cup 0.07 \cup 0.12) = 0.26$[①]；依此类推，可求得各评分等级所对应风险事件的风险等级，结果如表5-22：

评价指标"建筑风格风貌与形式特点"权重与分数分配 　　表 5-22

评分等级	风险等级计算	分配分值
第一级	0.72	7
第二级	NA	（ / ）
第三级	0.72 + 0.27 = 0.99	10
第四级	0.72 + 0.27 + 1.04 = 2.03	18
第五级	0.72 + 0.27 + 1.04 + 1.60 = 3.63	32

其中，最高评分等级对应了最大可选分值（权重总分）32分，而其他各级则根据其分配系数与最高等级分配系数3.63的倍数关系，求取对应的分配分值，结果如表5-23最后一列。

至此，"建筑风格风貌与形式特点"这一评价指标便完成了权重（总分）的求解与各评分等级可选分值的分配。

在评价体系的各个评价指标完成了上述权重的求解和修正之后，可以再次提请专家进行人工审阅。这一环节可以采用整体性和针对性两种操作方法。整体性操作是指让专家组使用类似AHP赋权法的方法，对所有的评价指标进行两两比较，构造出指标重要性矩阵，从而求解出一套全新的权重，作为显性权重直接附加在上文已经得到的权重体系之上。针对性操作是指专家经过通读上文得到的权重结果，对个别有违经验知识或不够理想的评价指标，提出修正性的 P_2 值、C 值，以供进一步讨论；在意见比较集中的情况下，可以替换通过统计方法得到的 P_1 值和先前给出的 C 值。

最终确定的整个任务书评价体系权重及可选分值，如表5-23所示。

---

① 按照 $P(A \cup B \cup C) = P(A) + P(B) + P(C) - P(AB) - P(AC) - P(BC) + P(ABC)$ 计算，特异词"国籍""契合"和"稳重"在本指标的出现概率分别为：$0.16 \times 2/3 \approx 0.11$，$0.22/3 \approx 0.07$，$0.23 \times 2/4 \approx 0.12$。

任务书评价指标的权重体系　表 5-23

			第一级	第二级	第三级	第四级	第五级	最大值	总数
项目 PRJ	1	PRJ1.1	3	8	14	15	20	20	115
		PRJ1.2	5	-	15	17	20	20	
		PRJ1.3	5	8	22	24	28	28	
		PRJ1.4	8	-	12	15	-	15	
		PRJ1.5	-	5	6	-	-	6	
		PRJ1.6	2	5	6	8	-	8	
		PRJ1.7	9	-	14	-	18	18	
场地 SIT	2	SIT2.1	6	-	-	15	16	16	63
		SIT2.2	6	-	8	9	-	9	
		SIT2.3	-	-	7	12	20	20	
		SIT2.4	5	9	15	18	-	18	
建筑 ARC	3	ARC3.1	4	7	13	18	-	18	189
		ARC3.2	7	-	10	18	32	32	
		ARC3.3	6	-	-	22	28	28	
		ARC3.4	1	14	23	35	40	40	
		ARC3.5	3	24	35	42	50	50	
		ARC3.6	-	8	-	21	-	21	
专业 TEC	4	TEC4.1	-	8	-	16	21	21	75
		TEC4.2	4	11	15	-	18	18	
		TEC4.3	-	8	14	-	18	18	
		TEC4.4	-	10	17	-	18	18	
附属 SUB	5	SUB5.1	4	11	14	-	21	21	121
		SUB5.2	4	-	10	-	15	15	
		SUB5.3	4	-	12	15	-	15	
		SUB5.4	5	12	-	20	21	21	
		SUB5.5	6	14	15	21	24	24	
		SUB5.6	8	10	-	-	-	10	
		SUB5.7	-	9	10	-	15	15	
管理 OPT	6	OPT6.1	6	-	17	-	24	24	45
		OPT6.2	8	11	15	-	21	21	
整体 GNL	7	GNL7.1	-	11	24	-	-	24	72
		GNL7.2	1	-	13	21	-	21	
		GNL7.3	5	10	15	-	-	15	
		GNL7.4	6	12	-	-	-	12	
附加 BNS	8	BNS8.0	-	-	-	-	20	20	20
平均值			5	10	15	19	23	总计	700

5.4.3 评价指标权重体系的分级

对于任务书评价体系而言，评价指标的权重应该具有一定的层级，可分为底线层级（basic）、进阶层级（advanced）和优选层级（premium）三个主要层级。底线层级对应了风险图谱中的风险容忍线以上的区域，进阶层级对应了风险图谱中风险容忍线与风险接受线之间的风险带，而优选层级则是对应了风险接受线以下的区域（图5-12）。

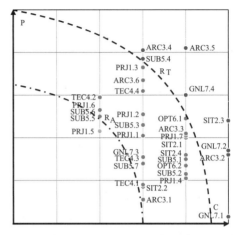

图 5-12　任务书评价指标在风险图谱中的分布

任务书评价中一小部分指标的权重属于底线层级，当求取得到的权重大于一定的界线，便不再设评分值，统一取绝对权重的概念。任务书评价的首要任务就是划定设计问题的风险底线，一份任务书一旦不能达到这些评价指标的要求，便极有可能引导产生风险后果较为严重的设计方案。因此，拥有底线层级权重的指标必须被逐条评价，彼此之间不具有互偿性，整体上形成木桶效应，只要有一个"短板"被判定为存在风险，便终止评价并进行报错，以此来严格保障任务书的基本合理性。

大部分评价指标的权重处于进阶层级。在这一层级，指标的风险系数明显小于底线层级，不必成为强制项。但受评任务书样本达到评价指标要求的程度，还需要细致地考量，因此保留之前计算得到的权重值，以隐性权重的方式转换为评价指标的（最大）可选分值。每个评价指标拥有5个细分的评分等级，对应每个等级有不同的要求和分值，等级越高，需要满足的要求就越多，相应可以得到的分数也越高，而可能存在的风险则越小。在不同评价指标得到的分数可以累加在一起，当一个指标大类的得分之和或者评价总分不满足一定数额时，意味着受评任务书中有许多个"小风险"，它们汇集在一起的风险量不容忽视，评价结果可以有针对性的返回得到评分等级低的评价指标，以此来保障任务书的全局合理性。

还有一小部分评价指标的权重属于优选层级。虽然一份任务书是不是足够"好"并不是任务书评价所应该关心的问题，至少不是核心问题，但通过任务书评价体系形成正向的引导，甚至让任务书的合理性具有一定的"溢价"，因而还是需要在任务书评价体系内为其预留评价空间。

此外评价体系为追求更优质的任务书还设置了零权重的附加指标，该指标的得分为奖励性质，并不直接加入任务书评价的总分，以阻断其与底线层级指标之间互偿的

任务书评价指标权重的分级情况 表 5-24

指标代号	指标名称	P	C	R
底线层级（basic）评价指标				
SIT2.3	场地自然条件	0.48	5	2.40
ARC3.2	建筑风格风貌与形式特点	0.32	5	1.60
ARC3.4	功能需求构成与分区	0.81	3	2.43
ARC3.5	房间数量 / 面积与具体设计要求	0.82	4	3.28
SUB5.4	建筑安全与安防	0.77	3	2.31
GNL7.1	设计参考研究资料	0.03	5	0.15
GNL7.2	任务书编制人员与编制程序	0.34	5	1.70
GNL7.4	其他特殊要求与机动内容	0.60	4	2.40
进阶层级（advanced）评价指标				
PRJ1.1	项目概况 / 城市文脉及规划情况	0.41	3	1.23
PRJ1.2	建设规模与控制参数	0.51	3	1.53
PRJ1.3	设计原则与理念	0.73	3	2.19
PRJ1.4	相关法规与依据	0.21	4	0.84
PRJ1.6	成果内容及格式	0.53	2	1.06
PRJ1.7	资金情况说明与造价控制	0.40	4	1.60
SIT2.1	用地区位 / 范围及周边	0.41	4	1.64
SIT2.2	场地市政供应与配套要求	0.17	3	0.51
SIT2.4	交通规划条件及流线组织要求	0.32	4	1.28
ARC3.1	总平面布局构想	0.11	3	0.33
ARC3.3	使用业主人员构成与组织框架	0.42	4	1.68
ARC3.6	流程与工艺要求	0.67	3	2.01
TEC4.1	建筑结构专业技术要求	0.18	3	0.54
TEC4.2	电气专业技术要求	0.59	2	1.18
TEC4.3	暖通专业技术要求	0.31	3	0.93
TEC4.4	给水排水专业技术要求	0.62	3	1.86
SUB5.1	景观 / 园林及绿化设计	0.30	4	1.20
SUB5.2	室内环境及装饰装修	0.23	4	0.92
SUB5.3	建筑材料	0.46	3	1.38
SUB5.5	节能环保 / 绿色生态与可持续发展	0.50	2	1.00
SUB5.6	无障碍设计	0.53	2	1.06
SUB5.7	停车场（位 / 库）/ 地下空间与人防	0.28	3	0.84
OPT6.1	空间成长与分期建设	0.49	4	1.96
OPT6.2	管理与运营	0.27	4	1.08
GNL7.3	任务书格式与内容	0.31	3	0.93
优选层级（premium）				
PRJ1.5	设计工作任务与范围	0.43	2	0.86

可能，保证高风险指标评价结果的纯净。

根据上一小节风险分析和权重求解的结果，任务书评价各指标的权重在底线、进阶和优选 3 个层级上的归属情况如表 5-24。

此外，需要说明的是，整套任务书评价指标的权重体系是一个动态的体系。动态权重体系的含义是指，评价指标的权重体系并不是一成不变的，随着评价体系运行数据的积累，以及行业实践层出不穷的发展变化，权重体系应该能够适时地加以调整，以适应现实的状况，提供准确的评价结果。权重动态调整的机制本身也应该具有一定的进化能力：在任务书评价体系运行的初期，权重的调整是通过人工干预的方式进行的，评价工具维护机构通过定期召开的行业研讨会和专题工作会议，对评价体系的工作效率进行系统的检验，对评价指标的灵敏度进行逐条的评估，提出修改意见，促成评价指标权重的调整；进入评价工具应用的成熟期后，则应该提供一个平台，仿照人工修正的工作模式，实现评价数据的实时上传与权重的及时更新。

5.5　任务书评价体系的应用工具

5.5.1　标准模式全信息评价指导手册

对于每一个任务书评价指标，采用一个标准的制式对其进行展开解释，给出多个方面的全面信息。规定性内容有：评价指标的简明定义、评分等级要求与分值、常见形式与内容、指标的意义和作用、相关指标、风险识别表、权重及风险图谱、评价所需提交的材料、行业标准与参考文献。

以 "PRJ1.1 项目概况 / 城市文脉及规划情况" 为例，具体情况如下：

1. 简明定义

关于建设项目的基本情况，对设计有帮助的城市或片区历史文化背景，以及与项目有关的各级规划的说明或材料索引。

2. 评分等级要求与分值

第一级：任务书中简要交代建设项目的基本属性信息；A（3）

第二级：任务书在建设项目的基本信息以外，就项目的使用性质与功能定位做出深入探讨，给出多重功能角色的主次关系；A（8）

第三级：任务书明确阐述建设项目的基本信息和功能定位，对项目所在城市的背景情况、所处特定片区的规划方略也有所展开；ABC（14）

第四级：任务书对建设项目概况、功能定位、城市规划背景等宏观指导条件，都进行较为深入的挖掘和解读。此外，任务书对规划或文脉层面上可能成为设计要点的特征要素做出一定的解释说明或资料索引，对设计团队的工作有所助益；ABCD（15）

第五级：任务书在建设项目概况、城市文脉、片区规划、功能定位等宏观方面，已经做出周密详尽的阐述；任务书着重对项目所在城市的背景情况、所处特定片区的规划方略进行阐述，对项目所属建筑类型的前沿发展趋势、设计理念或技术进行额外调研，鼓励将其应用于设计或进行创新开发，并在最终的建成方案中验证任务书所具有的前瞻性和价值；ABCDE（20）

* A-E 是证明达到某一评分等级相应细则，所建议提交材料的索引字母编号，其他评价指标下同。

3. 常见形式与内容

本指标所涉及的相关内容一般在任务书文档的开端部分，通过文字的描述明确建设项目的使用性质、各方主体、所在城市等信息。项目的使用性质取决于建设的目的和依据，框定了具体的建筑类型，决定了后续一切设计工作的方向甚至方法；项目的各方主体应指明建设单位，在可能的情况下，说明项目建成后的使用业主、运营主体甚至运营方式，以协助更好的做出项目定位的判断；项目所在城市的信息需简要介绍该城市，对于有可能影响设计的城市特点，特别是希望在项目中有所体现的元素，如大环境地理位置（南北方、海滨/湾城市、西部城市）、主要产业情况和（经济中心、工业型城市）、历史文化渊源（人文轶事、艺术符号、名胜景致、传统建筑形制）等，应做出明确和尽可能详尽的说明。

更进一步来说，任务书对于建设项目在城市中的区位信息也应有所展开，特别是若项目位于一些特定的地区，如中心城区、历史风貌区、新城（区）、行政区、主要商贸区、大型居住区、中轴线和城市特殊节点等，对项目有制约作用的上位规划（概念性规划或总体规划）意见和方案应该得到着重说明，准确识别出定位、风貌、主题等宏观指导要求；若相关内容较多，可通过附件材料或索引目录的形式，保证设计团队能够有据可查。

4. 指标的意义和作用

本评价指标相关内容在任务书中一般处于开篇，属于概述性质又疏于做出恰当的补充或索引，因而常常简略带过各类叙述内容，甚至遗漏一些于设计有益的特征信息，"项目概况、城市文脉及规划情况"这一评价指标的设定，便是要通过评价检查，敦促任务书对项目的基本情况做出足够清晰、完备的阐述，点明项目在宏观层面的特殊性，使设计团队在工作过程中不致遗漏重要的文脉信息，或产生与上位规划相冲突的建筑方案。

5. 风险识别表

"项目概况／城市文脉及规划情况"这一评价指标，对实现 10 个评价目标中的第 1、4、6、8 项有贡献，记 4 个影响度，5 个评分等级共对应了 A ～ E 5 个具体细则要求，记 5 个信息量。因此，本指标的权重总分为：4 × 5 = 20；按表 5-25 中的风险等级系数将总分配给各评分等级，其可选分数依次为：3、8、14、15 和 20 分。

评价指标 PRJ1.1 风险识别表   表 5-25

待评要素描述				风险描述			风险分析			引导词备注
编号	要素名称	关键词	功能概述	风险事件	风险原因	风险后果形态	发生概率	严重程度	风险等级	
1	项目概况／城市文脉／规划情况	城市 地区 地点 文化概况 总体规划 规划设计重点	通过描述交代建设项目的基础信息和背景情况，对可能影响设计的宏观层面指导意见展开说明／给出参考依据	没有任何有关项目／城市基本情况的表述	研究缺失／挖掘不足	需要设计团队投入额外时间精力进行研究	0.24	2	0.48	
				未能明确项目使用功能主次	前期研究没有明确结论	设计方案功能排布可能本末倒置	0.49	2	0.98	"商业性""学生公寓""多重"
				项目处于特定片区却未指明／剖析其规划和战略的特殊性	相关资料未得到充分共享	与社会环境和发展不相协调	0.41	3	1.23	"专区""经济区"
				对特定的文化内涵剖析不足	忽视文脉因素对设计的影响	形式泛化，缺乏社会认同感	0.09	3	0.27	"独有"
				与类型建筑的社会／技术趋势不相符	前期决策失误／个人主观臆断	建筑短命，浪费社会资源	0.26	4	1.04	"面临"

6. 权重风险图谱

按照最大风险等级进行标注，本指标在风险图谱中的位置如图 5-13。

7. 评价所需提交的材料

A. 任务书文档

B. 任务书补充材料

　　　　b₁ 城市或片区介绍资料

　　　　b₂ 相关资料图片

　　C. 相关政策性条例或材料

　　　　c₁ 上位规划报告

　　　　c₂ 规划方案图纸

　　D. 其他研究方法结论资料

　　　　d₁ 访谈记录

　　　　d₂ 文献调研报告

　　　　d₃ 可行性研究报告

　　E. 参与人群的认可

　　　　e₁ 设计团队反馈意见

　　　　e₂ 社交平台数据

　　　　e₃ 项目获得奖项证明

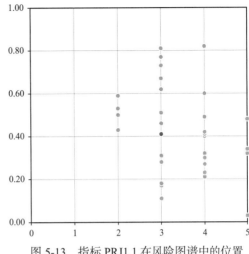

图 5-13　指标 PRJ1.1 在风险图谱中的位置

8. 相关指标

　　SIT 2.1　用地区位 / 范围及周边

　　GNL 7.2　任务书编制人员与编制程序

9. 行业标准与参考文献

　　国家计划委员会、国家建设委员会、财政部，《关于基本建设程序的若干规定》，1978。

　　　　……

　　由于篇幅有限，仅在此详细展示一个评价指标的内容信息。

　　这一制式也将是《任务书评价体系指导手册》的基本框架。《任务书评价体系指导手册》的标准模式如图 5-14，每个评价指标占据一个对页的版面，上下分为版首和正文两大部分。左上角伊始是评价指标的代号、名称和简明定义，指明了这一版页所要展开的评价指标，并对该指标在任务书中所涉及的内容进行了简要说明，限定了某一评价指标所要评价的具体对象。右上角占据版首的依次是：指标总分、指标所属类别、相关指标和风险图谱，这些均是评价指标的重要说明性信息；其中，总分通过隐性权重的方式反映了指标的重要性，这是由指标的影响度和信息量而确定的，也是最高评分等级所能获得的分数；指标类别是评价指标的基本属性，标明了指标的大类归属；相关指标一栏列出了与该评价指标联系紧密或对其有影响的其他评价指标；风险图谱则标出了评价指标风险等级的位置，明确了指标权重的层级（底线、进阶或优选）。

图 5-14　任务书评价体系指导手册指标示例

图 5-14 左侧版面正文的上部是评分等级要求与分值，是用来指导具体评价活动展开的参照，也是评价指导手册的核心。这一部分对于任务书中指标相关内容所能达到的水平，按照等级在表格中以逐条要求的形式做出了详细的规定，这些等级的具体要求来源于指标的常见形式与内容和风险识别表。受评任务书对应达到不同数目的要求，则可以获得相应的分值，即各等级前括号中的数值，该数值的具体大小取决于风险识别表中的风险分析和指标总分权重。

在评分等级要求与分值之后，是指标在任务书中相关部分的常见形式与内容。这是继指标的简明定义之后，对于指标所涉及任务书内容的扩展说明，来源于待评要素清单生成时的词义拓展、全文搜索与分析归纳工作，对于评价指标所指给出了更为详细的解释，并概括出了常规性的内容和通用的模式，是评分等级要求的参比依据之一，通常可类比见于前三个评分等级的具体要求。

常见形式与内容之下是指标的意义和作用。这部分内容给出了评分等级设定的必要性和所能达到的评价效果，解释了指标内容可能存在的风险来源和风险原因，以支持说明一些评分等级要求存在的理由，结合风险识别表中的内容，阐述可能发现的风险类型，以及尽早规避这些风险所能带来的弊端。

位于右侧版面正文部分最上端的风险识别表，是任务书评价指导手册的又一核心。风险识别表详细地记录了在风险识别环节中发现的指标所有潜在风险，具体包含的信息有关键词、特异词、风险事件、风险原因及后果形态等，为后续的评价提供了生动翔实的参考资料；此外，风险识别表还记录了风险分析环节中统计得到的风险频率 P 值与后果 C 值，这两者决定了 5 个评分等级的分值分配，并确定了指标在风险图谱中的位置。风险识别表也是评分等级要求的参比依据之一，其贡献一般可见于评分等级的最高两级。

接下来的部分是评价所需提交的材料。这一部分对评价所需提交材料的类型及来源，做出了建议性的说明，可以帮助有意进行任务书评价的组织机构尽快厘清所需进行的准备，在受评的任务书文档以外，提供尽可能充分的佐证材料以获得应得的分值。另外一方面，这部分内容也为给出评价结果的审阅团队提供了一个标准，即规定了何种形式的支撑材料对于获取评价分值是有效的。

最后一部分是行业标准与参考文献。这部分索引注释了评价指标相关的规范性文件，以及一些已有的研究成果，以备查看。

5.5.2　评价体系衍生产品

任务书评价指导手册主要由评价指标的详细解释构成的，在指导手册以外，本书还推出了评价体系的几样衍生产品，包括快速核对清单（checklist）、申请材料信息表（credit cover sheet）、专业查询手册（verifier manual）和指标关联图（index chord diagram）等，并提出开发任务书评价在线操作平台（online application portal）的设想，以帮助不同背景、不同需求的人，有针对性地学习和快速地使用任务书的评价体系和工具。

1. 快速核对清单

快速核对清单是为那些想要自行尝试任务书评价的客户而开发的。建设方（单位机构、企业、个人业主等）在设计的前期（pre-design），往往出于各种目的和需求，需要对设计条件进行一些初步的研究（preliminary study），甚至编制任务书，但同时又没有足够的时间或预算提请专门的机构，聘请外部的专家，进行系统的评价和论证。考虑到业主自身专业知识的匮乏与不完善，本书从已经构建完成的任务书评价体系内，抽离出通俗易懂而又全面实用的一部分，整理成为简单的勾选问题表单，并附上内容索引和帮助信息，如图 5-15，提供给业主一个相对成型的、精简的任务书评价工具试用版本。

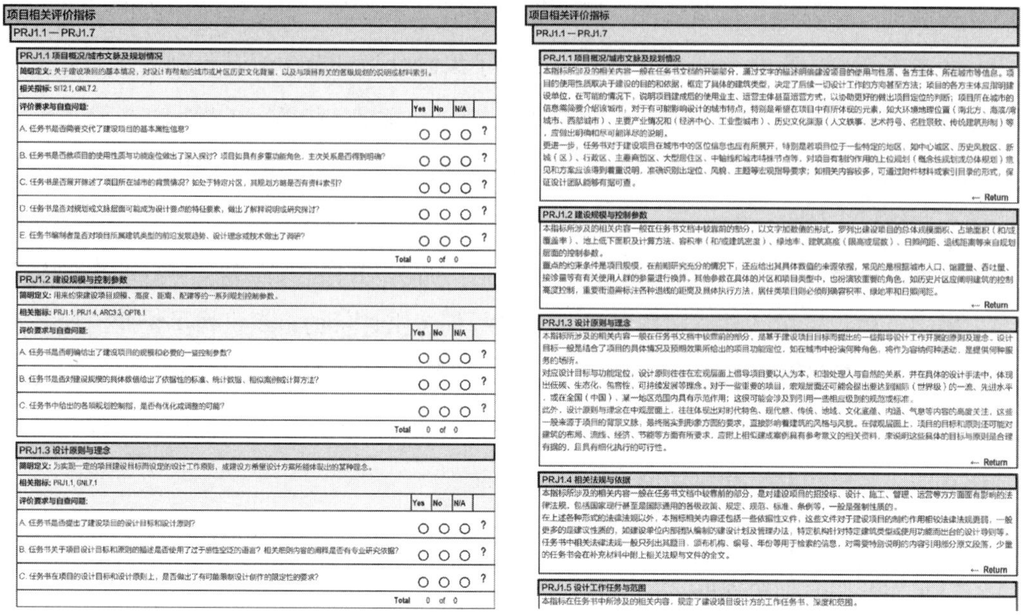

（a）问题勾选表单　　　　　　　　　（b）内容帮助

图 5-15　任务书评价快速核对清单示例

　　因此，快速核对清单的定位是自查型的，即由业主自发、自主进行任务书评价活动。为了使非专业人员也可以在非常短的时间内，获得一个初步的任务书查验结果，评价问题均设定为简单的是否型，且框定在项目前期，即针对任务书评价体系前 3 个评分等级的内容发问。评价者只需回答表单上的评价问题并打点记录，便可以通过按图索骥的方式，找到现阶段应该并能够解决的任务书问题，有的放矢地对其内容进行修改、完善。

　　如果业主认可初步的任务书评价结果，则非常有可能考虑申请更为系统的评价和鉴定，以期避免深层次的问题，或寻求专业的认可。本书针对这一情况，还给出了一份申请材料表格的标准样式，如图 5-16 所示。表格要求业主自行收集各个评价指标相关评分等级的证明材料，做出简单的陈述，并做整理和索引记录；其旨在方便第三方的任务书评价人员能够尽快的熟知建设项目的具体情况，准确定位评价所需相关信息，进而做出合适的判断。

图 5-16　任务书评价申请材料信息表示例

2.专业查询手册

　　任务书评价专业查询手册是为已经掌握一定建筑学知识并具备任务书评价资质的人员而开发的，在正式提出任务书评价服务申请的项目上，发放给被第三方机构聘用或委托负责实施评价的专业人员使用，而不提供给仅进行自测性质任务书评价活动的客户。查询手册中的本质性内容与任务书评价指导手册是似同的，甚至可以说，查询手册实际上是指导手册的一种精简变种版本，其具体内容与形式如表 5-26（以评价指标 PRJ1.1 为例）；但是查询手册与指导手册在受众、功用和侧重点上均有所不同。

　　指导手册的使用者是广泛的，凡是希望了解任务书评价体系，或对任务书评价有需求的人士，都应当阅读并可以阅读它，其定位是入门级别的，作用是提供一个任务书全信息的载体，不论人们想要从中汲取有关的知识片段或是全盘的评价方法，均可以找到答案，因此指导手册侧重的是解释说明和教育引导的功用，类似于一本教科书；而查询手册则固定在少部分被授权实施任务书评价的人手中使用，其定位是内部专业级别的，主要是为评价检视者提供一个可以快速定位信息的框架，用来在评价活动过程中实时补充其知识缺位，或辅助其对不确定性内容做出评分等级和得分值的判定，因此查询手册具有很强的。可上手性、实践性，像是一本工具书或是资料卡。

　　此外，专业查询手册的电子版本还提供互动型的指标关联图（图 5-17），方便评价人员按需高亮出与某一评价指标密切相关的待评要素，并综合考虑任务书的结构，以做出更为全面、合适的任务书评价。

专业查询手册内容示例

表 5-26

PRJ1.1 项目概况 / 城市文脉及规划情况

简明定义：关于建设项目的基本情况，对设计有帮助的城市或片区历史文化背景，以及与项目有关的各级规划的说明或材料索引。

评分标准	(3) 第一级	(8) 第二级	(14) 第三级	(15) 第四级	(20) 第五级	备注
A. 任务书是否简要交代了建设项目的基本属性信息？	能够定位找到任务书中的相关正文段或附件资料	有比较全面的基本属性信息以待查验	相关信息清晰全面，整理成表单或有组织的文段	设计团队快速准确地查阅到影响设计的基本属性信息	相关信息周密详尽，清晰明确，精确无误，贯彻始终	
B. 任务书是否就项目的使用性质与功能定位做出了深入探讨？			重申了规划用地性质和项目既定的功能定位	对项目功能定位的一般性和特殊性做出了探讨	既定功能定位清晰易懂，在方案中得到较好实现	
B. 项目如具有多重功能角色，主次关系是否得到阐明？			明确给出了功能角色的主次关系	对功能角色主次关系进行了一定的拓展解释	提炼设计方案较好的处理了不同功能间的关系	
C. 任务书是否展开陈述了项目所在城市的背景情况？			适当阐述了城市的背景情况	结合项目具体情况有重点的阐述了城市大环境	提炼设计方案很好的融入了城市环境	
C. 项目如处于特定片区，其规划方向是否有资料索引？			索引了相关的规划资料	对相关规划方略进行了研究和解读	提炼设计方案很好的贯彻了该片区规划	
D. 任务书在何种程度上对规划或文脉层面可能成为设计要点的要素，做出了解释说明或研究探讨？				提供了重要的设计概念或线索，得到设计团队的认同或采纳	提供了重要的设计概念线或线索的设计方案，且被应用于最终的设计方案中	
E. 任务书编制者是否对项目所属建筑类型的前沿发展趋势、设计理念或技术做出了调研？					对相关内容做了额外的调研，给出了具体的研究资料	
E. 这些研究结论在何种程度上促进了设计团队的工作？					研究结论整理为设计条件，对设计工作有所助益	
E. 研究结论作为对设计要求或建议，落实在最终的建成方案中何种程度得到的认可？					设计要求的前瞻性得到印证，受到使用者好评或获得奖项	

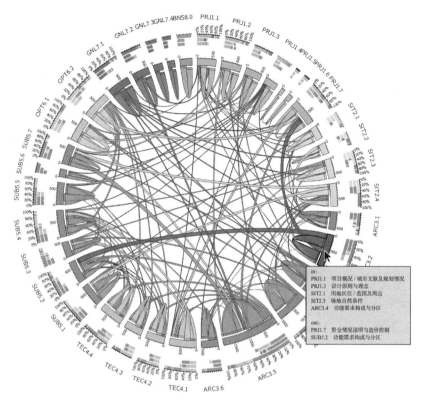

图 5-17　任务书评价体系指标间关联索引图示例

5.6　任务书评价体系的应用操作

5.6.1　评价的信息收集与分析

评价活动是一种比较的过程，因此评价信息的收集实际上是两类信息的收集：一类是用于参照比较的信息，另一类是受评任务书的信息。显然，本书关于建立任务书评价体系的工作，已经完成了对第一类信息的收集，并致力于形成评价指标的指导手册，因此，实际的评价活动只需收集关于受评任务书的相关信息即可，再对两者进行对照比较，从而进行分值的判定。获取待评任务书的信息，并使之与评价体系中已有的特定信息——对应起来分析，有机器端和人工端两种操作途径。除了第 17 项评价指标"房间数量、面积与具体设计要求"中的表格数据，机器端和人工端的评价操作方法如下述；而关于面积表格数据的评价操作方法，已经在本书"5.3.2 风险识别与判定"做过阐述，此处便不赘述。

机器端主要借助词频、TFIDF 等参数来定位受评任务书的信息点，获取一定主题的词语和段落，再使用相似度计算与评价体系信息库中的内容进行专项匹配。

前面的任务书评价体系建立，实际上已经完成了对大量任务书所组成的样本库的预处理，即把每个任务书的文本分词，构建出词库，统计了任务书文档总数、所有任务书每个词的词频、文档频率，计算出了所有词的 TFIDF 值。当进行任务书评价的实践时，便获得了新的样本输入，计算机所要做的事首先是以同样的方法处理新样本，对受评任务书的文本语句进行分词，计算新任务书中每个词的词频，并根据任务书库的数据计算 TFIDF；这样一来，计算机便可以识别出新任务书中高词频、高 TFIDF 的词，进而可以抓取包含其的文本段落。然后，使用余弦相似度来计算这些相关段落和评价体系每一指标相关内容的 TFIDF 向量夹角；夹角越小则意味着内容越相似，因此可以找到相似度最大评价指标，完成主题匹配，同时返回相似系数，用于判断与大多数任务书样本的偏离程度，偏离越大，可能存在的风险也越大。

人工端的操作程序是由对任务书评价有需求的机构或个人首先提出评价申请，同时以评价指导手册为依据，按图索骥地搜集、提交任务书评价各个指标所需要的详细论证材料，再由具有评价资质的审阅团队对这些材料进行浏览，最终依靠人脑的逻辑和综合能力给出的分值判断。

受评任务书在人工端实际上是通过资料提交来实现评价信息获取的，资料的种类包括但不限于：①任务书文档；②任务书补充材料：附件文档、图片、图纸、数据表等；③会议记录、进度计划表、各方文件交流情况记录；④相关规范、技术标准、相似案例的引用或比较；⑤使用其他研究方法的方法说明及结论报告：访谈、文献调研、可行性研究、棕色木板墙法、图示法、使用后评估、节能计算、报价估算等；⑥评价活动人员组成与组织架构协议合同；⑦相关人员的专业资质证明；⑧参与人群的认可：满意度调查、社交数据、绩效评估、获得奖项。而这些资料与评价指标的匹配和比较，则是通过评价指导手册的约束和人工来判断的。

机器端和人工端两种操作途径应该说各有利弊，本书对二者不作过多的优劣探讨。具体的评价活动可以根据需要选择评价委托方认为合适的途径，亦可以用机器给出的相似度作为参考，加之人工比对给出初步的分值，双管齐下，在客观性和主观性的博弈下得出评价结果，使得评价体系既体现了程序化、自动化的先进性，同时又为每一建设项目的独特性留出了调整空间。

上述两种途径的评价信息收集与分析，主要针对于任务书中的文本类型数据；而另外的，正如前面已经提及的，评价指标"房间数量／面积与具体设计要求"具有一定的特殊性，即需要针对面积表格数据进行风险评价。这部分具体的评价操作可参见示例 5-7。

示例 5-7：

在此应用示例 4-2 中的数据,进行面积数据的风险识别。使用"展览空间""公共空间""服务与活动""多媒体空间""库房与储藏""内部办公"和"辅助用房"这 7 种文化类项目通用的类标签,重新对所有房间及其面积数值进行分区,得到的面积比例向量为: [0.01, 0.06, 0.25, 0.12, 0.16, 0.23, 0.18], 如图 5-18 中的黑色虚线所示。按照 K 均值聚类的计算结果,该向量与第 4 章已经求得的第 I 类中心 [0.49, 0.06, 0.09, 0.04, 0.11, 0.13, 0.07] 之间的距离为 0.54, 与第 II 类中心 [0.10, 0.06, 0.45, 0.14, 0.07, 0.08, 0.10] 之间的距离为 0.28, 因此,应被归为第 II 类文化建筑。[①]

但显然,从图 5-18 可以看出,受评任务书的面积比例向量与第 II 类(红色折线表示)的聚类中心之间,尚存在较大的偏离;事实上,如果抛开第一维"展览空间"来看,其与第 I 类(蓝色折线表示)聚类中心的走势则更为接近。因此,可以进一步结合建设项目的实际情况来判断,如果项目确属于第 II 类文化建筑,则其在各个功能分区的比例配置上可能不够妥当,具有整体性失调的全局风险;但倘若项目是第 I 类文化建筑,则其在"展览空间"这一维,与第 I 类共性存在非常巨大的差异,很可能是风险的所在,需要进行适当的调整。

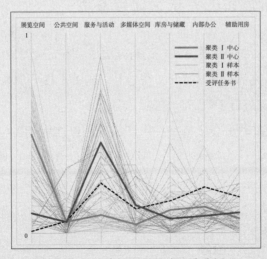

图 5-18　比例向量的聚类风险分析

[①]　根据本书第 4 章的分析,第 I 类是以展陈空间为主的文化建筑,如博物馆、美术馆、展览馆、档案馆等;第 II 类则是以服务和活动功能为主的文化建筑,如文化中心、艺术中心、活动中心等。

5.6.2　评价的结果检验与输出

通过评价信息收集和分析得出的评价结论仅仅是一个初步的结果，虽然任务书评价体系的研究确保了评价过程的专业性，但并不能保证评价结果完美贴合于任务书的真实情况，毕竟计算机的智能性还有一定的局限，而人工无法胜任过于大量的样本综合处理，因此，本书认为，任务书的评价体系有理由在正式确定评价结果之前，设置一个检验环节，通过复议、补交材料和多方讨论决策的方式，调整评价的初步结果，直至各方对分项和总体的分值判定均没有异议，再将最终的评价结果输出为报告进行发布。

任务书评价的结果输出为报告形式，其中应概述建设项目的基本情况，详述评价得到的阶段性、关键性结论，索引各种评价材料，说明获得相应分值的理由，并用可视化图表的形式来展示所获得评价分值的分布，对得分短板（风险所在）做出说明和解释，指出任务书提升的潜力空间。

在评价报告之外，还可以建立专门的网络门户平台，将在任务书评价中得分高、具有代表性的项目作为优秀案例进行宣传，甚至还可以设置金、银、铜奖，对达到相应资质的建设项目任务书进行奖励性质的认证。

5.7　任务书评价体系的专家论证与鉴定

2017 年 5 月 5 日，中国建筑策划理论与方法成果鉴定会暨国际学术研讨会（以下简称"论证鉴定会"）在清华大学召开，在会上，本任务书评价体系作为一部分技术成果，交由各位与会专家进行了论证与鉴定。

论证鉴定会的专家委员会成员有：中国工程院院士孟建民（主任委员），全国工程勘察设计大师黄星元（副主任委员），原中国建筑学会副理事长及 AIA、RIBA、澳大利亚皇家建筑学会会员张钦楠先生，美国哈佛大学设计学院前院长彼得・罗（Peter Rowe）教授，意大利都灵理工大学建筑学院院长保罗・迈拉诺（Paolo Mellano）教授，以及住房和城乡建设部相关人员等。

会上，对关于任务书评价体系的研究进行了详细的汇报，主要介绍了建筑策划与策划评价的概念，强调了策划评价的重要意义与必要性、紧迫性，指明了以任务书为具体对象的策划评价在程序化的建筑全生命周期中的位置，提出了将建筑策划、风险评估、文本挖掘、大数据等理论概念结合在一起进行任务书评价研究的思路，陈述了政府投资建设项目任务书的评价流程设想，介绍了建立任务书评价体系、抽取待评要素、识别风险内容、确定评价指标内容及权重的方法技术原理、数据分析过程和可视化结果，并展示了本书的重要成果之一——在全信息概念下编制的任务书评价指标指导手册。

与会专家对建立任务书评价体系的整体设想与研究探索给予了肯定，并应邀参与了评价体系一些细节性的论证、补充和完善工作。具体而言：

①专家们协助论证了任务书评价问题的界定，确认了"保证不出'错题'""满足建筑设计的基本工作要求"和"高效指导建筑设计"这三个任务书评价的基本目标，以及本书通过文献归纳得出的 10 个子目标，是有效且全面的；

②对于任务书评价的方法方案，专家们在简单了解一些经典评价方法的原理后，审视本书所选用的适用于任务书的方法和技术，认定由 FMEA 风险评估法与词频分析、向量拟合数据技术组合而成的整体方案逻辑严密，提炼成为评价指标的操作清晰，具有识别出并定量评估任务书所含风险内容的能力；

③关于任务书的评价指标体系，将 22 个由文本挖掘得到的任务书待评要素呈现给各位专家，由专家再次检查是否可以确定为任务书风险评价指标，并在此之外各抒己见提出补充条目，专家贡献的意见经整理合并，寻找文献支撑，最终确定新增 12 个任务书评价指标。

④对于任务书评价指标的权重系统，专家们在认可并快速掌握了权重生成方法后，临时组建成了一个判定评价指标"影响度"和"信息量"，以及各指标下风险事件"严重程度"的工作小组，为这三种需要主观经验作为来源的权重参数提供了定量数据，帮助填补了权重体系。

⑤对评价体系的应用操作示例，专家们询问了有关结论细节，对任务书评价成果的展现形式和丰富程度提出了更高的寄望。

专家们对任务书评价体系及其指导手册等技术成果在实践中的推广应用表示期待。孟建民院士还特别地站在一线建筑师的角度给出了有关评审意见，指出我国建筑设计实践过程当中的设计任务书确实存在粗糙、不科学、随意性强等严重问题，这使得建筑师面临很多困扰，严重阻滞了合理、优质的建筑方案出产，我国在未来的发展当中迫切地需要目前处于缺失状态的前期策划。建筑策划及其评价是一门科学，是建筑全寿命周期中必须要加入的一个环节，有了好的任务书，建筑创作和设计才会进行得更加顺畅。宏观的建筑策划理论与具体的任务书评价研究在我国是非常领先的，通过数据的支撑进行科学、系统的研究，不仅有定性的解释，也有定量的分析，完善了建筑学学科的构建，给行业实践领域带来了非常好的启示。

此外，与会专家们还对任务书评价的研究提出了一些建议，建议将任务书评价与建筑策划的另一技术——模糊决策——结合起来研究，针对任务书中面积指标、面积配比的确定或者评价，可以考虑留有上下有浮动的弹性余量，呼应建筑问题的复杂性与模糊性；也可以考虑破除指标的刚性和绝对性，构建一个动态的评价体系。

第6章
面向建筑设计实践的任务书评价

在本书第5章所构建的任务书评价体系基础上，本章进一步探讨任务书评价在建筑设计实践中的操作方法与意义作用；考虑从不同的角度选取两个实际建设工程项目，试用本书确立的任务书评价方法、评价指标和评价工具。其中一个实例是实验性质的实践运用，通过对比任务书评价结果与建筑师自发进行的任务书质询活动记录，验证任务书评价的必要性；另一个实例是试验性质的实践运用，通过跟踪项目的建成效果，判断任务书评价过程和结论对建设项目的影响，检测任务书评价体系的有效性。

本章主要回答以下3个问题：

1. 任务书评价在实践项目中如何操作实施？

2. 研究所建立的任务书评价体系是否有效？

3. 任务书评价与建筑设计的关系是怎样的？评价结果如何解读运用？

6.1 任务书评价实践的基本设想

6.1.1 任务书评价实践的准备工作

本章所阐述的任务书评价实践，是以收费服务标准的任务书评价操作为模本进行介绍的。在正式的评价活动开始前，首先需要经过几个主要的准备步骤，具体包括：自检、提出初步申请、选定或聘用评价检验者、指定接洽人员、组建内部团队、收集和整理相关文件，以及提出正式申请和打包提交申请材料等。

某一建设项目在申请接受正式的任务书评价之前，应对任务书评价体系及其工具产品有一定的了解，可使用快速检查清单自行对任务书进行初步的评价，掌握任务书的基本构成相关知识，并对如何展开任务书评价，可借助何种技术方法，以及进行何种深度的评估等问题，有清晰的自我认知。

在了解了基本的专业知识，明晰了建设项目任务书的大建设致情况，决定了进行深度的任务书评价之后，方可向具有相应专业水平的第三方机构了解其任务书评价业务情况，提出初步的评价服务申请。如双方确定达成协议，则一方面，由第三方机构在具备评价资质的专家库中选定并聘用参与该建设项目任务书评价活动的评价检验者，组成匿名评审团队（以下简称"评审团"）；另一方面，提出评价申请的一方（以下简称"申请方"）也应指派了解项目整体情况的人员或组建一个参与任务书评价的内部团队，用来收集、整理己方一切可以用于举证受评任务书达到某一评分等级的文件。最终，第三方机构和申请方还需指定各自的接洽人员，并规定接洽方式和记录机制，一切沟通交流、材料递交、申辩复议均由接洽人员完成，以防申请方与陪审团之间不必要的接触，造成评价结果有失公允和专业性。

在完成了相关文件的收集和整理之后，申请方便可向第三方机构提出正式的任务书评价服务申请，落实相关合同协议，并按照规定的格式要求打包提交全部的申请材料，等待进入正式的评价阶段；材料则通过第三方机构的接洽人传递给评审团，开启正式的审阅评分。

6.1.2 任务书评价活动的执行操作

在申请方提交了正式评价服务申请和全部申请材料后，评审团成员将由第三方机构处获得待评价项目的任务书及相关证明材料，评审团成员采用匿名和独立的工作方式，各个评价检验者之间不必交流，根据评价体系提供的指导手册和查询手册，结合个人的专业认知逐个评价指标，解读申请方提供的各种材料，对受评任务书的具体情况是否满足相应评分等级的要求做出判断，从而给出判定等级（分值），必要的情况下，可给出评审意见、修改建议等批注内容。

参与该建设项目任务书评审的各个评价检验者完成打分后，由第三方评价机构负责回收评分结果和评价批注，并对各方的意见进行汇总，如出现结果一致性较差的指标，则需要进行回访，重新进行评估，直至评分结果收敛。

评审团经过汇总统一后的任务书评价初步结果将由接洽人反馈给申请方，申请方可对比早期进行的自检情况，观察项目设计任务书在各个评价指标上获得的等级认证和总得分值；如出现与预期差距较大的情况，可申请查看评审团给出的附加批注；如申请方仍认为评审团给出的结论不可接受甚至是错误的，则可以针对局部评价内容进行申辩复议，重新做出解释说明或递交更多的证明材料。

二次递交的说明文档和附加材料仍旧由接洽人交付给第三方机构的评审团，再次通过上述流程进行新一轮的评价，整个过程中应避免申请方的任务书评价事宜负责人或内部团队与评审团之间有非正规的接触沟通。对双方存在分歧的评价指标可往复多次进行论证评审，直至双方对评价取得一致认可的结论。

最终，由第三方机构组织评审团的专家，汇编该建设项目任务书评价的最终报告，其中应包含得分详表、短板图、修改点（条陈）等具体内容，作为输出交付给申请方，完成此次的任务书评价实践活动和专业服务。

6.1.3　任务书指标体系的更新调整

随着参与任务书评价实践的建设项目案例不断增多，固定的评价指标和评价标准不可能永远适用，毕竟本书提出的任务书评价指标体系，不仅是从经典的策划理论中总结得到，很大一部分也参考了研究所掌握的有限的任务书样本，因此，评价体系本身也需要随着样本数量和个案情况的变化，做出相应的动态调整，形成一个基于任务书样本库的评价体系的循环修正机制。

可以预料到的任务书评价体系修正操作包括删除、合并或增加指标，以及相应的调整评价指标的具体要求内容、权重和等级分值。

当大量任务书样本在某一评价指标上的得分值较为集中的情况出现，说明该评价指标在大样本环境下的灵敏度（敏感性）不高，这也意味着该指标对于不同任务书样本的区分能力不强，评价效果不显著。这可能是由于行业实践中使用的任务书在该指标所涉及的内容上，整体上已经达到了一个较高的水平，那么评价体系就可以考虑删除这一评价指标；也有可能是由于评价指标的等级要求设置过高导致大多数任务书样本都只能与低端的一两个评分等级进行匹配，实际上相当于减少了可选的评分等级，此时则可以考虑调整指标具体的评分等级要求。

除了删除和调整评价指标的具体内容，评价体系还可以根据相关性合并一些评价指标。在本书第 5 章关于查询手册的介绍内容中，已经给出了一个评价指标关联图，在此基础上，如果任务书评价实践在大量新样本中，发现了新的关联关系，抑或某一对评价指标的相关性大幅增加，则可以考虑率先合并这些评价指标。

对于各个评价指标的权重（总分）和具体等级分值，适时地做出精细的调整也是十分重要的。目前，任务书评价体系中的评价指标权重是由指标的影响度和信息量所确定，指标的（最大）风险等级并不直接参与指标权重（总分）的生成，仅在评分等级的分值分配上考虑具体风险事件的风险等级；但从指标权重值和最大风险等级的高低分布情况对比关系来看（表 6-1），二者有着较好的正向相关性。但是，随着参与评价实践的任务书增多，而这一正向相关趋势可能不再保持；由于可以用于任务书文本风险挖掘的样本大大扩充，识别出的指标风险事件增加、改变，其风险等级也可能发生较大的变化；应适当考虑在权重总分层级加入最大风险等级作为决策因子，特别是当之前的指标权重与新的风险等级有较大的差别时。

指标风险等级与指标权重的高低分布情况对比 表 6-1

指标分类		指标代号	编号	指标名称	风险等级	指标权重
项目 PRJ	1	PRJ1.1	1	项目概况 / 城市文脉及规划情况	1.23	20
		PRJ1.2	2	建设规模与控制参数	1.53	20
		PRJ1.3	3	设计原则与理念	2.19	28
		PRJ1.4	4	相关法规与依据	0.84	15
		PRJ1.5	5	设计工作任务与范围	0.86	6
		PRJ1.6	6	成果内容及格式	1.06	8
		PRJ1.7	7	资金情况说明与造价控制	1.60	18
场地 SIT	2	SIT2.1	8	用地区位 / 范围及周边	1.64	16
		SIT2.2	9	场地市政供应与配套要求	0.51	9
		SIT2.3	10	场地自然条件	2.40	20
		SIT2.4	11	交通规划条件及流线组织要求	1.28	18
建筑 ARC	3	ARC3.1	12	总平面布局构想	0.33	18
		ARC3.2	13	建筑风格风貌与形式特点	1.60	32
		ARC3.3	14	使用业主人员构成与组织框架	1.68	28

续表

指标分类		指标代号	编号	指标名称	风险等级	指标权重
建筑 ARC	3	ARC3.4	15	功能需求构成与分区	2.43	40
		ARC3.5	16	房间数量 / 面积与具体设计要求	3.28	50
		ARC3.6	17	流程与工艺要求	2.01	21
专业 TEC	4	TEC4.1	18	建筑结构专业技术要求	0.54	21
		TEC4.2	19	电气专业技术要求	1.18	18
		TEC4.3	20	暖通专业技术要求	0.93	18
		TEC4.4	21	给排水专业技术要求	1.86	18
附属 SUB	5	SUB5.1	22	景观 / 园林及绿化设计	1.20	21
		SUB5.2	23	室内环境及装饰装修	0.92	15
		SUB5.3	24	建筑材料	1.38	15
		SUB5.4	25	建筑安全与安防	2.31	21
		SUB5.5	26	节能环保 / 绿色生态与可持续发展	1.00	24
		SUB5.6	27	无障碍设计	1.06	10
		SUB5.7	28	停车场（位 / 库）/ 地下空间与人防	0.84	15
管理 OPT	6	OPT6.1	29	空间成长与分期建设	1.96	24
		OPT6.2	30	管理与运营	1.08	21
整体 GNL	7	GNL7.1	31	设计参考研究资料	0.15	24
		GNL7.2	32	任务书编制人员与编制程序	1.70	21
		GNL7.3	33	任务书格式与内容	0.93	15
		GNL7.4	34	其他特殊要求与机动内容	2.40	12
附加 BNS	8	BNS8.0	35	附加分	-	20

目前，任务书评价体系不同评价指标在各个评分等级上的可选分值平均分如图 6-1 所示，随着评分等级的升高，其可选分值并非线性增加，而是增幅逐级有所下降，这与实际的难度跃升情况是相符的，即高等级的评价要求已经覆盖了低等级的评价要求，评分等级越高，虽然评价要求随之越多，但也意味着再达到新的

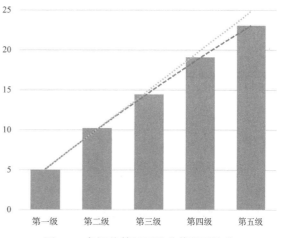

图 6-1　各评价等级可选分值的平均分

等级要求，难度实际上并不是一味地增加，因为已经积累的部分维持不变，而新增加的难度体现在整体上将有所下降；但是，随着参与评价的实践案例增多，这一分值趋缓的分布可能不再适合新的案例总体情况，应该考虑根据具体情况，调整评分等级的分值分配，以匹配实际评分等级的难度和评分人员的常规认知。

任务书评价体系现阶段的设定规则，容许评价指标彼此之间的得分存在绝对的互偿性，即可以通过某些评价条目的高得分，补偿另外一些条目的低分甚至是不得分的情况，使得一个建设项目的任务书经过评价，仍旧可以取得较高的总分。由于在任务书评价报告中规定了得分详表和短板图这两部分内容，即使有指标互偿的情况发生，但仍旧可以准确地查询定位到具体的低分项，不会湮没重要的底线问题；而总得分，更像是一个奖励性质的量化统计值，使得评价结果直观可视。在未来，可根据大量任务书样本的实际情况，考虑限制指标大类之间的互偿性，或对最终总分的星级认证，规定更为细致的互偿条件。

此外，即使所有的评价指标都保持了较高的灵敏度，指标之间的相关性和互偿性也得到了较好的控制，还要考虑评价体系和评价指标的信度和效度，使评价体系与使用后评估等具有局部等效的评价体系定期进行比较，以期发现问题及时调整。

6.2 实例 A：电力科技馆设计任务书的评价

6.2.1 评价项目的选择

实例 A 的研究目的是验证任务书评价的必要性。出于这一目的，应考虑选择已经完成了设计甚至是建设的某一具体建设项目，其在设计前期并未进行正式的任务书评价，但是建筑师团队或多或少进行了任务书的质询，与甲方就任务书中的一些细节条目和内容进行了答疑、讨论和修正；现应用本书提出的任务书评价体系，使用正式的、标准化的评价方法和评价指标，对该项目的设计任务书再次评价；通过对比前后两种关于任务书的评价，匹配评价结论的相似程度，统计后者对在建设项目中已经得到确认的重要设计问题的发现命中率，从而说明任务书评价的重要作用和必要性。

考虑到以上研究目的和操作设想，本节最终选择了清华大学建筑设计研究院参与策划并主持设计的国家电网公司科技馆项目（以下简称"电力科技馆"），作为任务书评价必要性验证的一个实例，收集了其项目前期的策划建议书、需求清单与功能排布示意图、相关展馆收资调研资料汇编、项目工作计划等任务书文件（图 6-2），设计阶段的设计研究汇报文件、工程技术图纸等阶段性及最终成果，以及项目后期的设计人员访谈记录、专家评审意见、使用后评估、获奖情况、影像资料、媒体报道等反馈信息，用于具体地展开任务书评价实践和对比验证。

6.2.2　项目概况与设计方案

1. 设计条件与设计要求

该项目为新建市政基础设施（220kV 变电站）及公共建

图 6-2　电力科技馆项目任务书相关资料

筑（电力科技馆）工程，也是北京市发改委和环保局所推行"煤改电"计划中的重点工程。项目于 2009 年上半年开展了项目建议、可行性研究、建筑策划等前期工作，同年 7 月获得发改委、市规委的立项批复和规划批复，正式进入建筑的设计阶段。

根据北京城市供电规划，项目选址位于北京市宣武区（现西城区）菜市口大街东侧、朝珠街以西，北侧紧邻中山会馆，东侧与胡同片区相连，地块呈梯形，东西宽 62.18～69.72m，南北长 84m，建设用地面积为 5540m^2。

国家电网公司在设计前期对电力科技馆项目进行了建筑策划研究，并以策划研究为基础，编制了《国家电网公司科技馆项目策划建议》（即任务书）等一系列文件，从项目的建设必要性、功能定位、设计思路、项目选址、展示内容、功能分区、工作建议等几个方面，提出了项目的设计条件与设计要求。

一方面，前期研究表明，随着国民经济发展用电需求迅速增长，旧有变电站辐射巨大，且冬季燃煤供暖严重影响低密度的胡同生活，已不再能满足相应的输电、变电和配电需求，新建变电站势在必行。另一方面，前期策划调研显示，美、英、法、日等发达国家均已建有国家级电力博物馆或科技馆，世界 500 强企业也大多拥有自己的技术展示厅馆。因此，国家电网公司科技部提出的策划建议和设计任务书，找准了我国在这方面建设上的空白，与本项目新建变电站的需求结合在一起，将建设项目定位为国际一流水平、展示内容全面的国家级电力专业科技馆，这既是亲民有趣的电力科普基地，又是权威先进的电网技术应用、展示、交流和培训基地。

任务书提出，电力科技馆项目拟采用"科技与科普、地上与地下、建筑外观与展示内容、固定展示与定期更新相结合"的设计思路：地上为综合性电力科技馆，面向社会和普通公众，展示电力工业历程，国家能源政策，以特高压为主线的国家电网发展现状和远景，科技创新最新成果，电力科普知识、新产品、新技术，优质服务与能源消费新方式，企业理念、文化与价值观；而地下为开放式变电站，局部能够对外展示，面向政府和专业人士，直观展示和体验电力生产实践和高新技术装备，为现代化城市生活提供可靠的能源支持。[188-189]

任务书给出，电力科技馆项目总建筑面积为 26650m²，其中地上建筑面积 13450m²，地下建筑面积 13200m²，建筑主体限高 24m。建筑的功能分区大致按照楼层来划分：地上部分每层的建筑面积约为 2200m²，一层由示范化客户服务营业区和展馆一区（序厅）共同组成；二～四层为展厅，包含主题各异的展馆二～五区和一个多媒体演播厅；四层以上为办公功能区，设置 95598 大厅、报告厅、值班备班室、管理办公室、普通办公室、生活间、储藏室、餐厅和厨房等功能房间，具体层数视各层层高与建筑限高而定；地下部分一层为停车库，考虑布置约 100 个停车位；地下二层为变电站，其中 5000m² 可开放展示（展馆六区），与地上展馆进行一体化设计。建筑各功能分区的具体构成与建议面积整理如表 6-2。

电力科技馆项目面积分配一览表（单位：m²）　　　　　　　　　　表 6-2

地下						13200
展馆六区	5000					
不开放变电站	8200					
地上						13450
一层	2200	示范化客户服务营业区	1000			
		展馆一区	1200			
二层	2200	展馆二区	2200			
三层	2200	展馆三区	1000			
		展馆四区	1200	展览区	900	
				多媒体演播厅	300	
四层	1000	展馆五区	1000			
五层	2200	95598 大厅	1500			
		报告厅	700			
六层	2200	95598 值班备班室	200			
		95598 管理办公室	200			
		办公室	500			
		生活间	200			
		储物室	600			
		餐厅	500	用餐区	300	
				厨房	100	
				单间 1	50	
				单间 2	50	
交通机动	1450					

注：表中"地下""地上"数值为根据各部分总面积推测所得。

此外，任务书还列出了电力科技馆项目从申请立项、获得批复，到开展设计、组织审核，再到施工安装、验收运行的各步骤时间进度，说明了项目建设的资金将由国家电网公司从其北京公司的投资收益中扣减。

有关电力科技馆项目的具体设计条件与设计要求，可详见于《国家电网科技馆项目策划建议》和《客户服务中心菜市口大楼需求》。

2. 设计方案及建成项目情况

设计团队接到项目委托后，快速地对项目的背景情况进行了解，对相关的前期文件做出解读，并开展了更为深入的调查与研究，从宏观上初步归纳出了以下3个核心设计议题，或者说是待解决的设计问题：

① 变电站本身的功能需求导致地块将置入的体量巨大，需高效地利用土地资源，集约化地完善城市功能，有效地提高旧城的空气质量和老百姓基本的生活水平。

② 建设项目定位为一个"跨界建筑"，需融合科技与科普，将220kV变电站主厂房与电力科技馆两项内容结合起来，突破性地实现市政与商业的混合利用。

③ 设计方案需应对历史街区，最大限度地延续老城的空间肌理和胡同居民的生活模式，破除变电站建筑一贯的自我封闭状态，尽可能地降低其邻避效应以及与城市环境的不协调效果。

与此同时，设计团队了解到，政府部门、投资方、建设方和使用者等各方利益相关者，对于电力科技馆项目的意见纷杂甚至观点相悖，可初步总结为：①规划部门要求建设220kV输变电站，并需与城市风貌相协调；②周边居民不希望建设有围墙的地上变电站；③建设方实际上对地下变电站的做法（需要花费数倍于地上变电站）并不积极，甚至希望可以建立80m高的超大体量地上建筑以获得利益。

民众诉求、政府意志和企业利益之间的冲突，使该项目的设计条件与要求反复变动几次之后一度陷入僵局。设计团队以不断深入的策划研究介入，尝试促进各方之间的交流，说服建设方选择更为合理的设计策略，并重写设计任务书，对具有争议、可能存疑和较为敏感的设计条件与设计要求提出疑问，或做出补充细化、调整修改，其中的核心内容为：

①关于项目目标与定位。通过对国外诸多电力博物馆、科技馆的调研，肯定了本项目应包括220kV变电站主厂房和电力科技馆两部分内容。

②关于现状及规划条件。经过核实，项目建设用地西侧临菜市口大街，南侧临珠朝街、东侧为代征城市规划路及胡同片区，北侧为文物保护建筑中山会馆，可建设用地面积实际为7478.57m²，规划控制建筑（总）高度应为60m；另外，北侧距用地边线

30m 范围内为 II 类文保建控区，建构筑物控高 5m（图 6-3）。[1]

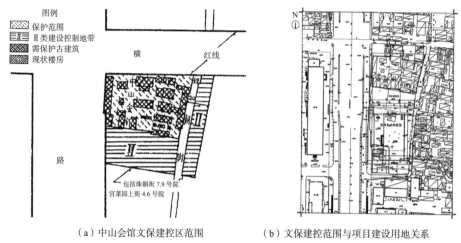

图例
▨ 保护范围
▤ II 类建设控制地带
▦ 需保护古建筑
▩ 现状楼房

（a）中山会馆文保建控区范围　　　（b）文保建控范围与项目建设用地关系

图 6-3　电力科技馆项目建设用地规划条件

③关于功能构成与空间构想。通过对国外诸多电力博物馆、科技馆的平面进行研究，归纳出电力科技馆的常见展演类型，建议丰富本项目电力科技馆的具体功能构成，可考虑在主要的展示功能外，增加收藏、导览、体验、集会、消费、咨询和后勤等具体模块，并尽早进行策展。

④关于建筑规模与定量需求。之前的任务书提出总建筑面积约 26650m²，建筑高度控制在 24m 以内；但 2009 年 3 月 12 日的现场踏勘提出将总建筑面积变动为 47000m²，建筑高度控制经查规划条件亦超出 24m，需进一步研究并核准建筑规模；且之前的任务书中还存在面积信息前后不一致，定量数据不全的问题，建议适当做出调整，进行加和检验，并细化确定具体分区或房间的面积。

⑤关于交通流线组织。之前的任务书未对消防流线组织做出任何设计条件或要求的陈述，经过调研与查证，基地南北长 201m 没有直接对外开口，基地东侧与菜市口大街有约 1.4m 的平均高差，南北亦存在约 0.8m 的高差，消防环路的设置是一设计难点；因此，建议设计要求明确提出并准许利用现有城市道路作为消防环路，或围绕博物馆周边小外网建设消防环路。另外，基地周边没有标准的社会停车场可以利用，建议设计要求中增加将基地东南侧道路拉直，并预留城市停车场地的内容。

此外，设计团队还对任务书中的一些细节性内容提出疑问，涉及《博物馆设计规

---

① 本章图、表无特殊说明，均为清华大学建筑设计研究院提供。

范》中的基地覆盖率、防火规范等法律规范，中水、热力、燃气、人防、停车等基础设施和配套条件。由设计团队对电力科技馆项目进行的策划研究具体内容，可详见于《北京电力科技馆策划设计研究》。

　　结合建设方的前期研究，并基于以上对设计任务书做出的建议、补充和修改，设计团队提出了整体的问题解决方案：

　　①变电站与科技馆整体进行设计

　　具体的建筑设计方案坚持执行了建设世界首座可参观地下 220kV 智能变电站的设计思路（图 6-4），其中地下三~五层为变电站主厂房，地下二层以上为具有商业价值的附属设施（电力科技馆及电力客服中心办公用房）（图 6-5）。

图 6-4　开放式地下变电站参观窗口

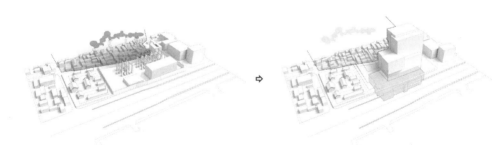

（a）地下变电站将燃煤锅炉替换为蓄热式电锅炉：改善老城区空气质量

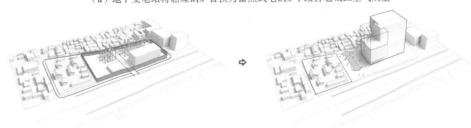

（b）地上部分破除自我封闭：退让北侧文保建控区

图 6-5　电力科技馆体块推敲概念分析

②尊重古城城市空间序列

考虑到项目建设用地北宽南窄整体呈斜梯形状，且北侧毗邻的中山会馆属于文物保护建筑，因此总平面布局充分照顾到文物建筑的空间尺度，将高大的 12 层主体建筑与简洁、大尺度的入口空间，通通沿菜市口大街布置在用地远离文保建筑的南侧，与大街周边 60m 高的建筑群取得一致；而在北侧按照规划建控区的要求退让出 30m 范围，布置相对低矮的六层裙房；建控区内则以绿化停车为主，以园林景观设计营造出贴近文物建筑气质的高品质城市空间；南北中间结合空间部分的室外出入口及通风井等构筑物，也保持舒展、低矮的姿态，与老城尺度形成过渡。整个建筑通过若干小体块组合而成，体块高度梯度递减至建控区，以此消解其对城市历史街区的视觉压迫（图 6-6），同时形成丰富的建筑表情（图 6-7）。

（a）胡同片区视角　　　　（b）中山会馆视角

图 6-6　电力科技馆尝试消减体量的建成效果

（a）南横东街视角　　　　（b）菜市口大街视角

图 6-7　电力科技馆尝试城市融合的建成效果

③建筑表皮设计体现城市历史记忆与现代科技交融

电力科技馆的建筑表皮设计致力于体现建筑与城市发展的关系，在材料的使用上采用了具有历史感的石材与现代节能玻璃幕墙相结合的处理手法，不同材料交融砌筑，应对周边城市环境肌理。

在菜市口大街界面主要使用了淡雅的洞石和深邃的啡钻，使电力科技馆在城市其他高层现代建筑群中显得分外优雅。而历史街区则主要使用了开洞石材和 Low-E 玻璃，石材幕墙表皮开洞的设计暗合了中国传统纹样神韵，与胡同片区和文保建筑的砖墙肌理寻求着相似的质感；晶莹剔透的双钢化夹胶超白玻璃则让建筑反射天光云影和胡同院落，给人以平面胡同院落延伸生长到立面的视觉感受，将古老的城市环境融合到新建筑中，也使新建筑与历史街区形成呼应（图 6-8）。

图 6-8　电力科技馆外立面材质

电力科技馆项目的设计工作从 2009 年持续至 2011 年，建筑于 2014 年 5 月建成并进行试运行，2015 年年底正式竣工全面投入使用运营。该项目最终的总建筑面积为 47767.75m^2（地上 24880.80m^2，地下 22886.95m^2），建筑高度 60m，容积率 3.3，建筑密度 36.9%，绿地率 20%，停车位 114 个。

建成之后的电力科技馆，成功地实现了将变电站与科技馆作为一个整体进行设计的最初设想。其作为市政基础设施的 220kV 运行变电站部分，为北京旧城内居民集中供暖的燃煤锅炉更换为蓄热式电锅炉提供了有力支持，通过在采暖季压减燃煤，减少了二氧化碳、二氧化硫、氮氧化物的排放量，使用清洁能源集中供暖，有效地提高了北京旧城冬季的空气质量；与此同时，其作为城市公共建筑的展厅和服务大厅部分，落实了我国第一个对外开放可供参观式变电站的建设，很好地扮演起了电力科技的教育角色，电网营业大厅具有窗口示范作用，有效地展示了电网形象，拉近了电网与百姓之间的距离。建筑方案通过巧妙地推敲体量和选择材质，使得整体形象与城市环境融合良好，受到了周边居民、城市管理者和广大群众和有关专家的一致认可和好评。

由于电力科技馆项目积极开展了将电力设施、教育功能、公共服务等融合为市政综合体的探索，通过创新式的混合利用取得了提升建筑价值、协调城市环境、营造城市开放空间，提高北京空气质量等多项成就，该项目先后于 2016 年获得国际咨询工程师协会优秀工程提名奖、中国建筑学会建筑创作银奖，2017 年获得亚洲建筑师协会建筑奖荣誉提名奖等奖项。

6.2.3 设计任务书的评价操作

当电力科技馆项目于 2009 年开始的时候，本书研究尚未开展，自然也就没有本书建立的任务书评价体系和开发的评价工具可以应用。如今，本着例证后验的研究设想，课题组联系了当时的设计团队，请求其协助进行任务书评价体系必要性检验的实例研究。设计团队表现出对"产学研"相结合的支持态度，帮助调取了电力科技馆项目的前期研究资料和全套设计文件，并配合接受各种具体评价问题的访谈，使本书在该项目已经竣工并投入使用了一段时间后（图 6-9），得以获得珍贵的一手资料，再次发起对任务书的评价活动，得到将理论研究与设计实践结合起来讨论的机会。

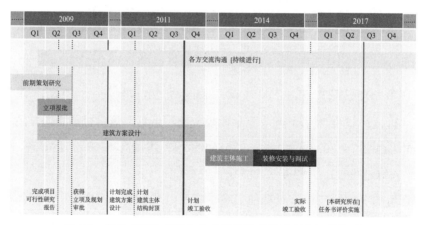

图 6-9 任务书评价实践与电力科技馆项目进度之间的关系

本次任务书评价的结果一方面用于检验本书提出的评价体系；另一方面，评价结果也将反馈给设计团队和建设方，帮助其回过头来审视曾经的研究和决策，做好"先见之明"和"经验教训"的跟踪记录和归纳积累工作。

任务书评价活动由标准化评价、新异词搜索、面积检验与面积向量相似度计算几个具体操作组成。

以任务书评价指导手册为依据，对评价指标逐个进行标准化的评价实操。经初步判断，全部的 35 个评价指标对电力科技馆项目的任务书均适用，可以顺利进入到项目申请材料提交和等级匹配分值判定的阶段。比照各指标的评分等级的要求与评价标准，搜集可以回答评价问题的一切任务书相关资料，并做出相应的说明解释，以支持证明任务书中具体内容达到相应的等级。将各种材料文件整理罗列，注明具体参考页码或段落，填入评价信息表；表 6-3 给出了电力科技馆项目的任务书，以指标 "PRJ1.1 项目概况 / 城市文脉及规划情况" 的评价信息作为示例。

评价专家通读如下的评价操作信息表，审阅其中索引的相关材料，在任务书评价专业查询手册的辅助下，结合自身的专业知识，做出评级等级的判定，并将具体等级所对应的分值，填入在所获分值一栏。如评价者对这一指标的评价过程和结果，有认为需要记录、询问或解释的内容，则可在该表后另附一页展开说明。

电力科技馆设计任务书在指标 PRJ1.1 上的评价操作信息表　　　表 6-3

PRJ1.1　项目概况 / 城市文脉及规划情况		
评分等级要求与分值		
（3）第一级	任务书中简要交代了建设项目的基本属性信息	A
（8）第二级	任务书在建设项目的基本信息以外，就项目的使用性质与功能定位做出了深入探讨，给出了多重功能角色的主次关系	A
（14）第三级	任务书明确阐述了建设项目的基本信息和功能定位，对项目所在城市的背景情况、所处特定片区的规划方略，也有所展开	ABC
（15）第四级	任务书对建设项目概况、功能定位、城市规划背景等宏观指导条件，都进行了较为深入的挖掘和解读；此外，任务书在规划或文脉层面上，可能成为设计要点的特征要素，做出了一定的解释说明或资料索引，对设计团队的工作有所助益	ABCD
（20）第五级	任务书在建设项目概况、城市文脉、片区规划、功能定位等宏观方面，已经做出了周密详尽的阐述；任务书着重对项目所在城市的背景情况、所处特定片区的规划方略进行了阐述，对项目所属建筑类型的前沿发展趋势、设计理念或技术进行了额外调研，鼓励应用于设计或进行创新开发，并在最终的建成方案中验证了任务书所具有的前瞻性和价值	ABCDE

评价标准与评价问题

A. 能否定位找到任务书中有关项目概况、城市文脉或规划的文段或附件资料？相关基本属性信息是否比较全面详尽、清晰无误，整理成表单或有组织的文段？使设计团队能否快速准确地查阅到可能影响设计的基本属性信息，并认同采纳？
B. 任务书是否重申了规划用地性质和项目功能定位？对项目功能定位的一般性和特殊性是否做出了探讨？既定的功能定位是否清晰易懂，在建成方案中得到较好实现？
B. 项目如具有多重功能角色，任务书是否明确给出了多重功能角色的主次关系，并对功能角色主次关系进行了一定的拓展解释？有关内容是否提点设计方案较好的处理了不同功能之间的关系？
C. 任务书是否适当阐述了城市的背景情况？是否结合项目的具体情况有重点的阐述了城市大环境？任务书是否提点设计方案需很好的融入了城市环境？
C. ……项目如处于特定片区，任务书是否索引了相关的规划资料？是否对相关规划方略进行了研究和解读，以提点设计方案贯彻片区规划？
D. 任务书是否提供了重要的设计概念或线索？相关概念或线索是否得到设计团队的认同，或采纳被应用于最终的设计方案中？
E. 任务书是否对相关内容做了额外的前瞻性调研，并给出了具体的研究资料？
E. ……上述研究结论被整理为设计条件，是否对设计工作有所助益？
E. ……上述研究结论作为设计要求或建议，落实在最终的建成方案中，是否印证了其前瞻性？受到何种程度的使用者好评或获得何种奖项？
（请使用具体的证明文件，给出明确的参考引用，如页码、标题、段落行数等，说明受评建设项目的设计任务书是如何达到这一评价要求的，以辅助评价人员查验有关申请材料，裁定评分等级与分数。）

文件举证与分值判定论证			
项目相关评价指标	所提交证明文件与评价标准匹配情况	最大分值	所获分值
PRJ1.1 项目概况／城市文脉及规划情况	电力科技馆项目的任务书开篇介绍了经济发展促进电力需求的项目背景情况（A），并阐明了建设方（国网电力公司）在这一背景下做出的建设决定。 任务书通过索引北京城市供电规划资料（B），点明了市政与商业混合利用的用地性质，220kV变电站与科技馆相结合的建筑功能定位，并结合对美、英、法、日等发达国家电力博物馆或科技馆的实地参观调研和文献收资研究（D），说明了本项目建设的必要性，以及本项目定位为我国国家级电力科技馆，且具有双重功能角色的特殊性。 此外，任务书还针对项目用地所处的特定城市片区——中山会馆文保建控区——附上了其图纸资料（C），提供了重要的规划控制设计条件。 设计团队在各方压力下贯彻了"地下开放式变电站＋地上综合性电力科技馆"的设计策略，成功将这一最初的设计思路落实为最终的设计方案并付诸建设（E）。项目竣工后效果良好，并获得诸多奖项（E），支持了任务书中前瞻性的设计要求。 证明文件： A：国家电网公司科技馆项目策划建议 　_P1_S1：功能定位 B：国家电网公司科技馆项目策划建议 　_P8_D2：项目用地图纸 B：北京城市供电规划初步资料 C：国家电网公司科技馆项目策划建议 　_P8_D2：中山会馆二期修缮工程地形图 D：相关展馆收资调研资料汇编 E：设计团队访谈记录_P1 E：最终设计方案技术图纸 E：THAD精品项目推介｜国家电网公司电力科技馆 E：国际咨询工程师协会优秀工程提名奖 E：中国建筑学会建筑创作银奖 E：亚洲建筑师协会建筑奖荣誉提名奖等	20	20

指标等级认证：第五级

在完成了全部指标的标准化评价后，还要通过新异词搜索的评价操作，对文本层面上可能漏网的任务书风险内容进行搜索和筛查。

使用本书第4章、第5章所阐述的文本挖掘方法，以及本书编写的计算机程序，对受评任务书文档进行分词、统计词频等文本处理，将在受评任务书中新出现的词（未在本书任务书样本库所构建的词库中出现过的词），以及虽在其他任务书中出现过，但在词库中属低频出现的词，定义为新异词，并以这些新异词为引导词进行全文搜索，定位找到受评任务书中包含新异词的文段，也即抽取可能存在风险的内容，作为评价阶段性成果提交人工审阅，做进一步的风险判定。

此外，如前文所述，评价指标"ARC3.5房间数量／面积与具体设计要求"具有一定的特殊性，其对任务书中的数值型数据提出了具体的要求，且上述标准化评价和新异词搜索并不能实现这一评价要求，对面积数值上可能存在的风险无法做出识别与评价；因此，还需进行面积加和检验以及面积向量相似度计算两种专门针对面积数值的评价操作。

行业实践中的任务书面积数据，往往存在各级面积不对应、部分数值缺失等情况，严重干扰了面积数据的一致性，对大量数据的进一步分析（特别是计算机分析）造成了障碍，面积加和检验就是要针对这一首当其冲的问题进行查验并准确定位问题所在。由于本书第 4 章的研究已经界定了面积加和误差的容忍范围，并落实了如何检查的和怎样报错等问题，为面积加和检验编写了相应的计算机程序；因此，在拿到新的受评任务书后，只需将其面积表格整理成计算机程序所需的数据形式即可。具体到电力科技馆项目的任务书，在评价实施阶段，人工需要进行的工作仅是从表 6-2 中抽取面积的原始数据（未标红），首先得到：

总面积：

$a = 26650$

一级目录面积：

$ai = [13200，13450]$

二级目录面积：

$a1i = [5000，]$

$a2i = [2200，2200，2200，1000，，，]$

三级目录面积：

$a21i = [1000，1200]$

$a22i = [2000]$

$a23i = [1000，1200]$

$a24i = [1000]$

$a25i = [，]$

$a26i = [，，]$

$a27i = []$

然后，将上列各级目录面积的向量（列表）输入计算机程序，便可以自动输出评价的结果：如若所有部分的面积加和之后，与上一级别目录的面积完全相等，则程序运行结果窗口将显示"√ X are sum equal."当面积加和出现不等或存在小误差的情况，窗口将分别以红色的"!!!Error!!! Section/Area X is not equal."或"!!!Error!!! There is a small deviation in Section/Area X."字样示警；而如遇面积数据缺失，则窗口将显示"X（n）area is not give."如面积数据没有细分到这一层级，则窗口会显示"X level is not defined."[1]

对于能够通过面积加和检验或通过人工修正补齐的任务书面积数据，可以进一步对面积分配的具体意义展开评价，通过一定的方式，将面积数据按照特定的分类方式重新加和，与其他大量任务书的数据在同样的分类标准下进行比较，也即面积（比例）向量相似度计算，观察受评任务书对各类功能分区的面积设置，是否符合一个大类的经验趋势，并找出可能存在风险的具体数值及其偏离方向。

具体到电力科技馆项目，首先对在其任务书中出现的 21 个功能区域或房间的名称，基于本研究的任务书样本库应用机器学习方法，在前文使用过的文化类项目通用 7 大类分区标准下进行分类，得到的各个区域或房间被分入不同类别的预测概率如表 6-4。

以机器学习给出的分类结果为参考，结合人工的判断和调整，以上 21 个区域或房间的名称，其中 7 个采用最大概率分类判定结果（表 6-4 中标为红色的概率），4 个采用第二概率（橙色），3 个采用第三概率（黄色），4 个采用第四概率（绿色），2 个采用第六概率（蓝色），1 个采用第七概率（紫色）。最终的分类结果如表 6-5。

由此，抽取表 6-2 中的面积数据（包括推断填补的数据），按照区域或房间的分类结果进行重新排列组合，便得到了电力科技馆设计任务书的面积向量：

绝对面积向量：$V^{(1)}\_exam = [11300，1450，2900，1000，600，1100，8300]$

面积比例向量：$V^{(2)}\_exam = [0.42，0.05，0.11，0.04，0.02，0.04，0.31]$

经过以上处理得到的 7 维面积向量，与本书已经建立起的样本库中大量面积向量具有了可比性，可直接交由计算机程序进行相似度计算，进而做出风险评价，相关理论方法和程序设计思路已经在本书第 4 章和第 5 章中详细阐述过。

6.2.4　设计任务书的评价结果

1. 评价结果总体情况

按照任务书评价指导手册逐条完成标准化评价，记录受评任务书在每个评价指标上的得分，便可以得到任务书评价的主要成果之一，即得分总表。电力科技馆设计任务书的评价得分情况如表 6-6 所示。

---

[1]　X 处可替换为 Total Area / Section（s）/ Part（s）/ Division（s）/ Room（s），分别代表由大至小的总体、一级分区、二级部分、三级部门、四级房间（一般任务书面积表格不会超过 4 级）；n 代表具体区域或房间的顺序编号。

电力科技馆项目区域 / 房间名称机器学习分类预测概率　　　　　表 6-4

	区域 / 房间名称	最大概率类别	分入各类别的预测概率						
			exh	plb	srv	mlt	wrh	ofc	oth
1	展馆六区	ofc	0.0160	0.0154	0.1536	0.0202	0.0320	0.6889	0.0739
2	不开放变电站	srv	0.0839	0.0734	0.2424	0.1007	0.0575	0.2231	0.2189
3	示范化客户服务营业区	srv	0.0442	0.0967	0.5990	0.0230	0.0819	0.1173	0.0379
4	展馆一区	srv	0.0839	0.0734	0.2424	0.1007	0.0575	0.2231	0.2189
5	展馆二区	exh	0.7753	0.0229	0.0482	0.0331	0.0194	0.0483	0.0528
6	展馆三区	exh	0.7465	0.0587	0.0554	0.0122	0.0511	0.0607	0.0155
7	展馆四区	exh	0.7753	0.0229	0.0482	0.0331	0.0194	0.0483	0.0528
8	多媒体演播厅	srv	0.0839	0.0734	0.2424	0.1007	0.0575	0.2231	0.2189
9	展馆五区	exh	0.7753	0.0229	0.0482	0.0331	0.0194	0.0483	0.0528
10	95598 大厅	mlt	0.0246	0.0188	0.0322	0.8571	0.0161	0.0192	0.0320
11	报告厅	srv	0.0839	0.0734	0.2424	0.1007	0.0575	0.2231	0.2189
12	95598 值班备班室	exh	0.7753	0.0229	0.0482	0.0331	0.0194	0.0483	0.0528
13	95598 管理办公室	srv	0.0839	0.0734	0.2424	0.1007	0.0575	0.2231	0.2189
14	办公室	pbl	0.1146	0.6679	0.1323	0.0163	0.0121	0.0361	0.0207
15	生活间	srv	0.0839	0.0734	0.2424	0.1007	0.0575	0.2231	0.2189
16	储物室	mlt	0.0167	0.1848	0.0533	0.6726	0.0132	0.0344	0.0251
17	餐厅	srv	0.0839	0.0734	0.2424	0.1007	0.0575	0.2231	0.2189
18	厨房	ofc	0.0376	0.0148	0.2473	0.0503	0.0295	0.5448	0.0758
19	单间 1	srv	0.0839	0.0734	0.2424	0.1007	0.0575	0.2231	0.2189
20	单间 2	ofc	0.0087	0.0032	0.2560	0.0116	0.0564	0.5747	0.0894
21	交通机动	srv	0.0839	0.0734	0.2424	0.1007	0.0575	0.2231	0.2189

注："exh""plb""srv""mlt""wrh""ofc"和"oth"依次代表了"展览空间""公共空间""服务与活动空间""多媒体空间""库房与储藏空间""内部办公空间"和"辅助用房"分区标准的类标签。

电力科技馆项目区域 / 房间名称分类结果　　　　　表 6-5

exh	pbl	srv	mlt	wrh	ofc	oth
展馆一区	交通机动	示范化客户服务营业区	多媒体演播厅	储物室	95598 值班备班室	不开放变电站
展馆二区						
展馆三区		95598 大厅	报告厅		95598 管理办公室	厨房
展馆四区		餐厅				
展馆五区		单间 1			办公室	
展馆六区		单间 2			生活间	

国家电网公司电力科技馆设计任务书评价得分总表　　　　表 6-6

指标分类	编号	指标名称		最大分值	所获分值	等级认证
项目 PRJ	1	PRJ1.1	项目概况 / 城市文脉及规划情况	**20**	20	第五级
	2	PRJ1.2	建设规模与控制参数	**20**	5	第一级
	3	PRJ1.3	设计原则与理念	**28**	28	第五级
	4	PRJ1.4	相关法规与依据	**15**	0	-
	5	PRJ1.5	设计工作任务与范围	**6**	6	第三级
	6	PRJ1.6	成果内容及格式	**8**	0	-
	7	PRJ1.7	资金情况说明与造价控制	**18**	9	第一级
合计：				**115 / 68**		
场地 SIT	8	SIT2.1	用地区位 / 范围及周边	**16**	16	第五级
	9	SIT2.2	场地市政供应与配套要求	**9**	0	-
	10	SIT2.3	场地自然条件	**20**	0	-
	11	SIT2.4	交通规划条件及流线组织要求	**18**	0	-
合计：				**63 / 16**		
建筑 ARC	12	ARC3.1	总平面布局构想	**18**	13	第三级
	13	ARC3.2	建筑风格风貌与形式特点	**32**	7	第一级
	14	ARC3.3	使用业主人员构成与组织框架	**28**	22	第四级
	15	ARC3.4	功能需求构成与分区	**40**	23	第三级
	16	ARC3.5	房间数量 / 面积与具体设计要求	**50**	35	第三级
	17	ARC3.6	流程与工艺要求	**21**	8	第二级
合计：				**189 / 108**		
专业 TEC	18	TEC4.1	建筑结构专业技术要求	**21**	8	第二级
	19	TEC4.2	电气专业技术要求	**18**	4	第一级
	20	TEC4.3	暖通专业技术要求	**18**	0	-
	21	TEC4.4	给排水专业技术要求	**18**	0	-
合计：				**75 / 12**		
附属 SUB	22	SUB5.1	景观 / 园林及绿化设计	**21**	0	-
	23	SUB5.2	室内环境及装饰装修	**15**	4	第一级
	24	SUB5.3	建筑材料	**15**	0	-
	25	SUB5.4	建筑安全与安防	**21**	0	-
	26	SUB5.5	节能环保 / 绿色生态与可持续发展	**24**	6	第一级
	27	SUB5.6	无障碍设计	**10**	0	-
	28	SUB5.7	停车场（位 / 库）/ 地下空间与人防	**15**	15	第五级
合计：				**121 / 25**		
管理 OPT	29	OPT6.1	空间成长与分期建设	**24**	6	第一级
	30	OPT6.2	管理与运营	**21**	11	第二级
合计：				**45 / 17**		
整体 GNL	31	GNL7.1	设计参考研究资料	**24**	24	第三级
	32	GNL7.2	任务书编制人员与编制程序	**21**	21	第四级
	33	GNL7.3	任务书格式与内容	**15**	0	-
	34	GNL7.4	其他特殊要求与机动内容	**12**	6	第二级
合计：				**72 / 51**		
附加 BNS	35	BNS8.0	附加分	**20**	20	-
总计：				**700 / 317**		

统计电力科技馆设计任务书在各评价指标上的得分（图 6-10），并按指标大类绘制成短板图（图 6-11）。从图 6-11 中可以看出，受评任务书在"项目相关""建筑相关"和"整体性"3 个指标大类上的得分率较高，可以达到 50% 以上，说明任务书中关乎建筑的核心部分内容完成质量较高，任务书的整体情况也较好；在"长效管理"指标大类上，受评任务书的得分能力居中，说明具体内容有待研究细化和论证，尚存在较大提升空间；而"场地相关""专业技术"和"附属事物"指标大类的评价情况则不容乐观，得分率均不足 30%，相关内容是任务书的明显弱项，亟待完善和补充。

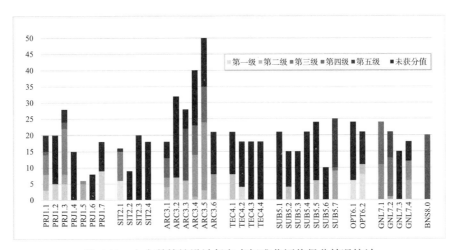

图 6-10　电力科技馆设计任务书标准化评价得分情况统计

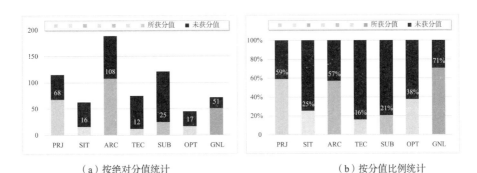

（a）按绝对分值统计　　　　　　　（b）按分值比例统计

图 6-11　电力科技馆设计任务书评价短板图

具体而言，电力科技馆项目的任务书经过标准化评价，共在 8 个指标上获得了最高评分等级的认证，得到了满分（指标最高分）；可以认为这些指标的相关内容作为设计条件和设计要求充分而合理，基本上没有风险。受评任务书在另外 5 个指标上的得分对应了次高和中间的评分等级；这些指标相关的内容在任务书中占有较为合适的篇幅，给出了全面而重要的设计条件，提出了有理有据的设计要求，由于种种原因，相关内容可能未落实在建筑设计方案上，或（尚）未得到足够的后评价认可，可能存在较小的风险，需要进一步观察或者微调。

2. 低分指标判定结果

电力科技馆项目的任务书在"建设规模与控制参数"等9个指标上仅得到了最低级所对应的分值，甚至还有其他的12个指标，任务书在其上没能有任何得分（记0分）；这些指标是受评任务书主要甚至是重大的风险内容所在，将其识别出来是本次评价实践活动的核心任务。

9个得低分的评价指标分别是："建设规模与控制参数""资金情况说明与造价控制""建筑风格风貌与形式特点""流程与工艺要求""建筑结构专业技术要求""电气专业技术要求""室内环境及装饰装修""节能环保/绿色生态与可持续发展"和"空间成长与分期建设"。

> **评价结果判定：** 这些指标的相关内容在任务书中虽然有简要的叙述，但缺乏相应的解释说明和研究依据，有可能为设计工作提供了错误的设计条件，或是提出了不合理的设计要求，属于潜在的风险内容。因此，这几个评价指标在任务书中对应的条目与相关部分内容，需要反馈给任务书的编制团队，要求其重新进行研究以复验具体内容的真实性与合理性。

12个不得分的评价指标分别是："相关法规与依据""成果内容及格式""场地市政供应与配套要求""场地自然条件""交通规划条件及流线组织要求""暖通专业技术要求""给排水专业技术要求""景观/园林及绿化设计""建筑材料""建筑安全与安防""无障碍设计"和"任务书格式与内容"。

> **评价结果判定：** 受评任务书中这些指标相关的部分内容缺失或界定不清、叙述不详，是任务书极有可能出现问题的地方，设计团队不能掌握足够的设计条件和设计要求，因此"自由发挥"的成分较大，不理性的决策一旦"乘虚而入"，落实在设计方案甚至是建成项目上，风险将逐步被放大。因此，这几个评价指标在任务书中对应的条目与相关部分内容，需要反馈给任务书的编制团队，要求其做出补充或进行深化。

3. 底线层级指标重点检查结果

特别需要指出的是，在具有较大风险的上述 9 个低分项和 12 个不得分项中，"场地自然条件""建筑风格风貌与形式特点"和"建筑安全与安防"3 个评价指标属于底线层级（basic）的评价指标，应深入进行严格的检查。

> **评价结果判定:** 关于"场地自然条件"，项目的任务书说明了场地位置和边界等信息，但没有剖析其自然条件，随后的设计过程也并没有发掘这方面影响或危害建筑的设计条件。
>
> 关于"建筑风格风貌与形式特点"和"建筑安全与安防"，任务书并没有着以过多笔墨，但也没有提出可能导致重大设计失误的设计要求。

4. 新异词检索结果

图 6-11 是以指标大类为基准的短板图，但即使是如图 6-10 精确到每个指标的得分绘制直方图，也仅能从总体分布上反映受评任务书的不足，锁定风险内容所在位置，给出修正和完善任务书的工作发力方向，而指标内部的具体缺陷内容或潜在风险事件，必须通过阅读评审说明文件的细节和新异词搜索的反馈内容才能得到。

新异词搜索的评价操作在电力科技馆项目的任务书中共找到 93 个新异词，主要包括了如"电力工业""受众""贴近生活""认同感"和"科普性"等关乎项目特殊性的词汇；此外，计算机程序还帮助逐行筛查出了任务书具体文段所包含的新异词（图 6-12）。

> **评价结果判定:** 由新异词筛查锁定的潜在风险内容，经过复查，都已经在上文所述的标准化评价中被识别并反馈出来了。

5. 面积比例向量风险评价结果

电力科技馆设计任务书中的面积数据经过加和检验的评价操作，得到的结果如图 6-13。计算机程序准确地识别出了二级目录的面积数值存在加和不等的问题，并且具体地挖掘出了该问题是由于三级目录面积中第一个功能分区的第 2 部分，以及第二个功能分区的第 5、6、7 部分，缺失了具体的数据所导致的。

> **评价结果判定:** 电力科技馆设计任务书所给出的面积信息较为粗糙，存在较多缺项。加和检验识别出的具体风险问题，需要反馈给任务书编制团队，令其对面积数据做出补齐或修改。

图 6-12 电力科技馆设计任务书新异词及潜在
风险内容搜索程序运行结果界面

图 6-13 电力科技馆设计任务书面积加和
检验程序运行结果界面

　　而为了评价电力科技馆项目的面积分配情况是否合理，首先通过计算本书任务书样本库中每一份任务书的面积数据与类中心的距离（相似度）[1]，得到一个相似度的整体分布情况，再选取了样本集合在 75%、66%（2/3）、50% 和 25% 几个典型分界线上的相似度值作为具体的风险（容忍）线（表 6-7），判断受评任务书是否偏离一定比例或"大多数"的样本范围，也即是否处于风险区域内。

> **评价结果判定：** 从电力科技馆项目的面积比例向量与第 Ⅰ 类文化建筑项目的类中心的相似度计算结果来看，该项目的相似度在 25% 风险线以上，这意味着其至少比 75% 的样本更趋同于第 Ⅰ 类文化建筑项目的"平均情况"，属于比较典型的展陈类文化建筑，且各功能分区的面积分配基本没有风险。
>
> 　　电力科技馆项目的面积数据与第 Ⅱ 类文化建筑项目的中心则相去较远，应不属于服务活动类的文化建筑，如项目定位确为这一类，则各功能区域的面积数值分配非常不符合绝大多数该建筑类型的经验值，极大可能存在问题，需要反馈给任务书编制团队和建设方，重新确认建筑的使用性质和预期功能活动，以做出合适的项目定位，调整面积在各个功能区块间的分配比例。

---

① 在示例 4-4 中已经进行过解释和界定。

电力科技馆设计任务书面积比例向量风险判定计算数据　　　　表 6-7

与第 Ⅰ 类文化项目聚类中心比较			与第 Ⅱ 类文化项目聚类中心比较		
75% 风险线：	0.3847232128845005	N	75% 风险线：	0.4325432591076642	N
66% 风险线：	0.4512124503149309	N	66% 风险线：	0.4936345934106716	N
50% 风险线：	0.5841909251757915	N	50% 风险线：	0.6158172620166864	Y
25% 风险线：	0.7836586374670825	N	25% 风险线：	0.7990912649257085	Y
受评任务书相似度：	**0.8639484789538336**	**N**	受评任务书相似度：	**0.4950203245794603**	**Y**

　　具体来分析，将电力科技馆项目的面积比例向量绘制在平行坐标上（图 6-14），直观形象地描绘其与"平均情况"的相似程度，并反映出可能存在的具体风险（与类中心距离较大的维度）。黑色虚线表示的电力科技馆项目不同功能空间面积，在"公共空间"（第 2 维）、"服务与活动空间"（第 3 维）和"多媒体空间"（第 4 维）这三个维度上，与第 Ⅰ 类文化项目的整体"平均情况"高度吻合。

> **评价结果判定：**这三个维度的相关具体面积数值作为设计要求的风险较小。

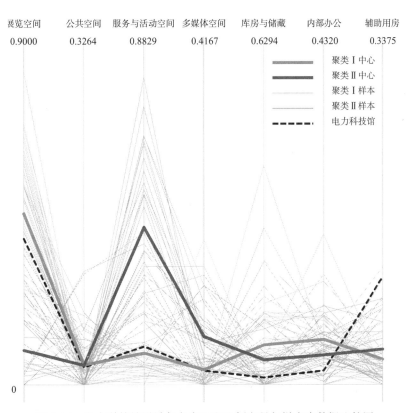

图 6-14　电力科技馆设计任务书面积比例向量与样本库数据比较图

但是，作为一个展陈类的文化建筑，电力科技馆设计任务书分配给"展览空间"（第 1 维）、"库房与储藏空间"（第 5 维）和"内部办公空间"（第 6 维）的面积较小，特别是后两者，明显低于平均情况。

> **评价结果判定：**这几个维度的面积比例偏差，与项目是开放式可参观变电站的功能定位有关，项目的特殊性导致其对展厅和藏品库房的需求，不会如博物馆、展览馆等一般展陈类文化建筑那么大量；但作为可能存在风险的内容，仍应该提给建设方做进一步讨论，商榷是否确实要牺牲一部分内部空间的份额，来更好的实现开放展示功能，还是需做出不同功能空间之间面积比例的调整，增加一部分内部办公面积。

此外，从图 6-14 中还可以看出，电力科技馆项目的面积比例向量在第 7 维，远远高于类平均值，可能存在较大的风险。返回原任务书可以得知，这是由于将不开放变电站区域的面积划入了此维度。

> **评价结果判定：**这一维度的面积比例畸变，一方面可以解释为该项目的特殊性，即大多数展陈类文化建筑并没有，或者说不需要单独设置变电设施，另一方面，也可以认为这是一种潜在风险，即项目既定的变电站功能，是否需要如此之大的面积或体量，有待进一步确定，因此也应作为任务书评价风险内容，反馈给任务书的编制团队请求复验。

6.2.5 对比分析与解读

电力科技馆项目的设计团队拥有非常专业的策划知识，对各种策划方法和技术使用娴熟，如 6.2.2 小节所述，设计团队在建设方提供的前期策划报告基础之上，又进行了非常深入的策划研究，对任务书中的内容进行了检验和质询，可以说已经自发地做出了对任务书的评价；而 6.2.3 小节又应用了本书提出的任务书评价体系，进行了标准化的任务书评价等一系列的评价操作。现对两次任务书评价实践的结果进行对比分析，并结合项目后期来自设计团队和建成环境的反馈做出解读，以探讨任务书评价这项活动的必要性。

从评价的结果来看，不论是自发的任务书质询，还是标准化的任务书评价，都是以可能存在的问题或者风险为导向的。先前设计团队建筑师所提出的，任务书中关于①项目目标与定位、②现状及规划条件、③功能构成与空间构想、④建筑规模与定量需求、⑤交通流线组织的，需要补充、修改或复查的 5 条核心内容，以及关于法律规范、基础设施等需要询问的细节性内容，在标准化的任务书评价操作中也都被覆盖了，相关的风险内容也得到了复验或识别：

1. 关于①项目的目标与定位

在"PRJ1.1 项目概况 / 城市文脉及规划情况"和"PRJ1.3 设计原则与理念"两个评价指标上，评价活动查验了有关的前期调研资料，肯定了科技馆与变电站相结合的功能定位；鉴于其充分的前期研究，以及后期设计方案和建成环境体现出的高水准和前瞻性，评价给出了最高级别的评分。

2. 关于②现状及规划条件与④建筑规模

在"PRJ1.1 项目概况 / 城市文脉及规划情况""PRJ1.2 建设规模与控制参数"和"SIT2. 用地区位 / 范围及周边"3 个指标的评价上，找到了任务书所附的用地及周边规划图纸，以及索引的相关规划方案，查验了关于用地区位、范围和规划控制的信息，其中，虽然任务书给出了建筑高度的控制参数，但从设计阶段的记录和后期建设的实践来看，其具体数值有误，经过对中山会馆文保建控规定和城市规划方案的检查，设计团队对任务书中高度控制的设计条件进行了分解和调整；因此，任务书在 PRJ1.1 和 SIT2.1 两个指标上得到了较高的评分等级认证，而 PRJ1.2 则仅得到了最低等级的分数。

3. 关于③功能构成与空间构想、④定量需求

在评价指标"ARC3. 功能需求构成与分区"和"ARC3.5 房间数量 / 面积与具体设计要求"两个评价指标的评价上，对原任务书与各类项目相关文件中提出的建筑规模和设置的功能分区进行了检查，还通过面积加和检验和面积向量相似度计算，对具体的面积数值进行了检查，评价检验发现关于建筑的总体规模存在分歧意见，功能区域有划分但不够细致，各级面积数值加和不等，细节数据缺失等问题；设计环节帮助重新敲定了总建筑面积，丰富了具体的功能设置，并调整、细化了各功能区域甚至是房间的面积建议数值；因此，任务书评价仅给予了指标 ARC3.5 第三级的评分认定。

4. 关于⑤交通流线组织

在"SIT2.3 场地自然条件"这一指标的评价上，没有找到关于场地自然条件的描述或资料索引，而在后期的设计阶段，则发现了场地与道路存在高差导致消防环路组织困难的情况，与此同时，在指标"SIT2.4 交通规划条件及流线组织要求"上的评价还证实了，任务书未对交通规划做出任何设计条件剖析或设计要求建议，双向导致这方面的重要信息遗漏；因此，受评任务书在这两个指标上并未得到任何分数。

5. 关于法律规范和基础设施设计条件

由于任务书中没有任何文段对其做出说明，因此，在评价指标"PRJ1.4 相关法规与依据"和"SIT2.2 场地市政供应与配套要求"上未得分。

应用任务书评价体系的评价实践还在评价指标低分项、不得分项和新异词搜索上，识别出其他的一些潜在风险指标"PRJ1.7 资金情况说明与造价控制"的评价发现，任务书仅说明了项目资金的来源，但未给出资金的金额和使用方式或计划，对于造价控制等细节也没有做出任何要求；指标 TEC4.2-4.4 和 SUB5.1-5.6 的评价结果则显示了任务书在专业层面上的薄弱，未对建筑设计中的技术细节进行构想。

从评价的作用来看，前后两轮次的非正式和正式任务书评价，都帮助巩固了电力科技馆项目特殊而先进的功能定位，细致检查了建筑规模和具体面积数值等影响对建筑设计有重大影响的设计条件和设计要求，识别出缺失的部分和不合理甚至是错误的内容，提出了补充和修改的建议。

而从设计阶段和建设后期的情况来看，任务书评价的收效良好，大多数识别出的风险内容都得到了印证，本书提出的任务书评价体系还更多地照顾到了后评估的信息反馈，不局限于任务书当时当地的条件内容，践行了全过程策划评价。

如果没有任务书评价中的这些研究、检查和完善，设计工作将可能轻易地受人为主观决策的干扰，推翻前期研究积累的结论，或在设计条件不全面的情况下，遵从缺乏合理性支撑的设计要求做出建筑方案，甚至将其中包含的风险延续到建设和使用阶段。因此，在设计前期进行任务书评价是十分有必要的；而使用标准化模式和基于样本库的评价，可以展开全面地毯式的搜索，提升评价效率，科学有效的利用同类建设项目任务书的数据积累。

6.3 实例 B：故宫博物院北院区建设项目设计任务书的评价

6.3.1 评价项目的选择

实例 B 的研究目的是检测任务书评价体系的有效性。出于这一目的，应考虑选择与本书同期进行的某一具体建设项目，在其设计阶段及时尝试应用本书建立的任务书评价体系，引导、协助设计团队直接使用标准化的 35 个指标进行任务书评价来代替传统发散式的任务书质询，并依托任务书样本库的数据做面积数值的检查；评价结果需及时地反馈给设计团队，甚至传递给建设方，使评价活动与设计工作能够形成互动；最终，通过观察和统计阶段性设计成果与评价结论的相互验证情况，来说明任务书评价体系的可用性和高效性。

考虑到以上研究目的和操作设想，本节最终选择了清华大学建筑设计研究院参与建方案征集的故宫博物院北院区建设项目（以下简称"故宫北院区"），作为任务书评价有效性检测的一个实例，索取了其前期的项目建议书、选址规划方案、概念设计方案征集文件（即任务书，内含应征人须知、技术要求、《北京市规划委员会关于故宫博物院北院区规划选址有关意见的请示》《关于故宫博物院北院区项目相关情况的函》、功能用房建筑面积汇总表、工程造价估算表、设计费报价书内容要求、用地及周边地形图、用地范围示意图、已建用地 1.10hm² 总平面图、用地位置示意图）和补充说明文件（图 6-15），用于具体地展开任务书评价实践，记录了设计阶段的工作活动内容和决策节点走向，并汇总了设计最终的文本、图纸、多媒体等成果文件，用来佐证说明任务书评价活动在其中扮演的角色和发挥的作用。

图 6-15　故宫北院区项目任务书相关资料

6.3.2　项目概况与设计方案

1. 设计条件与设计要求

　　故宫北院区项目是新建博物馆类公共建筑，也是故宫博物院的异地扩建工程，是经国务院批准的"平安故宫"工程的核心内容。项目受到国家领导人高度重视和社会多方的广泛关注，自 2012 年 7 月得到批示启动前期准备与策划研究，开展了项目现状调查分析、前期立项、节能评估报告编制、可行性研究报告编制及评审、环境、交通、防洪影响评价等工作，2014 年年底获得了项目建议的批复，2015 年 3 月进入到设计招标和初步设计阶段。

　　前期研究和论证为设计工作提供了丰富的资料和设计依据，从项目背景、建设必要性、选址依据和场地条件、各级上位规划方案、项目定位与设计原则、功能设置与面积分配、技术细节和设计成果等多个方面，对建筑设计方案做出了要求。

　　根据故宫博物院统计，其拥有各种门类的中国古代艺术品共约 180 万件，但因现有场地的局限，大量珍贵文物（特别是如家具、地毯、巨幅绘画、卤簿仪仗等大型藏品），长期无法得到及时、科学、有效的展示和保护[①]。故宫现有文物展陈的方式传统单一，文物藏品修复空间严重不足，缺乏现代高科技展陈的设施和手段，无法满足各

---

① 故宫博物院现有展陈用房建筑面积 42755m²，占故宫总建筑面积的 23.2%；每年展出文物约 1 万件，仅占总文物量的 0.5%。

层次参观观众的需求。与此同时，故宫的年参观人数早已突破1000万，世界仅有，尽管故宫方面已有所控制，但游客的参观热情一直高涨[1]，故宫文物建筑及游客人身承受着日趋增长的参观量所带来的巨大安全隐患。[190]

但是，故宫博物院受到历史及市政条件限制，其自身和周边已无扩展的可能；结合对北京市规划要求的解读，以及对世界大型博物馆发展趋势和常规做法的调研，故宫博物院异地扩建具有必然性和可行性。考虑到昔日皇宫在紫禁城外寻找发展空间，大多选择在北京西北郊地区，已成"三山五园"之势[2]，因此故宫博物院方面对于此次异地扩建的选址，希望能够延续传统的大方向。最终选址位于距北京中心城区1小时车程的海淀区西北旺镇西玉河村，曾经是清代皇家烧制琉璃砖窑场的所在，尚存有历史古迹；地块北邻南沙河，东至永丰路，西邻上庄家园，南至翠湖南路，总用地规模62.01hm²，包含建设、防护、林地、水域等多种用地性质，其中图书与展览用地9.76hm²，已有1.1hm²完成建设[3]，实际建设用地面积8.66hm²（图6-16）。

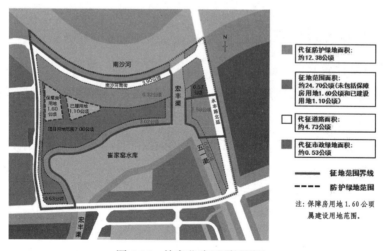

图6-16　故宫北院区项目用地

对于此次异地建设的故宫北院区，任务书提出以"中而新"为基本指导思想，拒绝"奇、特、怪、洋"，前承500年故宫的文化底蕴，后续90年博物馆的开放姿态，将故

---

[1] 至2012年，故宫博物院年参观人数已高达约1500万人次，为保证故宫文物和观众安全，故宫博物院已计划逐步减少参观量，2013年已将参观人数控制在约1400万人次，但参观以展品为主的珍宝馆和钟表馆的参观人数仍有约360万；故宫北院区建成后，预计参观人数每年可达300万。

[2] "三山五园"指的是：畅春园、圆明园、万寿山清漪园、玉泉山静明园和香山静宜园。

[3] 宫廷园艺研究中心于2013年11月先期开工并已经建成，分为办公教学区和养植区两个区域，故宫博物院内的养植花房将拆除，所有花卉将移至此园艺中心养护；此外，宫廷园艺研究中心还担负着传承宫廷园艺技术的任务。

宫北院区项目定位为世界一流、国内领先的现代化博物馆，体现、巩固故宫博物院在世界博物馆界的重要地位。而针对前述故宫博物院所面临的问题，前期研究归纳了故宫北院区建筑的几大功能需求：

①文物保养及抢救性修缮：建成故宫文物修复和安全保护的平台和中心，特别是为大型的、不能或不适宜在故宫博物院修复修缮的文物，提供新的、更大的空间，以确保这些国家珍贵文物都能得到及时、科学的保护，使更多文物具备与社会公众见面的条件。

②文物展览与展示：扩大故宫博物院现有文物展示空间规模，特别是为在紫禁城内不方便或无法展示的文物，提供与展示相结合的空间，建成后与城区中心的故宫博物院形成统一系统，作为现有规模和功能的完善、拓展与补充，全面提升故宫博物院的文化遗产保护、展示传播和服务观众的能力，实现可持续发展。

③世界级现代博物馆：建成配备了现代化展陈设施、安全可靠的文物保护和展示环境，使文物储藏条件完备、学术研究设施先进、宣传教育模式内容丰富、参观环境休闲舒适；一方面解放、保护紫禁城内的文物建筑，另一方面，实现应用高科技手段传播故宫的历史文化。

④宫廷技艺传承与文化交流：建成以传承宫廷园艺技术为重点的，具有多学科基础性研究的学术研究基地，并把文物的修复过程，即非物质文化遗产传统技艺开放展示给国内外公众，促进宫廷皇家历史文化传播交流，扩大中华文明世界影响力，提升国家的软实力。

⑤城市公共服务：配合城市规划，帮助实现地区的公共化与多样化，为城市片区注入了历史文化元素，打造园林绿色的环境，吸引人才与产业。

基于以上研究确定的功能定位与需求，结合具体文物和展览的数据测算，任务书提出本次一期工程拟建总建筑面积约 125000m²（地上约 85000m²，地下约 40000m²），其中包括文物展厅 60000m²、文物修复用房 20000m²、文物库房 23000m²、数字故宫文化传播用房 7000m²、观众服务用房 3000m²、综合配套设施用房 12000m²。任务书中的"功能用房建筑面积汇总表"部分，在 6 大功能分区下，又细分给出了二 ~ 四级目录的房间名称及面积数值（表 6-8）。

此外，任务书及其补充文件、相关研究资料还对故宫北院区项目的用地周边要素、市政条件、自然条件、交通条件、定量计算方法、总平面布局方式、专业技术要求、绿色节能环保要求、设计成果要求、组织管理与进度安排、投资估算与资金筹措等内容，做出了非常详细的说明，在本小节中便不一一赘述；有关这些具体设计条件与设计要求，可详见于《故宫北院区建设项目方案征集文件》《故宫博物院北院区项目建议书》和《故宫博物院北院区选址规划方案》，后两者由于涉及保密问题，仅在评价过程中使用。

故宫北院区项目功能用房建筑面积汇总表（部分）　　　　　表 6-8

序号	功能用房	建筑面积（m²）	备注
一	文物展厅	60000	
（一）	基本陈列展厅	20000	
1	故宫藏历代艺术展厅	10000	主要展示院内藏历代文物珍品，包括书画、陶瓷、青铜、玉器、漆器、竹木牙角等门类
2	明清宫廷生活展厅	5000	主要展示故宫所藏宫廷文物精品
3	明清皇帝本纪展厅	5000	以历史为主线，围绕明清皇帝展开叙事，是最具故宫博物院特色的展览
（二）	专题展厅	20000	
1	历代书画馆	5000	
2	明清织绣艺术展	3000	
3	故宫藏外国文物展	3000	展示诸如织绣、书画、有机材质等对展览条件要求较高或体积巨大的珍贵文物
4	明清宫廷家具展	5000	
5	清宫地毯展	2000	
6	竹木牙角文物精品展	2000	
（三）	临时展厅	20000	举办目前在故宫博物院国内外展出的不同主题和规模的临时展览
1	综合性大型展厅	6000	分为 2 个。主要承办卢浮宫、大英博物馆、维多利亚博物馆、阿伯特博物馆、大都会博物馆等机构策划的大型艺术展
2	中型专题展厅	10000	分为 5 个。主要承办中等规模的专题展览或可将同一主题展览分成三个部分展出，灵活使用空间。例如吴门四家书画精品展，每一个展厅可单独展示一位画家的画作，四个厅组合成一个大展
3	中小型展厅	4000	分为 4 个。主要承办中小型捐赠展或学术性专题展
二	文物修复用房	20000	
（一）	文物修复用房	15000	
1	竹木器文物保护修复用房	1700	主要包括大家具修复用房 600m²，小器作修复用房 300m²，宫灯及其他文物修复用房 400m²，设备间 200m²，清洗间 100m²
2	漆器文物保护修复用房	1300	主要包括大型漆器文物保护与修复用房 500m²，素髹、彩绘、莳绘文物修复用房 300m²，雕漆、螺钿、雕填文物修复用房 300m²，漆器荫室 200m²
……	……	……	……

2. 设计方案及建成项目情况

　　基于充分的项目前期研究，2015 年 2 月底，故宫博物院方面邀请了能够代表当今中国国内最高建筑设计水平的 5 位建筑设计大师（崔愷、庄惟敏、孟建民、张宇、梅洪元），采用方案征集的方式，对总用地范围内的规划方案和建筑工程概念方案进行设计。

图 6-17　故宫北院区建筑设计方案鸟瞰

　　由庄惟敏教授领衔的清华大学建筑设计研究院曾主导了故宫北院区项目前期的策划研究，后作为设计团队之一，可以说对该项目的设计条件与设计要求有着充分的了解，在对"传承故宫500 年的建筑精神""打造世界一流的综合型博物馆""人文环境与自然环境相结合"等核心理念及各项技术要求做出深刻解读后，给出了一个回应了各个设计议题的整体设计方案（图 6-17）：

（a）50 年一遇洪水线分割建设用地情况

　　（1）因地制宜、浑然一体

　　中国古代建筑给人的第一印象常常是宫殿式的巨构尺度感，但此次故宫北院区的用地位于北京西北郊的风景旅游区，并不宜在此简单地复制一个辉煌的殿宇，更不应求怪求洋；而使用中国园林和小体量体块组织建筑群，能使之更易融于环境之中，通过打造一个当代的"皇家别院"来诠释故宫的建筑精神。

（b）建筑主体退让出前景广场

图 6-18　故宫北院区设计方案建筑主体退让 50 年一遇洪水线

　　方案设计追求建筑、自然和园林的高度融合，为穿梭于其中的民众提供不同凡响的参观体验。不仅可以参观到精彩绝伦的展品，也领略到如诗如画的自然图景。

　　（2）文物安全、百年大计

　　前期研究指出建设场地三面环水，可能面临洪涝灾害，而基于项目的重要性和文物安全的考虑，建筑设计方案的主要体量在 50 年一遇洪水线以外布置（图 6-18），与此同时，巧妙、高效地利用场地上退开的开放空间布置前景广场，打造一个远观建筑的取景点，通过道道红墙的视觉暗示将参观人流引入场地，同时也为大批游客提供了集散空间。

（3）引申传统、亦中亦新

"中而新"的设计原则做出引申，首先在深入剖析、理解传统文化的基础上，提炼出"一池三山""金顶夕照""红墙叠嶂""城墙横亘"和"庭苑大观"5个空间意象（图6-19），以展现博大精深、美轮美奂的中国建筑文化。此外，建筑设计方案保留了场地内的清代古窑和历史建筑，并以之为造园、借景、对镜的重要元素，使民众在参观过程中能够不断邂逅惊喜（图6-20）。

图6-19 故宫北院区设计方案传统空间意象

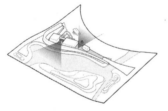

（a）保留古迹与现存建筑　　　　（b）对景设计　　　　（c）行宫嵌入新建筑

图6-20 故宫北院区设计方案对景

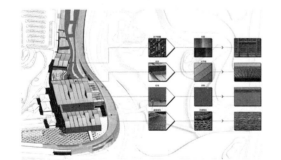

图6-21 故宫北院区设计方案材料运用

在材料运用上，建筑屋面采用金色钛锌板和灰色仿城墙砖，钛锌板在夕阳下熠熠发光，与故宫金顶遥相呼应（图6-21）；建筑立面上，除了在主题展厅侧面使用红色涂料重现故宫宫墙，还设计了宫字镂空金属格栅，演绎传统符号（图6-22）。

（4）现代多意、蔚然大观

故宫北院区项目的设计不仅要体现出浓烈的故宫特色，还要体现出鲜明的现代性和创新性，满足了当代博物馆的空间需求。建筑内部的高大展厅，能够适用于多样化

图 6-22　故宫北院区设计方案室内及展厅效果

馆藏品的展示，通过设置面积达 2000m²，高 20m 的展厅，突破故宫原有展厅的空间限制，为故宫博物院未曾面世的大型珍宝和特殊展品，提供可视的室内展示空间。此外，设计还引入环幕、IMAX 等现代数字展示手段，积极运用当代的、高科技的展陈技术。

（5）开放亲民、游憩体验

设计方案立意打造一个博物馆公园，成为市民文化生活服务的城市容器，使故宫北院区的建筑价值取向从皇室走向民间，提供了与紫禁城不同的空间感受。通过设置一条连通各个展区的公共服务廊道（图 6-23），在室内增设一处既可用于观赏园区南侧景观，又可用于举行各类临时展览和文化活动的公共空间；在室外则

（a）公共服务廊道室内

（b）公共服务廊道室外"城墙公园"

图 6-23　故宫北院区方案设计公共服务通廊

将该廊道的屋顶免费向市民开放，从地面层进入展厅参观结束的游客，可从屋顶出口到达顶层"城墙公园"，沿灰色城墙顺势而下，未购票的民众也可自下而上登上这道"城墙公园"，俯览西山湖光山色，眺望北京城区。

6.3.3　设计任务书的评价操作

故宫北院区项目于 2015 年 3 月正式开启设计环节的时候，也正是研究课题开展核心工作的阶段，本书初步建立起的任务书评价体系和开发的评价工具，正好可以结合设计过程得到试用，并实时获取真实的反馈，任务书的评价活动一方面可以参与实践，识别出任务书可能需要注意的内容，辅助设计工作快速定位设计要点和难点；另外一

方面回馈研究，验收评价方法的工作效果，反映出评价操作存在的问题，支持本书对评价体系做出细节调整。

清华大学建筑设计研究院作为故宫北院区项目的设计团队之一，对本书提出的任务书评价实践设想给予了大力的支持：在资料方面，提供了任务书及全部相关的批文、报告、附件和图纸；在操作方面，积极配合开展任务书的标准化评价，将任务书评价纳入设计工作内容，并将评价结果在方案例会上进行讨论，允许记录各方意见和设计方案演进过程，接受访谈。因此，本书的任务书评价活动得以从故宫北院区项目伊始便同步介入，并一直持续与设计工作并行互验；后在本书写作工作进行至实例部分之时，又整理了当时的文件和记录，补充了后续的资料，从而完成了任务书评价的实例 B 部分（图 6-24）。

故宫北院区项目的任务书评价活动也是由标准化评价、新异词搜索、面积检验与面积向量相似度计算几个具体操作组成。

实施逐个评价指标的标准化评价。经初步判断，全部的 35 个评价指标对故宫北院区项目的任务书均适用，比照各指标的评分等级的要求与评价标准，在建设方和设计团队提供的材料中，搜寻一切可以回答评价问题，或证明任务书中具体内容达到相应的等级的资料，整理并注明参考页码或段落，配以解释说明，填入评价信息表，协助进行等级匹配和分值判定；表 6-9 给出了故宫北院区项目的任务书在指标"ARC3.5 房间数量／面积与具体设计要求"的评价信息作为示例。

图 6-24　任务书评价实践与故宫北院区项目进度之间的关系

设计团队完成指标评价操作信息表后，由了解该项目整体情况的一名设计团队代表和本书负责人检查其中索引相关材料的真实性，根据具体内容做出评级等级的判定，并将等级所对应的分值，填入在所获分值一栏，统计、描述评价结果。设计团队对评价过程中发现的有价值的信息，在表后另附页进行记录，并提供给设计方案例会作为参考。

故宫北院区设计任务书在指标 ARC3.5 上的评价操作信息表　　表 6-9

ARC3.5 房间数量 / 面积与具体设计要求

评分等级要求与分值

（3）第一级	任务书在功能需求分区的基础上，简要说明了房间层级上的空间要求，但未给出具体的数据	A
（24）第二级	任务书对建筑使用空间的内容进行了说明，给出了简单的空间列表及定量信息，但编制任务书过程没有经过具体的调查研究	AB
（35）第三级	任务书编制团队通过运用专业的分析方法，进一步剖析功能需求，对建设项目的功能空间进行了预测构想，在任务书中附上了研究整理出的空间列表，表中给出了具体空间的活动内容、面积、数量及特殊要求等定性和定量的信息	ABC
（42）第四级	建筑方组织了专项人员进行建筑策划，对所得空间列表中的具体空间的活动内容、面积、数量及特殊要求等信息，能够提供详尽的研究依据或逻辑性推理过程，面积数值能够通过面积加和检验，对建筑设计阶段的概念与方案生成具有直接的启示	ABCD
（50）第五级	任务书编制团队通过建筑策划研究给出了清晰、完整、合理的空间列表，列在任务书中的面积数值经过加和检验及风险分析，验证了其对设计方案的建议性要求控制在了合理的范畴，此外对潜在的使用者需求也进行了挖掘，解释了建设方直接提出的要求以外的功能与空间需求，最终的建成项目受到了使用者的肯定或收获了较高的社会评价	ABCDE

评价标准与评价问题

A. 任务书中是否能够定位找到对具体功能空间做出要求的文段？是否叙述了应该设置哪些功能分区，以及其中应该包含的房间？

B. 任务书是否用定性与定量相结合方式，说明了建筑空间的使用方式或活动内容，并给出了功能分区和具体房间的数量和面积数值？

B. ……对于定量面积数据，任务书是否使用了空间列表等成熟的格式形式，清晰地表述了不同功能空间之间的层级关系？

C. 任务书的编制团队是否在前期研究中，采用了专业的调研和分析方法，对功能需求进行剖析，从而得出对建筑空间在数量和面积上的设计要求？

D. 在针对空间功能的前期研究中，是否有专业的人员参与，并由专门的人员负责而整理有关信息数据？

D. ……任务书及相关附属文件，是否能说明了作为设计要求的面积数据，是通过何种计算方法或推理过程而得出的，为设计工作提供了合理性支撑和调整依据？

D. ……各级面积数值能否通过加和检验？整体上有没有出现多处加和不等或数据缺失的情况？

E. 任务书中的面积数据在风险检验中，不同功能上的分配是否符合项目所属类型的共性趋势？各个功能分区与平均情况的差异是否控制在了合理范畴内？

E. ……任务书编制团队是否挖掘了建设方所提出功能需求以外的空间要求？

E. ……遵照任务书在功能空间和面积分配上的指导，最终的设计方案和建成环境是否很好的满足了使用者的需求？收到了怎样的反馈或认可？

（请使用具体的证明文件，给出明确的参考引用（如页码、标题、段落行数等），说明受评建设项目的设计任务书是如何达到这一评价要求的，由辅助评价人员查验有关申请材料，裁定评分等级与分数。）

文件举证与分值判定论证

项目相关评价指标	所提交证明文件与评价标准匹配情况	最大分值	所获分值
ARC3.5 房间数量 / 面积与 具体设计要求	故宫北院区项目的任务书在 "6.1 规划建筑技术" 一节提出了六大类功能用房的设计要求，并描述了每一类空间的主要用途（A）；在任务书的附件 3 中，通过空间列表的形式，对六类功能用房（分区）下的具体部门或房间进行了 2 ～ 3 个级别的细化罗列说明，并给出了建筑面积的数值（B）。空间列表中具体的功能区域或房间，是由专业人员经过充分的前期研究和论证而提出的（C），相关具体数值则是参考了具体主题展览的文物尺寸和数量，以及修复等空间使用活动的实际情况（C）。 对空间列表中的面积数据进行加和检验，共找到两处加和不等的情况（D）。经复查，其中一处为书面错误，前后两个级别的面积数值可以对应上；另外一处被识别出来后，设计团队判断其不会导致过大的设计偏差，能够自行快速做出调整（D）；而大部分功能区域的定义也足够细致，被赋予了足量的定量数值。	50	42
	证明文件： A：故宫博物院北院区项目征集文件 　_P21：6.1.2-6.1.7 B：故宫博物院北院区项目征集文件 　_P36_A3：功能用房建筑面积汇总表 C：故宫博物院北院区项目建议书 　_P0：编制人员名单 C：故宫博物院北院区项目建议书 　_P41_S4：建设规模需求分析 D：面积加和检验程序运行结果 D：设计团队访谈记录		

指标等级认证：第四级

在完成了全部指标如上的标准化评价后，与实例 A 的评价操作类似，还需进行新异词搜索的评价操作，对文本层面上可能漏网的任务书风险内容进行搜索和筛查，并进行面积加和检验以及面积向量相似度计算，对数值层面的标准化评价所不能识别出的风险进行评价。新异词搜索的操作比较简单，只需将项目的任务书文本加以预处理，再输入计算机程序即可完成；对于面积数据的检验与评价，首先从故宫北院区项目 "功能用房建筑面积汇总表" 中抽取全部的面积数据。

总面积

$a = 125000$

一级目录面积：

$ai = [60000，20000，23000，7000，3000，12000]$

二级目录面积:

$a1i = [20000，20000，20000]$

$a2i = [15000，5000]$

$a3i = [11500，11000]$

$a4i = [1220，5000，780]$

$a5i = [1000]$

$a6i = [8000，4000]$

三级目录面积:

$a11i = [10000，5000，5000]$

$a12i = [5000，3000，3000，5000，2000，2000]$

$a13i = [6000，10000，4000]$

$a21i = [1700，1300，1150，1300，800，400，400，300，1500，300，500，300，$
$\quad\quad 400，1100，300，3250]$

$a22i = [500，600，500，400，400，500，400，800，300，300，300]$

$a31i = [2000，1500，2500，2000，2000，2000]$

$a32i = [2300，1900，1300，1300，1000，800，800，800，800]$

$a41i = [620，600]$

$a42i = [1200，1000，1000，1000，800]$

$a43i = [400，380]$

$a61i = [3000，2000，3000]$

四级目录面积（缺失这一级面积数据的未列出）:

$a211i = [600，300，400，200，100]$

$a212i = [500，300，300，200]$

$a213i = [400，150，200，200，200]$

$a214i = [500，800]$

$a215i = [400，400]$

$a2114i = [400，150，150，400]$

$a411i = [400，80，90，50]$

$a412i = [300，30，40，60，170]$

$a431i = [200，200]$

$a432i = [20，60，300]$

$a611i = [1000，500，500，500，500]$

$a612i = [600，400，400，400，200]$

$a613i = [1800，1200]$

然后，再将上列各级目录面积的向量（列表）输入计算机，对程序所输出的评价结果再行判断以完成加和检验。而通过面积加和检验的任务书面积数据，需按照文化类建筑统一的功能分区标准重新加和，以便与本书样本数据库中的大量面积比例向量进行相似度计算，找出可能存在风险的维度及其偏离方向。

使用机器学习的计算机程序，对故宫北院区设计任务书"功能用房建筑面积汇总表"中出现的 103 个房间的名称，在"展览空间""公共空间""服务与活动""多媒体空间""库房与储藏""内部办公"和"辅助用房"7 大类分区标准下进行分类，计算得到分类的预测概率，并以此为参考进行人工修正。最终的分类结果如表 6-10，其中 74 个房间采用了最大概率判定的分类结果，另外 29 个房间则依据人工的判断被重新分类（表 6-10 中计算结果一列被中横线划掉）。

按照表 6-10 房间名称分类的结果，对项目"功能用房建筑面积汇总表"中的面积数据重新进行排列组合，得到故宫北院区设计任务书的面积向量：

绝对面积向量：$V^{(1)}\_exam = [65000，0，3500，5000，23620，19600，8180]$

面积比例向量：$V^{(2)}\_exam = [0.52，0.00，0.03，0.04，0.19，0.16，0.07]$

将处理好的面积向量输入计算机程序，与样本数据库中的面积向量进行相似度计算，再对计算得到的相似度和误差进行人工解读，以完成面积数值的风险评价。

6.3.4 设计任务书的评价结果

1. 评价结果总体情况

对任务书评价体系的指标逐条完成标准化评价，记录受评任务书在每个评价指标上的得分，得到故宫北院区设计任务书的评价得分总表，如表 6-11 所示。

统计故宫北院区设计任务书在各评价指标上的得分（图 6-25），并按指标大类绘制成短板图（图 6-26）。从图 6-26 中可以看出，受评任务书在整体上表现很好，除了"专业技术"以外，其余的指标大类得分率都在 50% 以上，"项目相关"和"场地相关"两个指标大类，更是高达 80% 左右，可见故宫北院区项目的前期研究非常充分，关于项目的建设必要性和选址都经过了正规的报批，积累了翔实的材料；在"建筑相关""附属事物"和"长效管理"3 个指标大类上，受评任务书的得分能力居中，说明任务书中相关部分做出了一定的阐述和要求，但仍需研究支撑或细化完善；而"专业技术"

故宫北院区项目房间名称分类结果　　　　　　　表 6-10

序号	区域 / 房间名称	计算结果	人工修正	序号	区域 / 房间名称	计算结果	人工修正
1	故宫藏历代艺术展厅	exh	exh	53	古籍善本文物保护修复用房	exh	exh
2	明清宫廷生活展厅	exh	exh	54	书画复制用房	exh	exh
3	明清皇帝本纪展厅	exh	exh	55	囊匣制作用房	exh	exh
4	历代书画馆	exh	exh	56	金属文物库房	wrh	wrh
5	明清织绣艺术展	exh	exh	57	陶瓷文物库房	wrh	wrh
6	故宫藏外国文物展	exh	exh	58	纺织品文物库房	wrh	wrh
7	明清宫廷家具展	exh	exh	59	漆器文物库房	wrh	wrh
8	清宫地毯展	exh	exh	60	石质文物库房	wrh	wrh
9	竹木牙角文物精品展	exh	exh	61	书画文物库房	wrh	wrh
10	综合性大型展厅	exh	exh	62	修复后的竹木文物库房	wrh	wrh
11	中型专题展厅	exh	exh	63	修复后的漆器文物库房	wrh	wrh
12	中小型展厅	exh	exh	64	修复后的百宝镶嵌类文物库房	wrh	wrh
13	大家具修复用房	exh	ofc	65	修复后的纺织品文物库房	wrh	wrh
14	小器作修复用房	exh	ofc	66	修复后的金属文物库房	wrh	wrh
15	宫灯及其他文物修复用房	exh	ofc	67	修复后的陶瓷文物库房	wrh	wrh
16	设备间	oth	oth	68	修复后的石质文物库房	wrh	wrh
17	清洗间	ofc	ofc	69	修复后的钟表文物库房	wrh	wrh
18	大型漆器文物保护与修复用房	exh	ofc	70	修复后的书画文物库房	wrh	wrh
19	素髹 / 彩绘 / 莳绘文物修复用房	wrh	ofc	71	信息系统核心机房用房	oth	oth
20	雕漆 / 螺钿 / 雕填文物修复用房	wrh	ofc	72	机房的配套设施用房	oth	oth
21	漆器荫室	srv	ofc	73	机房监控及管理值班室的用房	oth	ofc
22	玉石类镶嵌文物修复用房	wrh	ofc	74	机房维护人员的办公室	oth	ofc
23	象牙类文物修复用房	wrh	ofc	75	玻璃底片库房	wrh	wrh
24	点翠类文物修复用房	exh	ofc	76	胶片库房	wrh	wrh
25	细金类文物修复用房	exh	ofc	77	光盘库房	wrh	wrh
26	盆景、料器类文物修复用房	wrh	ofc	78	磁带库房	wrh	wrh
27	大型织绣文物修复用房	exh	ofc	79	设备库房	wrh	wrh
28	地毯文物修复用房	exh	ofc	80	数字影院（群）	mlt	mlt
29	金属文物修复用房	exh	ofc	81	数字古建馆	mlt	mlt
30	地铸造室	ofc	ofc	82	数字书画馆	mlt	mlt
31	陶瓷文物保护修复用房	exh	ofc	83	数字器物馆	mlt	mlt
32	石质文物保护修复用房	exh	ofc	84	数字原状馆	mlt	mlt
33	文物钟表保护修复用房	exh	ofc	85	大型器物摄影室	ofc	ofc
34	书画（唐卡）文物保护修复用房	exh	ofc	86	大型平面文物摄影室	ofc	ofc
35	古籍善本文物保护修复用房	exh	ofc	87	视频采集设备及耗材保管库房	wrh	wrh
36	综合类文物保护修复用房	exh	ofc	88	数据编辑工作室	ofc	ofc
37	书画复制用房	exh	ofc	89	大型文物修复摄影棚	ofc	ofc
38	囊匣制作用房	exh	ofc	90	观众服务用房	srv	srv
39	无损检测分析实验室	ofc	ofc	91	办公室	ofc	ofc
40	公共化学实验室	ofc	ofc	92	接待室	pbl	srv
41	光学显微实验室	ofc	ofc	93	会议室	ofc	ofc
42	虫害处理室	ofc	ofc	94	职工食堂	oth	oth
43	图像采集用房	exh	ofc	95	档案室	ofc	ofc
44	修复辅助用房	exh	ofc	96	安全保卫处	ofc	ofc
45	竹木器文物保护修复用房	exh	exh	97	消防科	oth	ofc
46	漆器文物保护修复用房	exh	exh	98	技术科	ofc	ofc
47	百宝嵌类文物保护修复用房	exh	exh	99	保卫科	ofc	ofc
48	纺织品文物保护修复用房	exh	exh	100	联合管理室	ofc	ofc
49	金属文物保护修复用房	exh	exh	101	土建设备机房	oth	oth
50	陶瓷文物保护修复用房	exh	exh	102	网络信息管理中心设备机房	oth	oth
51	文物钟表保护修复用房	exh	exh	103	人防建设	oth	oth
52	书画（唐卡）文物保护修复用房	exh	exh				

故宫北院区设计任务书评价得分总表（自绘） 表 6-11

指标分类	编号		指标名称	最大分值	所获分值	等级认证
项目 PRJ	1	PRJ1.1	项目概况 / 城市文脉及规划情况	**20**	20	第五级
	2	PRJ1.2	建设规模与控制参数	**20**	17	第四级
	3	PRJ1.3	设计原则与理念	**28**	24	第四级
	4	PRJ1.4	相关法规与依据	**15**	12	第三级
	5	PRJ1.5	设计工作任务与范围	**6**	6	第三级
	6	PRJ1.6	成果内容及格式	**8**	6	第三级
	7	PRJ1.7	资金情况说明与造价控制	**18**	14	第三级
			合计：	**115 / 99**		
场地 SIT	8	SIT2.1	用地区位 / 范围及周边	**16**	16	第五级
	9	SIT2.2	场地市政供应与配套要求	**9**	6	第一级
	10	SIT2.3	场地自然条件	**20**	12	第四级
	11	SIT2.4	交通规划条件及流线组织要求	**18**	15	第三级
			合计：	**63 / 49**		
建筑 ARC	12	ARC3.1	总平面布局构想	**18**	7	第二级
	13	ARC3.2	建筑风格风貌与形式特点	**32**	7	第一级
	14	ARC3.3	使用业主人员构成与组织框架	**28**	22	第四级
	15	ARC3.4	功能需求构成与分区	**40**	23	第三级
	16	ARC3.5	房间数量 / 面积与具体设计要求	**50**	42	第四级
	17	ARC3.6	流程与工艺要求	**21**	0	-
			合计：	**189 / 101**		
专业 TEC	18	TEC4.1	建筑结构专业技术要求	**21**	8	第二级
	19	TEC4.2	电气专业技术要求	**18**	4	第一级
	20	TEC4.3	暖通专业技术要求	**18**	8	第二级
	21	TEC4.4	给排水专业技术要求	**18**	10	第二级
			合计：	**75 / 30**		
附属 SUB	22	SUB5.1	景观 / 园林及绿化设计	**21**	14	第三级
	23	SUB5.2	室内环境及装饰装修	**15**	0	-
	24	SUB5.3	建筑材料	**15**	4	第一级
	25	SUB5.4	建筑安全与安防	**21**	20	第四级
	26	SUB5.5	节能环保 / 绿色生态与可持续发展	**24**	21	第四级
	27	SUB5.6	无障碍设计	**10**	0	-
	28	SUB5.7	停车场（位 / 库）地下空间与人防	**15**	15	第五级
			合计：	**121 / 74**		
OPT	29	OPT6.1	空间成长与分期建设	**24**	17	第三级
	30	OPT6.2	管理与运营	**21**	8	第一级
			合计：	**45 / 25**		
整体 GNL	31	GNL7.1	设计参考研究资料	**24**	24	第三级
	32	GNL7.2	任务书编制人员与编制程序	**21**	21	第四级
	33	GNL7.3	任务书格式与内容	**15**	15	第三级
	34	GNL7.4	其他特殊要求与机动内容	**12**	6	第一级
			合计：	**72 / 66**		
附加 BNS	35	BNS8.0	附加分	**20**	0	-
			总计：	**700 / 444**		

相关内容则是任务书的薄弱项，仅做了简单的说明，没有提出过多的设计要求可供参考，有待补充。

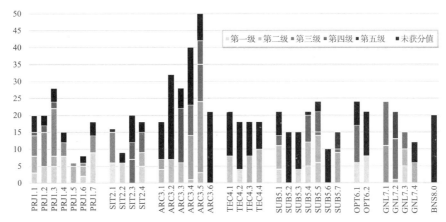

图6-25　故宫北院区设计任务书标准化评价得分情况统计

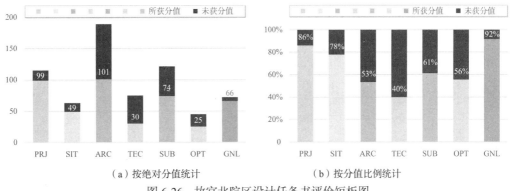

（a）按绝对分值统计　　　　　　（b）按分值比例统计

图6-26　故宫北院区设计任务书评价短板图

具体而言，故宫北院区项目的任务书经过标准化评价，共在7个指标上获得了最高评分等级的认证，得到了满分；这些指标相关的内容在任务书中给出了全面而重要的设计条件，提出了有理有据的设计要求，可以判定基本上不存在风险。受评任务书在另外的13个指标上得分对应了次高的评分等级，还有1个指标对应了中间级；这些指标的相关内容作为设计条件和设计要求亦是充分而合理的，但可能具有较小的风险，或者由于项目至今仍停留在设计阶段，不可能得到建成反馈，因此未能得到最高等级分数。

2. 低分指标判定结果

故宫北院区设计任务书可能存在较大风险的内容，是在"总平面布局构想"等10个所得分值对应了最低级和次低级的指标上，以及其他3个不得分的指标上；这些指标由于缺少相关内容的详细陈述，或是由于在设计阶段发现了任务书中未提及，但可能导致重大设计失误的设计条件和问题，是受评任务书主要甚至是重大的风险内容所在。

10 个得低分的评价指标分别是："总平面布局构想""场地市政供应与配套要求""建筑风格风貌与形式特点""建筑结构专业技术要求""电气专业技术要求""暖通专业技术要求""给排水专业技术要求""建筑材料""管理与运营"和"其他特殊要求与机动内容"。

> **评价结果判定**：这些指标的相关内容在故宫北院区设计任务书中仅有简要的叙述，未能在任务书及相关材料中，定位找到相应的解释说明和研究依据，其作为设计条件缺乏足够的参考信息，作为设计要求缺乏可信的执行价值，甚至可能增加不必要的工程难度，是任务书评价识别出的潜在风险内容所在，反馈给任务书的编制团队，要求其在进一步讨论的基础上，作出澄清或修改，并提供给设计团队，提醒其注意规避或适当调整。

3 个不得分的评价指标分别是："流程与工艺要求""室内环境及装饰装修"和"无障碍设计"。

> **评价结果判定**：故宫北院区设计任务书及相关材料中，没有任何这些指标相关的部分内容；任务书评价将其作为风险识别出来，应该呈现给设计团队作为参考，以便在设计团队和建设方之间的交流中，明确指出这些需要重点问询求证的地方，以便挖掘潜在的设计要点。

3. 底线层级指标重点检查结果

在具有较大风险的上述 10 个低分项和 3 个不得分项中，"建筑风格风貌与形式特点"与"其他特殊要求与机动内容"2 个评价指标属于底线层级（Basic）的评价指标，需深入进行严格的检查。

> **评价结果判定**：关于"建筑风格风貌与形式特点"，任务书从设计原则的角度要求以"中而新"作为设计概念，针对建筑的外部形象又提出"传统故宫形象"和"与周围环境对话"的要求，虽然没有剖解这一建筑风格设计要求的具体含义和来源依据，但是传统中式与故宫密不可分的关系却是深入人心的，而故宫方面本次转型向现代化博物馆的建设方针，也已经在项目立项阶段得到论证，未见明显风险。可以输出至设计阶段，但需要提醒设计团队对"中而新"这一没有绝对定义和研究结论的设计要求，理性地深入探索能够代表故宫的建筑形式、元素和符号。

而关于"其他特殊要求与机动内容",故宫此次建设所要转移并收藏、展示、修复的展品部分,在尺寸、修复流程、存放条件、设备需求等方面上具有绝对的特殊性,任务书中却没有这部分具体的信息,但考虑到本次仅是初步设计方案的征集,任务书也在开头强调了深化设计阶段将另发一版设计任务书。因此,文物及展品的特殊性要求缺失暂不构成重大风险,但须随着设计阶段的推进而跟进关注。

4. 新异词检索结果

指标内部的具体缺陷内容或潜在风险事件,则由评价操作信息表索引的文件和新异词搜索结果呈现。新异词搜索的评价操作在故宫北院区项目的任务书中共找到 68 个新异词(图 6-27)。

评价结果判定:由 68 个新异词筛查锁定的潜在风险内容,经过复查,未有在标准化评价识别出的风险内容以外的新增条目。

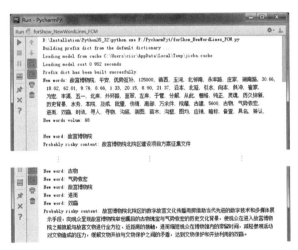

图 6-27　故宫北院区设计任务书新异词及潜在风险内容搜索程序运行结果界面

5. 面积比例向量风险评价结果

故宫北院区设计任务书"功能用房建筑面积汇总表"中的数据经过加和检验,共找到两处加和不等的问题(图 6-28)。第一处问题位于二级目录,第三个功能分区与下级各个部分面积相加不等,第三分区第一部分与下级各个部门面积相加也不等;第二处问题出现在三级目录的面积中,第二分区第一部分的第一个部门,其整个部门用房面积比下级房间面积相加大了 100m^2。

> **评价结果判定：** 经复查，第一处面积虽然存在加和不等的问题，但前后两个级别的面积数值可以对应上；而第二处应该仅仅是第三分区第一部分面积数值的书面错误，并不会导致过大的设计偏差，可以交由设计团队自行快速做出调整。
>
> 此外，任务书第四级目录定义并不全面，仅有一些部分给定了房间层级的面积数值，但大部分功能区域的定义也已足够细致，可以反馈给任务书编制团队，或直接向设计团队指出，建议其做出细节的讨论。

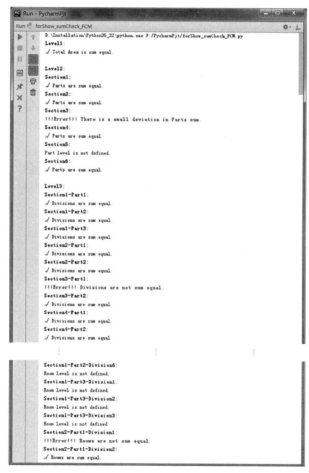

图 6-28　故宫北院区设计任务书面积加和检验程序运行结果界面

而故宫北院区项目的面积数据经过机器学习和人工修正，重新组合得到了表征面积按功能分配情况的面积比例向量，其与任务书样本库进行了相似度计算，得到与75%、66%、50% 和 25% 几个风险容忍线的对比情况如表 6-12。

故宫北院区设计任务书面积比例向量风险判定计算数据　　　表 6-12

与第 I 类文化项目聚类中心比较			与第 II 类文化项目聚类中心比较		
75% 风险线：	0.3847232128845005	N	75% 风险线：	0.4325432591076642	Y
66% 风险线：	0.4512124503149309	N	66% 风险线：	0.4936345934106716	Y
50% 风险线：	0.5841909251757915	N	50% 风险线：	0.6158172620166864	Y
25% 风险线：	0.7836586374670825	N	25% 风险线：	0.7990912649257085	Y
受评任务书相似度：	**0.9802307017215554**	N	受评任务书相似度：	**0.3529091811422771**	Y

评价结果判定：故宫北院区项目与第 I 类文化建筑项目更为"亲近"，其面积比例向量与"平均情况"的相似度高达 98%，应属于典型的展陈类文化建筑，且其各个功能组份的面积分配较为合适合理。

故宫北院区项目与第 II 类文化建筑项目比则相去较远，面积比例向量相似度不及类内至少 75% 的项目，因此故宫北院区项目应不属于服务活动类的文化建筑，如项目定位较为侧重文化活动中心，则各功能区域的面积数值分配存在较大问题，应该反馈给任务书编制团队和建设方，进行确认和有关调整。

具体来分析，故宫北院区项目的面积比例向量用平行坐标来表示，不同功能空间的面积分配情况如图 6-29 黑色虚线。

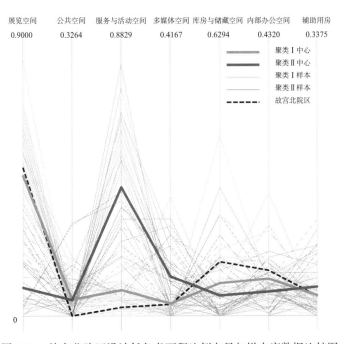

图 6-29　故宫北院区设计任务书面积比例向量与样本库数据比较图

评价结果判定： 故宫北院区项目的面积比例向量与第 I 类文化项目的整体"平均情况"，在"展览空间"（第一维）、"多媒体空间"（第四维）、"内部办公空间"（第六维）和"辅助用房空间"（第七维）这四个维度上，有较高的吻合度，面积配比设置较为合理。

　　"公共空间"（第二维）和"服务与活动空间"（第三维）功能空间的面积配比相对较少，空间列表并没有单独给出公共交通面积，也没有列出门厅、服务大厅等博物馆建筑常见的公共区块，应该反馈给任务书编制团队，要求其说明是否包含在了各个功能区域内，有无特殊比例要求，以免产生歧义；同时，也应该将这部分面积比例的偏差提供给设计团队作参考，提醒其注意自行划分和预留出一部分公共空间。

　　而"库房与储藏空间"（第五维）功能空间则分到较多的面积，这可能与故宫博物院馆藏异常丰富，积压了大量文物急需扩充高品质库房的情况有关，这一部分偏差，可以向设计团队指出，建议其在设计过程中求证是否将风险控制在了常规可容忍的范围内。

6.3.5　跟踪分析与解读

　　故宫北院区设计任务书评价活动是与方案设计过程交织在一起的，因此可以实时观察到任务书评价体系的使用情况，并通过跟踪记录设计团队与建设方的交流情况，设计活动的重要决策点，以及设计方案的发展走向，便可以获知任务书评价结果被采纳的情况。这一小节便是要将具体的设计和评价结果结合起来解读，从而探讨任务书评价体系的有效性。

　　从评价结果来看，标准化的任务书评价并没有在故宫北院区设计任务书中，找出太多的风险条目，说明该项目的任务书在各方面都已经较为完善合理；而所识别出的风险内容经过复验，不会导致重大的设计失误，更多的是"无则加勉"性质的，提醒设计团队在设计时重点剖析。而在实际的设计方案中，也确实体现出了对这些评价结果的考虑和回应，在评价指标"ARC3.1 总平面布局构想""ARC3.2 建筑风格风貌与形式特点""ARC3.5 房间数量 / 面积与具体设计要求"，以及"GNL7.4 其他特殊要求与机动内容"上的具体评价结论，更是成为设计方案"前景广场""空间意象""公共廊道"和"大型展厅"几个主要概念要素的来源：

1. 前景广场——文物安全、百年大计

在"ARC3.1 总平面布局构想"这一指标上，评价发现前期研究对于总平面没有过多的探讨，因而也未给出明确的指导意见，而结合在评价指标"SIT2.3 场地自然条件"中索引的资料，可知项目对用地周边的水体已经有一定防洪的顾虑；因此，设计充分考虑故宫北院区项目的重要性，以及建成后可能面临的洪涝极端自然灾害，划定了更为严格的退线，做出将建筑主体尽可能向远离水体且地势较高的西侧移靠排布的决定。

2. 5 个传统空间意象——引申传统、亦中亦新

在评价指标"ARC3.2 建筑风格风貌与形式特点"上，评价检测到"中而新"的指导理念虽在定位上没有风险倾向，但也未有深入的定义与解读，具体的理解方式和设计手法可能因人而异；因此，设计团队针对此展开了全面的案例研究和古籍调研，剖析引申"中国的、传统的、故宫的"这一概念的精神内涵和文化符号，谨慎地提出 5 个主要的建筑意象，并配合评价在"SUB5.3 建筑材料"指标上识别出的任务书内容缺失，主动探讨现代建筑材料在传统建筑意象上的应用。

3. 公共廊道——开放亲民、游憩体验

在评价指标"ARC3.5 房间数量 / 面积与具体设计要求"的面积风险检验中，评价结果显公共空间部分的面积份额略少，并没有单独列出服务大厅或交通机动空间，需要设计团队自行斟酌预留；因此，在建筑设计方案中，设计团队提出设置一条串联各个功能区块的公共服务廊道，这一方面落实了必要的公共空间和交通空间，另一方面也将这部分空间有效地利用起来，打造出一个集展陈、休闲、活动多重角色于一身的游憩空间，展现一个现代博物馆应有的开放气质和多功能性。

4. 大型展厅——现代多意、蔚然大观

在评价指标"GNL7.4 其他特殊要求与机动内容"的评价上，检查认定故宫博物院的部分文物在尺寸、温湿度环境等方面，对建筑空间有严格的要求，而其修复工艺流程等非建筑专业的技术内容也将极大程度的影响建筑空间的排布，但任务书中却没有详细展开这部分信息内容。因此评价结果这一情况反馈给设计团队，又由设计团队向建设方提出补充请求，但由于涉及相关珍宝的保密问题，建设方未能提供更为详细的资料。所以，设计团队汲取了现代建筑中大空间所具有的多义性优点，在设计方案中布置了大量大空间展厅，再配以现代博物馆可以灵活转换的先进展陈技术，来满足可能的多元性需求。

从评价的作用来看，任务书评价活动帮助识别出了定义不够详尽的内容，敦促设计团队进行求证或剖析，细致检查了面积数值等直接影响设计方案形态的设计条件或设计要求，提醒设计团队对其中可能不够完善的方面，做出微调和应对。

由于该项目目前还停留在深化设计阶段，一直未进入建设环节，因此任务书评价体系的收效也仅能通过设计过程和设计方案来验证反馈。如果没有任务书评价中的这些研究、检查和完善，设计工作将延续惯常的发散式任务书质询，通过具体的设计构思带动多轮交流与磋商，而随着方案的深入，再对可能存疑的设计条件与设计要求做出改变，将很可能造成方案进程的反复甚至返工；鉴于此次方案征集时间周期短，设计工作内容繁重，这样的操作无疑将浪费宝贵的时间。

使用标准化的任务书评价体系进行地毯式的搜索，则切实地在短时间内对设计条件与设计要求做出了科学全面的评测，帮助了设计团队快速锁定了其中的设计要点和缺失内容，从而生发出主要的几个设计概念和应对策略，推动完成了具体的设计方案，而任务书评价的部分结果也转化为了最终设计方案的亮点，得到了建设方的认可。

6.4　任务书评价对建筑设计实践的指导作用

从实践的角度来说，任务书评价的存在意义不仅仅是完善建筑策划这一环节，而更多的是促成建筑策划与建筑设计的一体化；究其根本，任务书评价的结果最终将作用于建筑设计，为其提供一个合理的前提。本章探讨的任务书评价实验与试验，则很好的说明了本书建立起的任务书评价体系，具有较强的可用性，特别是标准化的任务书评价操作，具有工作效率高，识别能力强的特点，能够快速汇集并协助通读任务书相关的一切资料，帮助评价者准确定位任务书信息的薄弱点，形成设计要点问题的整体意识，并通过评分量化的方式提炼显示可能存在风险的内容，配合文本层面的搜索挖掘，以及对于面积数值的检验，可以确保不会漏查可能导致设计产生重大失误的设计条件与设计要求，对本案的任务书形成了良好的修正作用。从后期的反馈来看，任务书评价的过程很好地衔接了前后两个环节，深入设计工作进程并融入成为工作内容的一部分；而评价的结果则在设计方案和建成环境中有或多或少的体现，发挥了"先见之明"的作用。

从长远的行业实践角度来筹划，随着任务书评价得到更为广泛的认可和应用，在积累足够多的案例研究（case studies）后，便可以总结共性经验。这一方面，可以检验任务书评价体系的信度、效度和灵敏度等，修正或调整权重，探索更为立体的可视化方法，建立在线评价自助操作平台，跟进行业动态完善评价体系；另一方面，则可以在任务书评价指导手册（guidebook）的基础上，面向建筑设计汇编任务书导则手册（guidelines），如果说指导手册是从属于评价体系的，那么导则手册则是脱胎于评价活动的，更加关注于任务书和建筑设计本身，从设计工作的角度对如何编制任务书提出建议，甚至是给出标准。

07

第7章
结论与展望

7.1 总结

7.1.1 研究的主要内容

1. 从学术本源、行业实践、行政管理 3 个问题层面出发

回顾绪论中指出的问题——实践领域的建筑设计方案甚至建成环境出现了不理性的偏差，很多时候是由于最开始的设计题目便出错了，也即是设计的任务书存在着不合理的内容——因此，在专门研究设计条件与设计要求的建筑策划环节，理应对结论性质的任务书加强把控，进行评价复查。

任务书的评价，既是建筑学理性设计创作的学术本源问题，也是建筑行业的实践操作问题，同时还是重大建设项目的行政管理问题；本书正是基于这三个层面的问题，做出了理论探讨，提出了应用方法，进行了实操检验，并在政策落地层面加强呼吁，提供技术抓手。

2. 理论梳理与实践挖掘双线推进研究

本书对建筑策划的相关理论进行了全面的梳理，总结指出了大多数经典策划理论对其末尾阶段的工作内容定义较为薄弱，策划评价或任务书评价基本上停留在概念层面，相关评价标准和评价方法也较为空泛，未成系统，不具有操作性。

与此同时，探究了关于建筑策划的法规和行业环境，发现以建筑策划来主导编制任务书这一科学路径，在国内的施行情况并不容乐观，细致到在策划环节进行任务书的评价、审查则更是无从说起；现阶段，与任务书评价概念相近的仅有行业实践中，建筑师对任务书自发进行的质询，这种质询及相应的答疑具有一定的敏锐性，切中要地的以问题或者说以风险为导向展开工作，但是其工作模式是发散式的，因而评价效率和风险识别的全面性，极大程度上取决于具体项目建筑师的专业能力和职业操守。

3. 以风险为导向、样本为基础，寻找适用于任务书的方法技术

在已有理论设想和实践经验的基础上，本书扬长补短，提出以风险为导向的系统化、标准化任务书评价研究目标。任务书评价研究虽然落脚于建筑策划理论，从属于建筑学学科领域，但其与经典的建筑学问题却有着较大的差别，任务书这一具体研究对象又具有文字性强、不同项目间差异大、没有"数据"库积累的特殊性。

因此，为了实现研究目标，本书一方面收集了尽可能多的真实的任务书作为研究样本，另一方面积极寻求其他学科研究理论和成熟技术的帮助，借鉴管理学中系统评价学和风险评估的方法框架，移植数据科学中的文本挖掘技术，应用于任务书样本。

正如本书核心章节第 5 章，在明确了任务书评价的目标和对象等基本问题后，搜寻比对了多种风险评估方法和数据处理技术，最终找到了适用于任务书的风险识别方法组合，并根据建筑学知识的特点做出改进。

4. 数据支撑的任务书评价指标生成

基于 264 份任务书样本的文本数据，利用分词和词频技术构建任务书专业词库，统计归纳出 35 个任务书评价指标，并根据 TFIDF 值识别出各个指标潜在的风险事件，使用风险评估中的风险概率和严重程度二维属性，对评价指标进行了主客观相结合的定量赋权，构建了任务书评价的指标体系。

研究还利用同类型建筑项目的面积数值数据，通过机器学习的方法进行数据标准化和重组，构建了面积比例向量的数据库，借助向量相似度计算技术和平行坐标制图方法，实现了对指定项目类型下建筑面积分配情况的风险判断和偏离定位。

7.1.2　研究的成果

1. "建筑—风险—数据" 的跨学科研究

本书关于任务书科学评价的研究积极寻求了其他学科的帮助，在广泛研习了相似概念的理论和方法后，又剖析了建筑学问题和任务书这一对象的特殊性，对相关方法和技术能否适用进行了取舍判断，最终选择套用了风险评估的经典方法框架，并大胆地、有针对性地使用了文本相关的数据挖掘技术，应用于任务书这一类特定的专业文档，以获得 FMEA 法所需的风险分析信息数据；研究通过风险评估方法引导、文本挖掘技术支持的方式，来描述和解决建筑学的具体问题，判断设计条件与设计要求的合理性，做出了建筑学（建筑策划）、管理科学与工程（风险评估）、数据科学（文本挖掘）相结合的跨学科研究尝试。

2. 科学化、标准化的任务书评价体系

本书在初期将任务书的评价定位为高度科学客观的一项工作，希望尽可能依赖于对客观数据的挖掘，给出评价标准并实现机器（计算机）的自动化评价，一方面使评价体系本身具有 "不偏私" 的风险识别能力，另一方面避免评价过程中主观臆断的干扰。但随着研究的深入，研究认定完全摒除人工介入的评价体系是不现实的，评价活动是绕不开人为操作的，主观意见也不应该不分青红皂白地被全盘否定，在评价和决策中适当地加入主观成分是无可厚非的，甚至是有益的，特别是考虑到建筑问题本身就具有一定的模糊性。

因此，本书建立任务书评价体系，实际上是以客观数据为基础确定一系列评价指标和评价基准，再给出一套标准的评价方法和操作流程，用来约束评价过程中主观成分的不理性偏向，以便对主观意见进行有条件的采纳，得出评价判断，给出修正意见，为建筑设计工作提供更为合理的任务书；研究过程中所确立的评价指标、评价标准、评价方法和评价操作等内容，则共同组成本研究的一个重要成果——标准化的任务书评价体系。

3. 行之有效的实践应用工具

任务书评价体系及指导手册、周边产品作为本书研究工作的重要成果，也是研究向实践的应用工具输出，在本书第 6 章的两个实际建设工程项目中，进行了实验和试验性质的使用检验；通过将评价结果与设计方案乃至建成环境的反馈结合起来解读，展示评价体系的工作能力，说明本书对建筑设计实践的助益作用。

7.1.3　研究的意义作用

1. 学术贡献

本书在理论和方法层面对任务书评价进行了深入探讨，创新性地在研究中加入风险评估方法和文本挖掘技术，提出程式化的任务书评价体系。一方面回应了我国当代建筑创作合理性本源问题的研究不足，充实了建筑策划研究领域中策划评价这一薄弱板块；另一方面还拓展了建筑设计的方法论，丰富了建筑学问题的内涵：在传统的建筑学语境下，建筑评价的概念要么偏向于过于技术的性能评价（building performance evaluation），要么走向过于主观的建筑评论（architecture criticism），缺乏设计层面关于建筑合理性的评价；在这样的情形下，本书紧扣理性创作和科学评价的概念，重新审视和构建建筑的价值体系，制定建筑评价（architecture evaluation）的科学模式。

2. 应用价值

本书的任务书评价研究同时也是面向实践的，为建筑设计工作阶段的任务书评价活动，建立了有效的任务书评价体系，提供了直接的应用工具和全信息概念的指导手册，给出了实际操作的流程建议和案例示范。研究的成果作为建筑策划环节向后端的接口，为在我国基本建设流程中尽快确立建筑策划相关工作环节做出了一定的技术准备，促进了建筑策划与建筑设计的一体化的实现，强调了建筑师职能范畴从简单孤立的设计服务向外拓展的时代担当。

7.1.4　研究创新点

1. 延伸建筑学的理论，通过任务书映射建筑价值体系，给出了一套评价建筑设计有关问题的科学模式，回应建筑创作合理性本源问题的缺失。

2.进行建筑学、管理科学与工程、数据科学的跨学科研究。通过建立任务书评价方法体系，充实完善了建筑策划的理论，弥补了既有建筑策划缺少自评的理论缺陷，增添了新方法和技术的助力。

3.以具体的建筑策划问题为引子，将风险评估方法、文本挖掘技术集中应用到一个特定评价体系建立的研究中，面向任务书样本的数据形式，进行操作方法的组合和技术手段的尝试，对所借鉴的各学科领域研究辐射范围亦有一定的拓展。

4.研究开发了程式化的任务书评价体系及应用工具，为任务书的修正提供了现实依据与操作途径，对建筑策划与建筑设计的衔接具有实践层面上的助益。

7.2 未来研究方向

当然，本书的研究还存在一定的不足。

1.任务书评价体系的性能有待更多应用案例的检验

本书工作主要针对任务书评价这一议题在方法框架上做出了探讨，但囿于任务书样本收集的难度和时间的跨度，研究目前所掌握的数据量虽然可以支持进行各种风险评估方法和数据处理技术的尝试，并收到较好的个案实践成效，但对于建立长效的、完善的评价体系这一目标还远远不够；在有条件的情况下，应该推进持续的任务书样本的积累和数据库构建工作，以囊括更为全面的参考信息和新出现的趋势，任务书评价体系的运转需要持续不断地调整，动态跟进行业的变化。

2.面向更多元的数据形式进行任务书的评价

本书在建立任务书的评价体系过程中，虽然尝试应用了一些较为成熟的数据技术，但聚焦于任务书本身的文本和数值这两大主要数据类型；对于任务书评价相关的建筑学领域更为丰富多样的数据信息，则没有过多的尝试。随着当今 BIM 应用的推进和数字化趋势的冲击，可以预见在不久的将来，使用者行为追踪模拟与机器学习、虚拟实境漫游与 App 反馈等内容，将变得低技化和普遍化，应该给予密切关注，并及时吸纳甚至使之成为支持任务书评价的主要依据信息与辅助技术。

3.以交互式软件为载体开发任务书评价工具

本书对评价体系的工具产品开发，大多还停留在纸介质的层面，不论是指导手册还是检查清单，虽然可以借助电子的方式和渠道呈现、传播，但缺乏整合性和交互性，未来的研究可以在推出在线操作平台、编写结果生成器、整合专项软件、开发历史数据存储库可视化交互界面，以及组建第三方评价运营机构等方面，投入更多的精力，以期完善和延伸。

4. 面向生成式产品的数据模型训练

值得关注的是，人工智能领域的自然语言处理技术和生成式预训练模型（Generative Pre-trained Transformer，GPT）正在快速发展，并渗透到各行各业。本书已经对设计任务书的基本结构和内容进行了详细的梳理，并给出了符合任务书特征的数据重构方法。在人工智能相关新技术的加持下，建立并训练设计任务书专属的数据模型，并基于此开发自动化的任务书生成器，将成为可能。生成式产品一方面将大幅降低任务书编制工作的专业门槛，为业主等非专业人士，提供合理的数据来源和便捷的操作途径；另一方面，还可以提升建筑师解读、评价任务书的工作效率，使其脱离人工检索、比对和研判等耗时耗力的基础工作内容，优化设计前期的决策机制，在更广维度上实现行业数据和专业经验的共享，是非常具有前景的研究发展方向。

参考文献

[1] 李建成. 数字化建筑设计概论 [M]. 北京：中国建筑工业出版社，2012.

[2] 孙澄宇. 数字化建筑设计方法入门 [M]. 上海：同济大学出版社，2012.

[3] 李飚. 建筑生成设计：基于复杂系统的建筑设计计算机生成方法研究 [M]. 南京：东南大学出版社，2012.

[4] 威廉·培尼亚，史蒂文·帕歇尔. 建筑项目策划指导手册：问题探查 [M]. 王晓京，译. 北京：中国建筑工业出版社，2010.

[5] Sanoff H. Community Participation Methods in Design and Planning[M]. New York：John Wiley & Sons，2000.

[6] Donna Duerk. 建筑计划导论 [M]. 宋立垚，译. 台北：六合出版社，1997.

[7] Duerk D P. Architectural Programming：information management for design[M]. New York：Van Nostrand Reinhold，1993.

[8] Peña W，Parshall S. Problem seeking：An Architectural Programming Primer[M]. New York：John Wiley & Sons，2012.

[9] 苏实，庄惟敏. 建筑策划中的空间预测与空间评价研究意义 [J]. 建筑学报，2010（04）：24–26.

[10] 陈琦，田涛，杨晗孜，等. 建筑策划导向下的建筑决策机制：城市规划管理的一种有效方法 [J]. 住区，2015（4）：70–74.

[11] 张愚峰. 中国当代建筑策划中策划第三方的介入：呼吁策划评价与监督机制的建立 [J]. 中外建筑，2014（10）：60–62.

[12] John Worthington，Alastair Blyth. Managing the Brief for Better Design[M]. London：Spon Press，2010.

[13] Peter L. Phillips. Creating the Perfect Design Brief：How to Manage Design for Strategic Advantage[M]. New York：Allworth Press，2003.

[14] Barrett P S，Hudson J，Stanley C. Good Practice in Briefing：The Limits of Rationality[J]. Automation in Construction，1999，8（6）：633–642.

[15] 顾博. 庄惟敏：出对题建筑才不会跑偏 [J]. 中国艺术，2019（1）：52–55.

[16] 庄惟敏. 建筑策划与设计 [M]. 北京：中国建筑工业出版社，2016.

[17] 庄惟敏. 新时代背景下建筑策划的再思考 [J]. 住区，2015（4）：9–9.

[18] 张维. 中国建筑策划操作体系及其相关案例研究 [D]. 北京：清华大学，2008.

[19] 韩静. 对当代建筑策划方法论的研析与思考 [D]. 北京：清华大学，2005.

[20] 刘佳凝，庄惟敏. 基于建筑策划理论的建设项目任务书评价：大数据背景下的当代评价体系尝试 [J]. 住区，2016（5）：90–93.

[21] 庄惟敏. 当代全球视野下的建筑策划发展现状 [J]. 住区，2015（4）：34–41.

[22] 伊洋. 建筑策划理论与实践在我国的发展研究 [D]. 北京：北京建筑工程学院，2012.

[23] 庄惟敏. 建筑策划导论 [M]. 北京：中国水利水电出版社，2000.

[24] 梁思思. 建筑使用后评价引导机制分析：美国建筑师学会 25 年奖的启示 [J]. 住区，2015（4）：54–59.

[25] 高振锋. 前期策划及总承包管理 [M]. 上海：上海科学技术出版社，2012.

[26] 王硕. 系统预测与综合评价方法 [M]. 合肥：合肥工业大学出版社，2006.

[27] 郭亚军. 综合评价理论、方法及应用 [M]. 北京：科学出版社，2007

[28] 叶茂林. 科学评价理论与方法 [M]. 北京：社会科学文献出版社，2007.

[29] 林恩·莫里斯，卡罗尔·弗里茨·吉本. 如何处理评价目标 [M]. 洪邦裕，译. 上海：上海翻译出版社，1988.

[30] 林恩·莫里斯，卡罗尔·弗里茨·吉本. 如何设计方案评价 [M]. 王钢，译. 上海：上海翻译出版社，1988.

[31] Liu Jianing, Zhuang Weimin. Evaluation of Architectural Space Design based on the Repertory Grid Method[C]// the 11th International Symposium on Environment-Behavior Studies. Guangzhou, 2014：117–124.

[32] 苏为华. 多指标综合评价理论与方法问题研究 [D]. 厦门：厦门大学，2000.

[33] 林恩·莫里斯，卡罗尔·弗里茨·吉本. 如何写评价报告 [M]. 汪坚，译. 上海：上海翻译出版社，1988.

[34] Preiser W F E, Rabinowitz H Z, White E T. Post-Occupancy Evaluation[M]. New York：Van Nostrand Reinhold Company，1988.

[35] Preiser W F E, White E T, Rabinowitz H Z. Post-Occupancy Evaluation[M]. Oxen; New York：Routledge，2016.

[36] Wolfgang Preiser, Jacqueline Vischer. 建筑性能评价 [M]. 汪晓霞，等译. 北京：机械工业出版社，2009.

[37] Preiser W F E, Vischer J C. Assessing Building Performance[M]. Oxford：Butterworth–Heinemann，2005.

[38] 田蕾. 建筑环境性能综合评价体系研究 [M]. 南京：东南大学出版社，2009.

[39] 朱小雷. 建成环境主观评价方法研究 [M]. 南京：东南大学出版社，2005.

[40] 黄凯，柏乐，钱涛. 设计评价 [M]. 合肥：合肥工业大学出版社，2010.

[41] 张维.《建筑策划：问题搜寻法》五个版本的演变研究 [J]. 住区，2015（4）：42–47.

[42] Kumlin R R. Architectural Programming：Creative Techniques for Design Professionals[M]. New York：McGraw-Hill Professional，1995.

[43] 伊迪丝·谢里. 建筑策划：从理论到实践的设计指南 [M]. 黄慧文，译. 北京：中国建筑工业出版社，2006.

[44] Cherry E，Petronis J. Whole Building Design Guide：Architectural Programming[EB/OL]. National

Institute of Building Science [2009-09-02]. https：//www.wbdg.org/design/dd_archprogramming.php.

[45] 罗伯特·赫什伯格 . 建筑策划与前期管理 [M]. 汪芳，李天骄，译 . 北京：中国建筑工业出版社，
2005.

[46] 日本建築学会 . 建築·都市計画のためのモデル分析の手法 [M]. 東京：井上書院，1992.

[47] 梁思思 . 建筑策划中的预评价与使用后评估的研究 [D]. 北京：清华大学，2006.

[48] 苏实 . 从建筑策划的空间预测与评价到空间构想的系统方法研究 [D]. 北京：清华大学，2011.

[49] 汪晓霞 . 建筑后评估及其操作模式探究 [J]. 城市建筑，2009（7）：16–19.

[50] 苏实，庄惟敏 . 试论建筑策划空间预测与评价方法：建筑使用后评价（POE）的前馈 [J]. 新建筑，
2011（03）：107–109.

[51] 韩静，胡绍学 . 温故而知新：使用后评价（POE）方法简介 [J]. 建筑学报，2006（1）：80–82.

[52] 高珊 . 城市空间形态建筑策划方法研究 [D]. 北京：清华大学，2007.

[53] 刘智 . 建筑策划阶段的设计任务书研究 [J]. 住区，2015（4）：75–79.

[54] 陈荣华 . 关于设计项目任务书的研究 [D]. 长沙：湖南大学，2009.

[55] Sanoff H. Integrating Programming, Evaluation and Participation in Design：A Theory Z
Approach[M]. London：Avebury，1992.

[56] Sanoff, Henry. Methods of architectural programming[M]. Strond sbury：Do den, Hutchinson &
Ross, Inc, 1977.

[57] 庄惟敏 . 建筑策划的反思与完善：从前策划 - 后评估到全过程咨询 [J]. 景观设计学，2017，6（5）：
62–67.

[58] 庄惟敏 . 作为建筑师业务基本内涵的前策划与后评 [J]. 南方建筑，2017（5）：4.

[59] 庄惟敏 . "前策划 - 后评估"：建筑流程闭环的反馈机制 [J]. 住区，2017（5）：215–219.

[60] 梁思思，张维 . 基于"前策划 - 后评估"闭环的使用后评估研究进展综述 [J]. 时代建筑，2019
（4）：52–55.

[61] 王艾，黄也桐，郑方 . 从精准诊断、建筑策划到整合设计：以国家网球中心整体环境提升为例 [J].
新建筑，2023（3）：10–15.

[62] 赵君华，蒋志高，杨迪斐 . 工程项目策划 [M]. 北京：中国建筑工业出版社，2013.

[63] 李永福 . 建筑项目策划 [M]. 北京：中国电力出版社，2012.

[64] Lough C B M J. Schematic Design：Quality Management Phase Checklist[M]. New York：American
Institute of Architects，2012.

[65] 丁士昭 . 工程项目管理 [M]. 北京：中国建筑工业出版社，2006.

[66] 王广斌，罗广亮，任文斌 . 建设项目前期策划评价指标体系研究 [J]. 建筑经济，2009（9）：59–62.

[67] 金德民 . 工程项目全寿命期风险管理系统理论及集成研究 [D]. 天津：天津大学，2004.

[68] 杨瑞丽 . 基于动态发展的建设项目风险管理的研究 [D]. 西安：西安建筑科技大学，2010.

[69] 刘新建 . 系统评价学 [M]. 北京：中国科学技术出版社，2007.

[70] 邱均平，文庭孝 . 评价学：理论·方法·实践 [M]. 北京：科学出版社，2010.

[71] 埃利泽·盖斯勒 . 科学技术测度体系 [M]. 北京：科学技术文献出版社，2004.

[72] 唐丽 . 建筑设计与新技术 新材料 [M]. 天津：天津大学出版社，2011.

[73] 涂慧君 . 建筑策划学 [M]. 北京：中国建筑工业出版社，2017.

[74] 庄惟敏 . SD 法与建筑空间环境评价 [J]. 清华大学学报：自然科学版，1996，36（4）：42–47.

[75] 左亮 . 基于 SD 法的建筑功能策划预评价 [D]. 天津：天津大学，2008.

[76] 杨滔，李全宇 . 基于数据分析的城市与建筑策划 [J]. 住区，2015（4）：15–15.

[77] 宋振华 . 大型工程项目招标采购流程研究 [D]. 天津：天津理工大学，2011.

[78] 陈悦 . 基于建筑设计全过程理论的建筑策划调查研究 [D]. 杭州：浙江大学，2015.

[79] 周俊锋 . 建设工程项目行政审批制度改革研究 [D]. 长春：吉林大学，2013.

[80] 吴强 . 政府投资项目决策程序研究 [D]. 上海：上海交通大学，2010.

[81] 黄喆旻 . 政府投资项目评审及其发展研究 [D]. 广州：华南理工大学，2010.

[82] 张剑桥，王文顺，班源 . 政府投资项目前期策划评价体系研究 [J]. 2011.

[83] 国务院 . 国务院关于投资体制改革的决定 [EB/OL]. [2005-08-12]. http：//www.gov.cn/zwgk/2005–08/12/content_21939.htm.

[84] 住房和城乡建设部 . 建筑工程设计招标投标管理办法 [EB/OL]. [2017-01-24]. http：//www.mohurd.gov.cn/fgjs/jsbgz/201703/t20170306_230878.html.

[85] 连菲，邹广天 . 美国建筑策划理论与实践发展评述 [J]. 中外建筑，2016（7）：36–40.

[86] American Institute of Architects. The Architect's Handbook of Professional Practice[M]. New York：John Wiley & Sons Inc，2008.

[87] American Institute of Architects. B201–2007 Standard Form of Architect's Services：Design and Construction Contract Administration[EB/OL]. [2007]. https：//www.aiacontracts.org/contract-documents/19341-architects-services---design-and-construction-contract-administration.

[88] American Institute of Architects. B202-2009 Standard Form of Architect's Services：Programming [EB/OL]. [2009]. https：//www.aiacontracts.org/contract-documents/19331-architects-services-programming.

[89] American Institute of Architects. B108-2009 Standard Form of Agreement Between Owner and Architect for a Federally Funded or Federally Insured Project[EB/OL]. [2009]. https：//www.aiacontracts.org/contract-documents/19711-owner-architect-agreement-for-a-federally-funded-or-federally-insured-project.

[90] American Institute of Architects. B102-2017 Standard Form of Agreement Between Owner and Architect without a Predefined Scope of Architect's Services[EB/OL]. [2017]. https：//www.aiacontracts.org/contract-documents/19711-owner-architect-agreement-for-a-federally-funded-or-federally-insured-project.

[91] Sinclair D，Davies I，Davys M，et al. RIBA Plan of Work 2013[M]. London：RIBA Publishing. 2013.

[92] Cabinet Office. Government Construction Strategy[EB/OL]. [2011-05-03]. https：//www.gov.uk/government/publications/government-construction-strategy.

[93] Infrastructure and Projects Authority，Cabinet Office. OGC Gateway Review 0：strategic assessment guidance and templates[EB/OL]. [2011-06-03]. https：//www.gov.uk/government/publications/ogc-gateway-review-0-strategic-assessment-guidance-and-templates.

[94] Infrastructure and Projects Authority，Cabinet Office. OGC Gateway Review 1：business justification

guidance and templates[EB/OL]. [2011-06-03]. https：//www.gov.uk/government/publications/ogc-gateway-review-1-business-justification-guidance-and-templates.

[95] Infrastructure and Projects Authority，Cabinet Office. OGC Gateway Review 2：delivery strategy guidance and templates[EB/OL]. [2011-06-03]. https：//www.gov.uk/government/publications/ogc-gateway-review-2-delivery-strategy-guidance-and-templates.

[96] 国土交通省住宅局，日本建築学会 . 建築基準法令集（法令編）[M]. 東京：技報堂出版社，2015.

[97] 国土交通省住宅局，日本建築学会 . 建築基準法令集（様式編）[M]. 東京：技報堂出版社，2015.

[98] 国土交通省 . 官公庁施設の建設等に関する法律 [S/OL]. [2016-05-20]. http://law.e-gov.go.jp/cgi-bin/idxselect.cgi?IDX_OPT=4&H_NAME=&H_NAME_YOMI=%82%A0&H_NO_GENGO=H&H_NO_YEAR=&H_NO_TYPE=2&H_NO_NO=&H_FILE_NAME=S26HO181&H_RYAKU=1&H_CTG=20&H_YOMI_GUN=1&H_CTG_GUN=1.

[99] 国土交通省 . 官公庁施設の建設等に関する法律施行規則 [S/OL]. [2016-02-29]. http://law.e-gov.go.jp/cgi-bin/idxselect.cgi?IDX_OPT=4&H_NAME=&H_NAME_YOMI=%82%A0&H_NO_GENGO=H&H_NO_YEAR=&H_NO_TYPE=2&H_NO_NO=&H_FILE_NAME=H12F04201000038&H_RYAKU=1&H_CTG=20&H_YOMI_GUN=1&H_CTG_GUN=1.

[100] The Royal Architectural Institute of Canada. Canadian Handbook of Practice for Architects [EB/OL]. [2009]. https://www.raic.org/node/67930.

[101] 谢琳琳 . 公共投资建设项目决策机制研究 [D]. 重庆：重庆大学，2005.

[102] 曹晓丽，陈立文 . 公共项目利益相关者沟通机制研究 [M]. 北京：经济科学出版社，2015.

[103] 吴端端 . 预防政府重大投资项目决策失误的法律机制构建 [D]. 福州：福州大学，2006.

[104] 殷晓斌 . 政府投资基本建设项目利益相关者分类管理研究 [D]. 北京：中国科学院大学，2013.

[105] 清华大学建筑节能研究中心 . 中国建筑节能年度发展研究报告 [M]. 北京：中国建筑工业出版社，2009.

[106] 崔小屹，韩青 . 用数据说话：大数据时代的管理实践 [M]. 北京：北京大学出版社，2013.

[107] Viktor Ma，yer–Schoenberger. 大数据时代 [M]. 盛杨燕，周涛，译 . 杭州：浙江人民出版社，2013.

[108] 秦志光，刘峤，刘瑶，等 . 智慧城市中的大数据分析技术 [M]. 北京：人民邮电出版社，2015.

[109] 何承，朱扬勇 . 城市交通大数据 [M]. 上海：上海科学技术出版社，2015.

[110] 李光亚，张鹏翥，孙景乐，等 . 智慧城市大数据 [M]. 上海：上海科学技术出版社，2015.

[111] 杨东援，段征宇 . 大数据环境下城市交通分析技术 [M]. 北京：同济大学出版社，2015.

[112] 安东尼·汤森 . 智慧城市：大数据、互联网时代的城市未来 [M]. 迪研究院专家组，译 . 北京：中信出版社，2015.

[113] 李新运 . 城市空间数据挖掘方法与应用研究 [D]. 青岛：山东科技大学，2004.

[114] 周骥 . 智慧城市评价体系研究 [D]. 武汉：华中科技大学，2013.

[115] 龙瀛,沈尧 . 数据增强设计:新数据环境下的规划设计回应与改变 [J]. 上海城市规划,2015(02)：81–87.

[116] 杨滔 . 从空间句法的角度看参与式的空间规划 [C]. 2013 中国城市规划年会，2013.

[117] 蒋玲，杨红艳 . 大数据时代人文社科成果评价变革探析 [J]. 情报资料工作，2015(3): 92–97.

[118] 邓致宇，李静 . 建筑数据化理论概述 [J]. 中国住宅设施，2015(Z1): 70–73.

[119] 刘佳凝，庄惟敏.九寨沟景区藏族村寨新老民居对比研究 [J].华中建筑，2016，34（8）：168–171.

[120] 常锸，张博超，戴舒尧，等.DSAD：建筑策划的一种有效方法与支持工具 [J].住区，2015（4）：60–69.

[121] Phil Simon. 数据可视化：重构智慧社会 [M].漆晨曦，译.北京：人民邮电出版社，2015.

[122] Stavropoulos G，Krinidis S，Ioannidis D，et al. A Building Performance Evaluation & Visualization System[C]. IEEE International Conference on Big Data，2014：1077–1085.

[123] 付悦.未完成的别墅设计任务书：以建筑策划引导建筑设计 [J].华中建筑，2010，28（4）：185–186.

[124] 田晶.以图表为语言的建筑设计：机场航站楼建筑设计大纲 [J].建筑创作，2012（6）：134–139.

[125] 刘淑芬.论图书馆建筑设计任务书 [J].图书馆建设，2007（1）：16–18.

[126] 周原.博物馆建筑设计任务书—定位、定性、定量研究 [D].天津：天津大学，2005.

[127] ISO9669-1994. Performance Standard in Building-Checklist for Briefing-Contents of Brief for Building Design. 1994.

[128] 国家计委，国家建委，财政部.关于基本建设程序的若干规定 [S]. 1978.

[129] 住房和城乡建设部.建筑工程设计招标投标管理办法 [S/OL]. [2017-01-24]. http：//www.mohurd. gov.cn/fgjs/jsbgz/201703/t20170306_230878.html.

[130] Conradie D C U. The Use of Software Systems to Implement Case-Based Reasoning Enabled Intelligent Components for Architectural Briefing and Design[D]. Pretoria：University of Pretoria，2002.

[131] Yu A T W，Shen Q，Kelly J，et al. An Empirical Study of the Variables Affecting Construction Project Brief in Architectural Programming[J]. International Journal of Project Management，2007，25（2）：198–212.

[132] Nina Ryd. The Design Brief as Carrier of Client Information during the Construction Process[J]. Design Studies，2004，25（3）：231–249.

[133] 王懿.基于自然语言处理和机器学习的文本分类及其应用研究 [D].北京：中国科学院研究生院，2006.

[134] 王仁武.Python 与数据科学 [M].上海：华东师范大学出版社，2016.

[135] Jared P. Lander. 蒋家坤等，译.R 语言：实用数据分析和可视化技术 [M].北京：机械工业出版社，2015.

[136] 何逢标.综合评价方法 MATLAB 实现 [M].北京：中国社会科学出版社，2010.

[137] 北京市规划委员会，北京水晶石数字传媒.国家体育场（2008 年奥运会主体育场）建筑概念设计竞赛 [M].北京：中国建筑工业出版社，2003.

[138] 樊小超.基于机器学习的中文文本主题分类及情感分类研究 [D].南京：南京理工大学，2014.

[139] 姚家奕.多维数据分析原理与应用实验教程 [M].北京：电子工业出版社，2007.

[140] 胡俊，黄厚宽，高芳.一种基于平行坐标度量模型的聚类算法及其应用 [J].南京大学学报：自然科学版，2009，45（5）：645–655.

[141] 翟旭君.基于平行坐标的可视化数据挖掘技术研究 [D].北京：清华大学，2005.

[142]　楼巍. 面向大数据的高维数据挖掘技术研究 [D]. 上海：上海大学，2013.

[143]　Guo P，Xiao H，Wang Z，et al. Interactive Local Clustering Operations for High Dimensional Data in Parallel Coordinates[C]. Pacific Visualization Symposium（Pacific Vis），2010 IEEE. IEEE，2010：97–104.

[144]　刘佳凝，庄惟敏. 基于多维数据分析的建筑空间预测研究 [J]. 建筑学报，2016（s1）：41–44.

[145]　刘佳凝. 基于样本库的建筑设计任务书面积表格数据挖掘与分析 [J]. 住区，2019，92（4）：79–85.

[146]　平源. 基于支持向量机的聚类及文本分类研究 [D]. 北京：北京邮电大学，2012.

[147]　宋枫溪. 自动文本分类若干基本问题研究 [D]. 南京：南京理工大学，2004.

[148]　任骉，耿卫东. 一种面向方案设计的建筑平面图生成方法 [J]. 计算机辅助设计与图形学学报，1999，11（6）：555–558.

[149]　Merrell P，Schkufza E，Koltun V. Computer-generated Residential Building Layouts[J]. Acm Transactions on Graphics，2010，29（6）：1–12.

[150]　全国人民代表大会常务委员会. 中华人民共和国招标投标法 [S/OL]. [1999-08-30]. http：//www.npc.gov.cn/wxzl/gongbao/2000-12/05/content_5004749.htm.

[151]　国务院办公厅. 中华人民共和国招标投标法实施条例 [S/OL]. [2011-12-29]. http：//www.gov.cn/zwgk/2011-12/29/content_2033184.htm.

[152]　Architects and Engineers Conference Committee of California. Qualifications-Based Selection：A Guide for the Selection of Professional Consultant Service for Public Owners[EB/OL]. [1993-10]. http：//www.aiacc.org/wp-content/uploads/2016/03/QBS-Handbook.pdf.

[153]　马文·拉桑德. 风险评估：理论、方法与应用 [M]. 北京：清华大学出版社，2013.

[154]　International Organization for Standardization. ISO Guide 73：2009 Risk management：Vocabulary[S/OL]. [2009-11]. https：//www.iso.org/standaRrd/44651.html.

[155]　International Organization for Standardization. ISO 31000：2009 Risk Management：Principles and Guidelines [S/OL]. [2009-11]. https：//www.iso.org/files/live/sites /isoorg/files/archive/pdf/en/iso_31000_for_smes.pdf.

[156]　International Organization for Standardization. ISO/ IEC 31010：2009 Risk Management：Risk Assessment Techniques[S/OL]. [2009-11]. https：//www.iso.org/standard/51073.html.

[157]　严军. 工程建设项目风险管理研究和实例分析 [D]. 上海：上海交通大学，2008.

[158]　何九会. 建设工程项目风险管理的研究 [D]. 西安：西安建筑科技大学，2007.

[159]　王家远. 建设项目风险管理 [M]. 北京：中国水利水电出版社，2004.

[160]　郭俊. 工程项目风险管理理论与方法研究 [D]. 武汉：武汉大学，2005.

[161]　张曾莲. 风险评估方法 [M]. 北京：机械工业出版社，2017.

[162]　高俊宽. 文献计量学方法在科学评价中的应用探讨 [J]. 图书情报知识，2005（02）：14–17.

[163]　刘则渊. 科学知识图谱 [M]. 北京：人民出版社，2008.

[164]　U.S. Green Building Council. Guiding Principles Assessment Handbook[EB/OL]. [2016-12-06]. https：//www.usgbc.org/resources/guiding–principles–assessment–handbook.

[165]　U.S. Green Building Council. LEED v4 for Building Design and Construction[EB/OL]. [2017-07-08]. https：//www.usgbc.org/resources/leed-v4-building-design-and-construction-current-version.

[166] U.S. Green Building Council. Checklist：LEED v4 for Building Design and Construction[EB/OL]. [2016-04-05]. https：//www.usgbc.org/resources/leed-v4-building-design-and-construction-checklist.

[167] 周同. 美国 LEED–NC 绿色建筑评价体系指标与权重研究 [D]. 天津：天津大学，2014.

[168] 中国建筑科学研究院. 绿色建筑评价技术细则 [M]. 北京：中国建筑工业出版社，2015.

[169] 住房和城乡建设部标准定额研究所. GB/T50378-2014 绿色建筑评价标准 [S]. 北京：中国建筑工业出版社，2014.

[170] Institute for Sustainable Infrastructure Inc.，Harvard Zofnass Program. Envision Rating System for Sustainable Infrastructure[EB/OL]. [2015]. http：//research.gsd.harvard.edu/zofnass/ menu/envision/

[171] 邹敏. 基于数据挖掘的电子商务产品质量风险评估技术研究 [D]. 杭州：浙江理工大学，2016.

[172] 张磊. 基于文本挖掘的项目风险分析方法研究 [D]. 济南：山东大学，2015.

[173] 祝迪飞，方东平，王守清，等. 2008 奥运场馆建设风险管理工具：风险表的建立 [J]. 土木工程学报，2006，39（12）：119–123.

[174] 祝迪飞，方东平，王守清. 奥运场馆建设风险度量的设计 [J]. 工程管理学报，2010，24（1）：23–28.

[175] 刘佳凝. 建筑设计项目任务书的评价指标提取方法研究 [J]. 世界建筑，2020（4）：104–107.

[176] 涂慧君，陈卓. 大型复杂项目建筑策划"群决策"的计算机数据分析方法研究 [J]. 建筑学报，2015（2）：30–34.

[177] 苗志坚，庄惟敏，Ruud Binnekamp. 建筑策划中模糊偏好关系下的群决策 [J]. 住区，2015（4）：48–53.

[178] 元云丽. 基于模糊层次分析法（FAHP）的建设工程项目风险管理研究 [D]. 重庆：重庆大学，2013.

[179] 徐泽水. 模糊互补判断矩阵排序的最小方差法 [J]. 系统工程理论与实践，2001，21（10）：93–96.

[180] 徐泽水. 三角模糊数互补判断矩阵排序方法研究 [J]. 系统工程学报，2004，19（1）：85–88.

[181] 程平，刘伟. 多属性群决策中一种基于主观偏好确定属性权重的方法 [J]. 控制与决策，2010，25（11）：1645–1650.

[182] 赵萱，张权. 多属性决策中权重确定的主客观赋权法 [J]. 沈阳工业大学学报，1997（4）：95–98.

[183] 白健，吴芳，王月明. 模糊综合评价与 AHP 法在项目风险管理中的应用 [J]. 四川建筑，2012，32（1）：236–237.

[184] 王应明，傅国伟. 运用无限方案多目标决策方法进行有限方案多目标决策 [J]. 控制与决策，1993（1）：25–29.

[185] 齐林. 面向可追溯的物联网数据采集与建模方法研究 [D]. 北京：中国农业大学，2014.

[186] 徐泽水. 几类多属性决策方法研究 [D]. 南京：东南大学，2003.

[187] 李存建. 风险评估：理论与实践 [M]. 北京：中国商务出版社，2012.

[188] 杜爽. 大型公共建筑与市政变电站的整合设计：以北京电力科技馆工程为例 [J]. 工程建设与设计，2015（12）：31–35.

[189] 庄惟敏，张维. 市政设施综合体更新探讨:北京菜市口输变电站综合体（电力科技馆）设计 [J]. 建筑学报，2017（5）：70–71.

[190] 单霁翔. 紫禁城百年大修与"平安故宫"工程概述 [J]. 建筑遗产，2016（2）：1–11.

致谢

衷心感谢我的博士研究生导师庄惟敏院士的悉心指导。他始终支持我进行建筑策划有关的理论研究，带领我参与住房和城乡建设部建筑策划制度和机制的专题研究，培养我秉持严谨的逻辑思维，激励我不断提高自己的学术素养，并引导我在实际的工程项目中进行理论实践。他十余年来孜孜不倦的言传身教将使我终身受益。

感谢美国哈佛大学设计研究生院的 Spiro Pollalis 教授及其 Zofnass 项目组，在我访学期间，为我提供深入学习 Envision™ 评价系统的机会，为本研究任务书评价体系的标准模式提供了重要的参考支持，不胜感激。

感谢中国建筑设计研究院本土设计研究中心的崔愷院士与关飞、董元铮、徐斌、张嘉树、赵昕怡等同事，感谢清华大学建筑设计研究院建筑策划与设计分院的张维、苗志坚、章宇贲、赵婧贤等同仁，感谢清华大学建筑学院的梁思思教授、同济大学建筑与城市规划学院的屈张博士、北京理工大学设计与艺术学院的韩默博士、北京交通大学建筑与艺术学院黄也桐博士，他们向我提供了大量真实的任务书样本作为第一手研究材料，并协助完成任务书基础数据整理、实践案例支撑等相关内容，这也是本书研究工作至关重要的契机。

感谢中国建筑工业出版社的各位编辑老师，感谢他们为本书出版付出细致入微的工作。

感谢始终陪伴我、鼓励我和理解我的家人和朋友，他们的关心与支持是我最坚实的后盾，我将时时铭记心间。

本研究课题受国家自然科学基金项目"模糊决策理论背景下的建筑策划方法学研究"（项目编号：51378275）、中国建设科技集团科技创新青年基金项目"基于数据聚类分析的设计前期反向干预研究"（项目编号：Z2023Q01）资助，特此致谢。

2023 年 12 月于北京